普通高等院校省级规划教材

AutoCAD 2012实用教程

第2版

主　编　马伏波　韩　宁

副主编　解　甜

编　委（按姓氏笔画排序）

马伏波　陈　瑞　施　坤

韩　宁　解　甜

中国科学技术大学出版社

内容简介

本书是安徽省高等院校省级规划教材,依据软件的升级和教学需求的变化修订而成。

本书是以 AutoCAD 2012 为平台,结合高等院校教学改革的实践经验,以培养技术技能型人才为目标。全书共 12 章,主要介绍了 AutoCAD 2012 的使用方法和二次开发技术,其内容包括工作界面及基本操作、常见绘图命令、绘图辅助工具、绘图环境的设置、图形的编辑、其他常用绘图命令、尺寸标注、块与属性、三维实体造型、AutoCAD 二次开发技术、图形的输入与输出、Auto-CAD 2012 上机实验指导。本书图文并茂,以绘图环境为背景,给出一些典型图例的绘制方法,使读者容易理解和接受。另外,书中还介绍了许多绘图技巧和工作中常见问题的处理方法,非常实用。

本书适合作为普通高等院校、高等职业院校的计算机绘图课程教材,也可作为制图员、绘图认证考试的培训教材,还可供从事绘图工作的技术人员和其他 CAD 爱好者学习参考。

图书在版编目(**CIP**)数据

AutoCAD 2012实用教程/马伏波,韩宁主编. —2 版. —合肥:中国科学技术大学出版社,2022.8(2023.8重印)

ISBN 978-7-312-05464-8

Ⅰ. A… Ⅱ. ①马… ②韩… Ⅲ. AutoCAD 软件—教材 Ⅳ. TP391.72

中国版本图书馆 CIP 数据核字(2022)第 105613 号

AutoCAD 2012实用教程
AutoCAD 2012 SHIYONG JIAOCHENG

出版	中国科学技术大学出版社
	安徽省合肥市金寨路96号,230026
	http://press.ustc.edu.cn
	https://zgkxjsdxcbs.tmall.com
印刷	合肥皖科印务有限公司
发行	中国科学技术大学出版社
开本	787 mm×1092 mm 1/16
印张	24.75
字数	569 千
版次	2017年5月第1版 2022年8月第2版
印次	2023年8月第5次印刷
定价	72.00元

第 2 版前言

AutoCAD 由 Autodesk 公司开发,是当今世界上非常流行的计算机辅助绘图软件。作为 CAD 工业的旗舰产品和工业标准,AutoCAD 一直凭借其独特的优势而为全球的设计工程师特别是机械工程师所采用。AutoCAD 在机械制图上有着相当完善的解决方案。AutoCAD 自问世以来,已经进行了数十次的升级,从而使其功能逐渐强大,且日趋完善。如今,AutoCAD 已被广泛应用于机械、建筑、电子、航天、造船、石油化工、土木工程、冶金、农业、气象、纺织等领域。在中国,AutoCAD 已成为工程设计领域中应用非常广泛的计算机辅助设计软件。

本书结合笔者长期从事计算机辅助制图课程教学工作的心得体会,详细介绍了 AutoCAD 2012 的基本使用方法以及二次开发技术。全书共 12 章,主要内容包括工作界面及基本操作、常见绘图命令、绘图辅助工具、绘图环境的设置、图形的编辑、其他常用绘图命令、尺寸标注、块与属性、三维实体造型、AutoCAD 二次开发技术、图形的输入与输出、AutoCAD 2012 上机实验指导。本书是安徽省省级规划教材,是根据多年教学使用过程中的不断总结和教学需求的变化修订而成的。

在实践操作中学习掌握计算机技术的使用,无疑是最直接、最有效的方法。基于这样的认识,本书列举了大量的作图实例和习题,希望读者能够通过上机反复练习来熟练掌握这门课程的主要内容。

本书由安徽理工大学马伏波、韩宁、解甜、陈瑞和施坤等合作修订编写。马伏波、韩宁担任主编,解甜担任副主编,全书由马伏波统稿。在这里笔者要特别感谢潘地林、王心宇、秦朗、韩霜雪和张金龙老师前期付出的辛勤劳动,感谢安徽理工大学机械工程学院领导给予的帮助和支持,感谢中国科学技术大学出版社的支持和帮助。

本书可作为普通高等院校、高等职业院校的计算机绘图课程的教材,也可以作为制图员、绘图认证考试的培训教材，还可供从事绘图工作的技术人员和其他爱好者学习参考。

    本书虽经修订，但仍难免有不当之处，欢迎广大读者批评指正。

编 者

2022年4月

前　言

　　AutoCAD 由 Autodesk 公司开发,是当今世界上非常流行的计算机辅助绘图软件。作为 CAD 工业的旗舰产品和工业标准,AutoCAD 一直凭借其独特的优势而为全球的设计工程师特别是机械工程师所采用。AutoCAD 在机械制图上有着相当完善的解决方案,自问世以来,已经进行了数十次的升级,从而使其功能逐渐强大,且日趋完善。如今,AutoCAD 已广泛应用于机械、建筑、电子、航天、造船、石油化工、土木工程、冶金、农业、气象、纺织等领域。在中国,AutoCAD 已成为工程设计领域中应用较为广泛的计算机辅助设计软件。

　　本教材结合作者长期从事计算机辅助制图课程教学工作的心得体会编写而成。全书详细介绍了 AutoCAD 2012 的基本使用方法以及二次开发技术。本书共分为 12 章,主要内容包括 AutoCAD 基础、二维图形的绘制、图层及图形属性、图形的编辑、绘制面域与图案填充、文字与表格、尺寸与形位公差标注、块与属性、三维实体造型、AutoCAD 二次开发技术、图形的输入与输出和 AutoCAD 2012 上机实验指导等。

　　在实践操作中学习掌握计算机技术的使用,无疑是最直接、最有效的方法。基于这样的认识,本教材列举了大量的作图实例和习题,希望读者能够通过上机反复练习来熟练掌握这门课程的主要内容。

　　本书由安徽理工大学潘地林、马伏波、陈瑞、韩宁、解甜和张金龙等合作编写。本教材的素材很多来自《AutoCAD 2007 实用教程》(安徽省高等学校"十一五"省级规划教材)一书,在这里要特别感谢王心宇、秦朗和韩霜雪老师前期付出的辛勤劳动。感谢安徽理工大学机械学院领导给予的帮助和支持。感谢中国科学技术大学出版社的支持和帮助。

　　由于作者水平有限,书中难免有不当之处,欢迎广大读者批评指正。

编　者

2017 年 1 月

目　　录

第1章　工作界面及基本操作

1.1　AutoCAD 2012工作界面的组成

在计算机桌面上双击AutoCAD 2012快捷方式图标，或者通过点击"开始"→"程序"→"Autodesk"→"AutoCAD 2012"即进入工作界面，如图1.1所示。

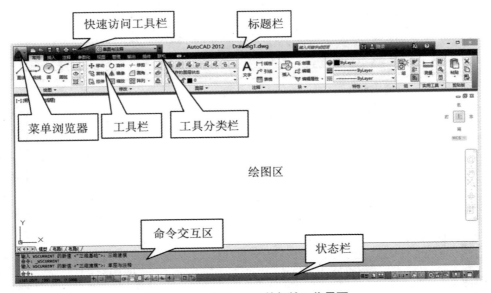

图1.1　AutoCAD 2012的初始工作界面

从AutoCAD 2009版起，AutoCAD的界面设置发生了很大改变，但命令功能基本一样。第一次运行AutoCAD 2012时一般出现的工作空间是"草图与注释"空间（图1.1），主要包括标题栏、菜单浏览器、工具分类栏、工具栏、命令交互区、绘图区和状态栏等。AutoCAD 2012为用户提供了4种基本工作空间，它们分别是"草图与注释""三维基础""三维建模"和"AutoCAD经典"。可以在"草图与注释"工作空间进行二维图形的绘制，也可以切换到"AutoCAD经典"工作空间。由于"AutoCAD经典"工作空间的界面保持了AutoCAD老版本用户界面的传统风格，熟悉AutoCAD老版本的用户更容易上手。由"草图与注释"工作空间切换到"AutoCAD经典"工作空间的方法有两种:(1) 点击用户界面顶部的"工作空间"下拉菜单,再选择"AutoCAD经典"选项,如图1.2所示;(2) 点击用户界面右下角的"切换工作空间"按钮 ⚙ ▾ 也可以实现工作空间的切换。用户可以根据工作需要,在绘图过程中进行工作空间的切换。AutoCAD经典工作空间如图1.3所示。

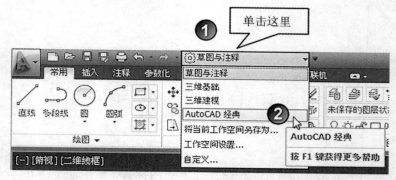

图1.2　工作空间切换

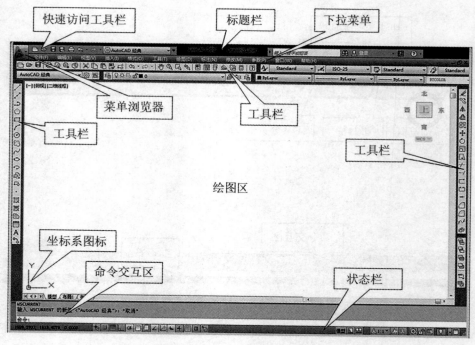

图1.3　AutoCAD经典工作空间

1.1.1　标题栏

标题栏位于工作界面最上方,中间显示当前操作图形的文件名。如图1.4所示,标题栏中设有菜单浏览器、快速访问工具栏、文件标题显示区、搜寻通信区以及窗口控制。

菜单浏览器　快速访问工具栏　　　文件标题显示区　　　搜索通信区　　　窗口控制

图1.4　标题栏

1. 菜单浏览器

单击菜单浏览器,将会出现如图1.5所示的下拉菜单。左侧为常用的工具栏;右侧显示最近使用的文档,不仅能快速浏览文件、检查缩略图,还能查看关于文件尺寸和创建者的详细信息;"选项"按钮则为系统设置按钮。

2. 快速访问工具栏

此区包含有常用的快捷按钮,如新建、打开、保存、撤销、重做以及打印等。通过点击快速访问工具栏中的右侧的黑三角■按钮弹出如图1.6所示的菜单,可以自定义快速工具栏中的命令按钮,将常用命令放入快速工具栏便于访问;还能把菜单栏显示在标题栏的下方;如果认为将快速工具栏放在标题栏不方便,也可以通过此菜单将其放在功能区下方显示。选中快速工具栏中的任一按钮,单击鼠标右键能将其快速从此区中删除。

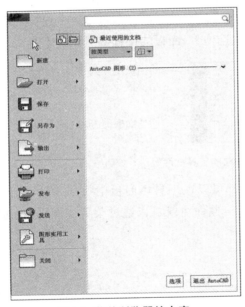

图1.5　菜单浏览器的内容

图1.6　自定义快速访问工具栏

3. 搜索通信区

此区包括搜索中心⌕、速博应用中心▧、通信中心☒、收藏夹☆、帮助⑦。其中帮助按钮可以帮助用户得到系统提供的帮助,内有系统自带的用户手册、命令参考以及操作步骤等。

4. 窗口控制

标题栏中的窗口控制按钮专门用来控制系统窗口。主要包括窗口最小按钮▭、窗口最大按钮■、关闭窗口按钮■。其中单击窗口最大按钮后工作窗口被放大至全屏,然后此按钮变为窗口还原按钮■,单击窗口还原按钮,此按钮又变为窗口最大按钮。

另有一组窗口控制按钮在绘图区的右上角,是专门用来控制图形文件窗口的,要与标题栏中的控制按钮区别开来。

1.1.2　工具分类栏

通过工具分类栏可调整工具栏的类别,包括常用、插入、注释、参数化、视图、管理和输出等选项卡。此区将所有的 AutoCAD 工具命令分类后,再用另一种方式的工具栏来表现,与传统的下拉式菜单和工具栏的作用是一样的,但是比传统的更便捷。右侧最小化按钮■可以隐藏所有的工具栏。

工具栏中出现的命令按钮为常用命令,点击工具栏下面的黑三角出现的是该分类中其他次常用的命令。为方便绘图,可以将工具栏的位置进行调用。具体调用方式通过点击工具栏区的分类按钮不放,如 ▮ 绘图 ▾ ▮。利用鼠标拖拉到合适的位置,放开鼠标左键即可出现如图1.7所示浮动的图标,用户可以将工具栏拖放到工作界面的任意位置。若想将面板返回到功能区,点击右上角的图标即可。还可以通过点击右上角第二个图标切换面板的方向。面板处于浮动状态时,即便切换到其他选项卡,面板的位置仍然保持不变。

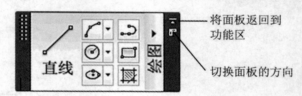

将面板返回到功能区

切换面板的方向

图1.7　浮动的工具栏面板

AutoCAD 2012中常用命令按钮基本都可以在工具栏面板中找到,习惯此界面后会觉得它比传统的界面更好用。本书中介绍的有些命令既可以通过菜单栏调用,也可以直接在工具栏面板中调用。

1.1.3　绘图区

用户操作的工作区域,相当于手工作图的图纸。光标位于绘图窗口时为十字形状,十字线的交点为光标的当前位置。AutoCAD 的光标用于绘图、选择对象等操作。

占据屏幕大部分空白区域的是绘图区(绘图窗口),即用户的绘图区域。用户所做的一切工作,如绘制的图形、输入的文本以及标注的尺寸等都会出现在绘图窗口中。像其他窗口一样,绘图窗口同样有自己的滚动条、标题行、控制按钮和控制菜单等。当光标位于绘图区时,其形状变为十字准线(Crosshairs),用于定位点或选择图形中的对象。此时,状态行中会随时显示出光标所在位置的坐标值。

　　在绘图窗口的底部有一个"模型"按钮和两个"布局"按钮,用于模型空间和图纸空间的相互切换。初始状态下,AutoCAD的绘图区域处在模型空间上。

　　初始状态下,AutoCAD的绘图区域的底色为黑色。如果要改变绘图区域的颜色,可在绘图区内单击鼠标右键,在弹出的快捷菜单中点击"选项",系统会弹出"选项"对话框(图1.8)。在"选项"对话框的"显示"界面上单击"颜色"按钮后,系统会弹出"图形窗口颜色"对话框,如图1.8所示。在该对话框中可以选择绘图区域的背景色。

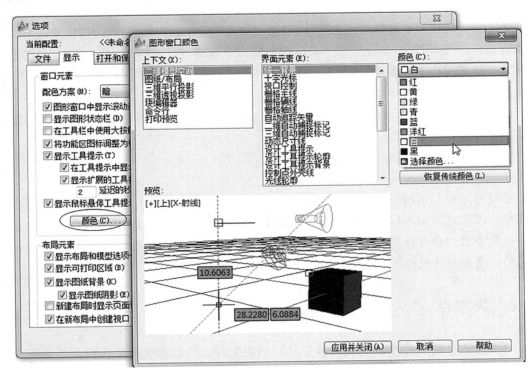

图1.8　设置绘图区颜色

1.1.4　菜单栏

1. 菜单栏的调用

　　在"草图与注释"工作空间中,菜单栏默认隐藏,如果要调用菜单栏,通过点击自定义快速访问工具栏中▼按钮,在下拉菜单中找到"显示菜单栏"选项并点击即可。

2. 下拉菜单

　　AutoCAD把几乎所有的命令都集成在下拉菜单中,几乎所有的操作都可以通过下拉菜单来实现。缺省状态下AutoCAD的下拉菜单共有12个,分别为"文件""编辑""视图""插入""格式""工具""绘图""标注""修改""参数""窗口"和"帮助"。用鼠标单击其中的任何一个菜单选项均可以打开一个下拉菜单条。

通常,下拉菜单中的命令选项都表示相应的AutoCAD命令和功能,但有些选项不仅表示一条命令,而且还提供为执行该命令所需的进一步选项。在下拉菜单条中,颜色为淡灰色的选项表明在当前状态下是不可执行的;有些选项右边出现三个黑点"...",表示选中该项时将会弹出一个对话框,让用户做进一步的选择和设置;有些选项右边带有一小的右向黑三角▸,表明选中该选项时,会弹出下一级子菜单选项。

3. 快捷键

下拉菜单行中的菜单名以及下拉菜单条中的命令选项都定义有快捷键(热键),菜单条选项文字右边出现带下划线的英文字母,就是与该选项对应的快捷键,通过按快捷键可以快速执行相应的AutoCAD命令。对于菜单行中的命令热键,执行时必须同时按下Alt键和相应的字母键来引出下拉菜单;对于下拉菜单条中的命令选项热键,则需先打开下拉菜单,然后直接按热键字母来执行相应的命令。

在下拉菜单条中,用横线将功能相近或者相关的命令项划分为组。

1.1.5 命令交互区

通过命令提示窗口可得知用户输入的命令和系统提示的信息,并可以指导用户下一步的操作。操作过程中可以利用窗口右边的滚动条来查看命令,也可以按F2键打开命令提示窗口进行查看。命令区的大小也可以通过将光标移动到边上进行改变,也可以利用鼠标进行拖拉改变命令区的位置,方法与移动工具栏面板相同。

1.1.6 状态栏

用来显示目前的操作状态或快速工具。如图1.9所示,状态栏区的内容包括坐标显示区、绘图状态开关控制按钮区、布局选项卡按钮区、视图缩放控制按钮区等,并不是每个都常用。下面我们一一介绍。

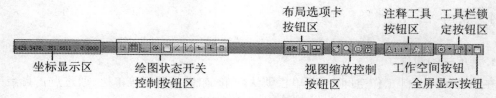

图1.9 状态栏的内容

1. 坐标显示区

坐标显示区显示十字光标的坐标值。

2. 绘图状态开关控制按钮区

这些开关按钮通过鼠标左键单击,图标按钮出现"浮""陷"分别表示打开和关闭。各图标的含义如表1.1所示。具体操作方式见第3章。

表1.1　状态栏中的绘图状态开关控制按钮意义

图标	开关按钮名称	意义
	捕捉	即 Snap 模式,表示栅格捕捉开关显示
	栅格	即 Grid 模式,表示栅格开关显示
	正交	即 Ortho 模式,表示正交(绝对的垂直或水平)模式的开关显示
	极轴追踪	即 Polar Tracking 模式,表示极轴追踪模式开关显示
	对象捕捉	即 Object Snap Object 模式,表示对象捕捉开关显示
	对象捕捉追踪	即 Object Snap Tracking 模式,表示对象追踪开关显示
	动态 UCS	表示动态 UCS 开关显示。启动动态 UCS 后,在绘图过程中,当光标移动到实体表面,UCS 的 XY 平面就会自动与实体面对齐
	动态输入	即 Dynamic Input 模式。能在光标附近显示出点的坐标、线段的长度值、角度值以及命令提示信息等
	线宽	表示线宽开关显示
	快捷特性	表示快捷特性开关,用来设置快捷特性的选项,如捕捉和自动追踪的条件等

3. 布局选项卡按钮区

布局选项卡按钮控制绘图空间是模型空间还是图纸空间。布局按钮区的各按钮是用来管理三维出图的"图纸空间"的,在二维绘图只需"模型空间"。

4. 视图缩放控制按钮区

视图缩放控制按钮用于控制视图的缩放,常用的按钮是平移和缩放。此区新增了操控轮按钮和显示动画按钮。

点击操控轮按钮就会出现如图1.10所示的操控轮随鼠标移动。将操控轮拉到所要缩放或平移画面的中心位置,再单击需要的格区,就可以对当前视图做平移、缩放或3D旋转等控制。也可以通过点击操控轮右下角的三角按钮,点击如图1.10出现的选项进行操控。

通过"显示动画"按钮用户可以录制多种类型的视图,也可对视图进行更改或按序列放置。其主要应用于三维绘图过程中。

5. 注释工具按钮区

此区包括注释比例按钮、注释可见性开关按钮和更新注释性图素按钮。对于"注释比例"按钮,当将注释性对象添加到图形中时,根据当前的注释比例进行缩放,并自动以正确的大小显示在模型空间中。

6. 工作空间按钮

通过工作空间按钮可以将工作空间在草图与注释、三维基础、三维建模以及 AutoCAD

经典四个工作环境中互换。单击 ⚙▾ 出现如图1.11所示的菜单,用户可以选择自己所需要的绘图环境。初次接触 AutoCAD 2012新版本的用户若想要重新回到经典界面,可以通过此按钮进行选择切换。

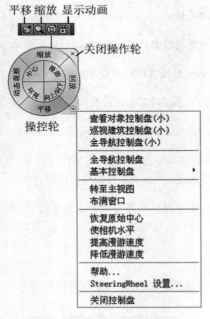
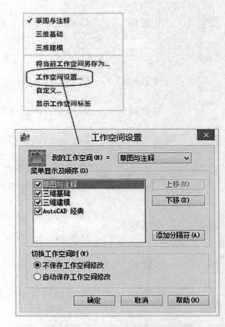

图1.10　视图缩放控制区按钮　　　　　　　图1.11　工作空间按钮的操作

在菜单中选择"工作空间设置"选项,出现如图1.11所示对话框,可以通过此对话框设置四个工作空间的排序和添加分隔符,切换工作空间时系统默认"不保存空间修改"。

在能够熟练应用 AutoCAD 绘图软件的基础上,当有需要时,用户可以选择"自定义"设计仅显示自己指定的工具栏、菜单和可固定的窗口等绘图环境。

7. 工具栏锁定按钮

通过此按钮可以选择指定或全部的工具栏或浮动窗口来锁定。

8. 全屏显示按钮

全屏显示按钮控制绘图区以全屏显示。

1.2　AutoCAD 2012的基本操作

1.2.1　命令的执行

AutoCAD 启动后进入默认的图形编辑状态,图形窗口底部的命令交互区窗口提示有

"命令："字样，此时表示 AutoCAD 已处于待令状态，准备接受并执行用户发出的命令。用户可以根据需求选定要输入执行的命令。AutoCAD 命令的输入设备主要有键盘、鼠标和数字化仪等，多以鼠标和键盘最为常见。

1. 键盘命令输入

键盘是 AutoCAD 输入文本的最常用工具。从键盘输入命令，只需在命令行的"命令："提示符后键入命令名，接着按一下回车键或空格键即可。AutoCAD 将显示有关该命令的输入提示和选择项提示。

使用键盘输入命令操作时，必须注意命令交互区的相应提示情况。除了可透明执行的命令外，只有当交互区的提示符为"命令："字样时，输入的命令才可以被执行。

2. 下拉菜单命令输入

下拉菜单集成了 AutoCAD 的绝大多数命令，因此绝大多数操作都可以通过下拉菜单来实现。例如，可以通过下拉菜单来执行画直线命令，为此选择下拉菜单的"绘图"→"直线"，即可执行画线命令。

3. 工具栏按钮输入命令

AutoCAD 把同类的命令做成图标按钮集中在同一工具栏上，欲执行某命令时，只需点击该命令所对应的图标按钮即可。利用工具栏上的图标按钮输入执行 AutoCAD 命令是一种最为简单方便的方法，工具栏大大提高了软件的易用性，使得用户无需记忆各种命令文字，掌握起来更加容易。

4. 重复执行命令

在 AutoCAD 执行完某个命令后，如果要立即重复执行该命令，则只需在"命令："提示符出现后，按一下回车键或者空格键即可（按一下鼠标右键，在弹出的快捷菜单中选择"重复***"项与此等效）。例如，用 Circle 命令画完一个圆后还需立即再画另一个圆，只需简单地按一下回车键即可再次执行 Circle 命令。

1.2.2 命令的终止

（1）当一条命令正常完成后将自动终止。

（2）在执行命令过程中按 Esc 键终止当前命令。

（3）按空格键、Enter 键或右击选择"确定"结束命令。

（4）从菜单栏或工具栏中调用另一命令时，将自动终止当前正在执行的绝大部分命令。

1.2.3 鼠标

（1）鼠标左键点击是选中。

（2）鼠标中键前滚是放大，后滚是缩小，它是以鼠标为中心的；按住不放并拖动鼠标是平移；双击中键是显示全部。

（3）鼠标右键点击是菜单键。

1.2.4　点的输入方法

AutoCAD 2012通过以下三种方式确定点的位置：

1. 用键盘输入点的坐标

坐标是确定点的位置最基本的方法。点的坐标系统分为绝对坐标系统和相对坐标系统。输入时既可以采用绝对坐标也可以采用相对坐标。

（1）绝对坐标。

点的绝对坐标是指相对于坐标原点的坐标。绝对坐标有直角坐标和极轴坐标两种表达方式。

① 直角坐标：用点的X、Y、Z坐标值表示点，各坐标值之间用逗号隔开。如输入3,4,5.5,表示点的X轴坐标为3,Y轴坐标为4,Z轴坐标为5.5。

对于二维的平面绘图而言，点Z的坐标为0,所有的点都可以用(X,Y)坐标来表示。

② 极轴坐标：又称为极坐标，用输入点到原点的距离以及它在XY平面上的角度来指定点的所在位置。表示方法为：距离＜角度。例如，极坐标为20＜45,表示该点距坐标原点的距离为20,坐标系原点与该点的连线相对于X轴正方向的夹角为45°。

（2）相对坐标。

点的相对坐标是相对于前一坐标点的坐标，经常用于输入第二点及其以后的点。相对坐标也有直角坐标和极轴坐标两种表示方法。

点的相对坐标输入格式与绝对坐标相同，但要在输入的坐标前加前缀@。

在相对坐标里，如果没有指明Z坐标值，则AutoCAD将假设其值为0。如上一个点的坐标为(2,6,3),需得到的点为(2,16,3),可以在命令栏输入相对直角坐标@0,10,0或@0,10,也可以输入相对极坐标@10＜90。

2. 用鼠标直接在屏幕上拾取点

将鼠标移动到相应的位置单击鼠标拾取点。AutoCAD 2012在状态栏动态显示光标的当前坐标。

3. 利用对象捕捉模式捕捉特殊点

对于已存在的几何图形，通过图形捕捉模式来设置点，可以准确地捕捉特殊点（具体操作方式见3.3节）。

1.3　直线与圆的画法

1.3.1　画直线的命令LINE

LINE命令用于绘制通过给定起始点和终止点的直线。

1. 命令的执行方法

(1) 下拉菜单:"绘图"→"直线"。

(2) "绘图"工具栏:"直线"按钮 。

(3) 命令行输入:LINE或英文首字母L。

2. 命令的提示与选项

命令:LINE＜回车＞

指定第一点:要求用户输入直线段的起点坐标,输入后系统提示:

指定下一点或[放弃(U)]:要求用户输入直线段端点的位置,输入后系统在两点间画出一直线,并继续提示:

指定下一点或[放弃(U)]:要求用户输入直线段端点的位置,输入后系统在两点间画出一直线,并继续提示:

指定下一点或[闭合(C)/放弃(U)]:用户在提示下通过输入点的坐标或用鼠标在绘图区指定下一点的位置,系统将该点与前一点连接成直线,并继续相同的提示,直至按回车键结束画直线命令。若再提示"指定下一点或[闭合(C)/放弃(U)]:"键入"C"并回车,系统会将当前点与第一点间连接为直线后结束命令;输入"U",则取消最近点的输入。

【例1.1】　绘制如图1.12所示的图形。

命令:LINE＜回车＞

指定第一点:(用鼠标在屏幕的适当位置拾取一点A为图形的左下角点)

指定下一点或[放弃(U)]:@84,0＜回车＞

指定下一点或[放弃(U)]:@0,50＜回车＞

指定下一点或[闭合(C)/放弃(U)]:@−20,0＜回车＞

指定下一点或[闭合(C)/放弃(U)]: @−20,−30＜回车＞

指定下一点或[闭合(C)/放弃(U)]:@−44,0＜回车＞

指定下一点或[闭合(C)/放弃(U)]:C＜回车＞

【试一试】　使用B点作为起始点,绘制图1.12。

学习完绘图辅助命令按钮(第3章),在"正交"模式或"极轴"模式下,绘制此图更为方便。

在LINE命令的执行过程中,单击鼠标右键,将弹出如图1.13所示的快捷菜单,包含几种不同的命令选项。移动鼠标到选项上单击左键,即执行相应的命令选项。各选项的含义说明如下:

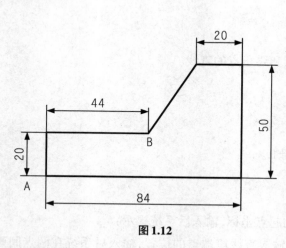

图 1.12

图 1.13 快捷菜单

① 选项"确认":完成画线命令。

② 选项"取消":取消画直线命令。

③ 选项"最近的输入":显示最近输入的数据。

④ 选项"闭合":将当前点与第一点连接为直线,并结束画直线命令(此命令选项在绘制第三点或更多点才会出现)。

⑤ 选项"放弃":取消刚才输入的点。

⑥ 选项"平移":在当前视窗中平移图形,此时光标变为手状,按回车键或Esc键返回画直线的操作。

⑦ 选项"缩放":对视图进行放大、缩小操作。

⑧ 选项"Steering Wheels":出现操控轮,如图1.10所示。

⑨ 选项"捕捉替代":用新捕捉模式替代当前的捕捉,新捕捉模式在弹出的子菜单中选,如图1.14所示。

⑩ 选项"快速计算器":弹出计算器模型如图1.15所示,可进行数据计算。

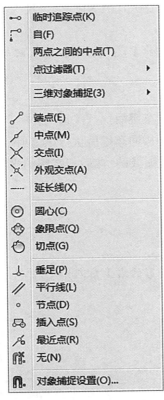

图1.14　"捕捉替代"工具栏

图1.15　快速计算器

1.3.2　画圆的命令CIRCLE

CIRCLE命令用来在指定位置画圆。

1. 命令的执行方法

(1) 下拉菜单:"绘图"→"圆"。

(2) "绘图"工具栏:"圆"按钮 ⊙ 。

(3) 命令行输入:CIRCLE或英文首字母C。

2. 命令提示与选项

CIRCLE命令执行后,命令行将显示如下提示:

命令:CIRCLE<回车>

指定圆的圆心或[三点(3P)/两点(2P)/相切、相切、半径(T)]:

CIRCLE命令有多种画圆选项,这些选项分别对应不同的画圆方法。

(1) 指定圆的圆心:指定圆心和半径画圆,这是默认选项。

指定圆的圆心或[三点(3P)/两点(2P)/相切、相切、半径(T)]:180,100<回车>

指定圆的半径或[直径(D)]:40<回车> 绘制出以点(180,100)为圆心,半径为40的圆。

(2) 指圆的圆心,直径(D):指定圆心和直径画圆。

指定圆的圆心或[三点(3P)/两点(2P)/相切、相切、半径(T)]:(输入圆心)<回车>

指定圆的半径或[直径(D)]:D<回车>

指定圆的直径:(输入直径)<回车>

(3) 三点(3P):指定圆上的三点画圆,输入"3P"并按回车键后执行该选项。

(4) 两点(2P):指定直径的两个端点画圆,输入"2P"并按回车键后执行该选项。

(5) 相切、相切、半径(T):选择与圆相切的两直线、圆弧或圆,然后指定圆的半径画圆,输入"T"并按回车键后执行该选项。

【例1.2】 绘制如图1.16所示的粗糙度符号。

(1) 先画直线。

命令:LINE<回车>

指定第一点:(用鼠标在屏幕的适当位置拾取一点为图形的右上角点)

指定下一点或[放弃(U)]:@10<-120<回车>

指定下一点或[放弃(U)]:@5<120<回车>

指定下一点或[闭合(C)/放弃(U)]:<回车>

(2) 再画相切的圆。

命令:CIRCLE<回车>

指定圆的圆心或[三点(3P)/两点(2P)/相切、相切、半径(T)]:T<回车>

指定对象与圆的第一个切点:(移动光标到左边直线附近,当出现黄色切点符号时单击鼠标左键)

指定对象与圆第二个切点:(移动光标到右边直线附近,单击鼠标左键)

指定圆的半经:2<回车>

【例1.3】 绘制如图1.17所示的图形。

(1) 单击"圆"命令,先画出任意大小的两个半径为10的圆O1和O2。

(2) 再次启动画圆命令。

命令:CIRCLE<回车>

指定圆的圆心或[三点(3P)/两点(2P)/相切、相切、半径(T)]:T<回车>

指定对象与圆的第一个切点:(移动光标到圆O1附近,单击鼠标左键)

指定对象与圆第二个切点:(移动光标到圆O2附近,单击鼠标左键)

指定圆的半经:15<回车> 画出圆O3。

(3) 下拉菜单:"绘图"→"圆"→"相切、相切、相切"。

指定圆上的第一个点:TAN到(移动光标到圆O1附近,单击鼠标左键)

指定圆上的第二个点:TAN到(移动光标到圆O2附近,单击鼠标左键)

指定圆上的第三个点:TAN到(移动光标到圆O3附近,单击鼠标左键)

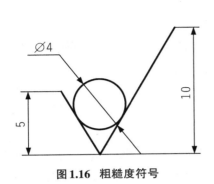

图1.16 粗糙度符号

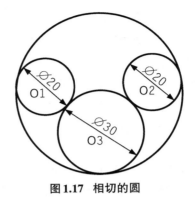

图1.17 相切的圆

1.4 删除与修剪

1.4.1 CAD选择技巧

1. 点选

左键点击,Esc是退出。

2. 矩形框选

左键点击对角点,由左往右框选住全部才能选中对象,由右往左框选住部分即可选中对象。

3. 全选

快捷键Ctrl+A;当执行某个命令,让选择对象的时候,也可以直接输入"All",然后按空格键是全选。

4. 栏选

执行命令时,提示选择对象,输入"F",画折线,所有与折线相交的对象被选中。

1.4.2 删除命令ERASE

该命令用于删除图形中的指定对象。

1. 命令的执行方法

(1)下拉菜单:"修改"→"删除"。

(2)"修改"工具栏:"删除"按钮 。

(3)命令行输入:ERASE。

2. 命令提示和选项

命令：ERASE：＜回车＞

选择对象：在该提示下选择要删除的对象，选中的对象虚线亮显，直到按回车键或空格键结束对象选择，同时所选择的对象从屏幕上消失，表示其已被删除。

1.4.3 修剪命令TRIM

TRIM命令用指定的边修剪所选定的对象。修剪边和被修剪的对象可以是直线、圆、圆弧、多段线和样条曲线等。被选中的对象既可以作为修剪边，又可以作为被修剪的对象。使用修剪命令可以把图形的一部分擦除掉。

1. 命令的执行方法

（1）下拉菜单："修改"→"修剪"。

（2）"修改"工具栏："修剪"按钮 ╱ 。

（3）命令行输入：TRIM。

2. 命令提示和选项

命令：TRIM

当前设置：投影＝UCS，边＝无

选择剪切边 …

选择对象或＜全部选择＞：

上面提示中的第二行说明当前的修剪模式，"选择对象："要求用户选择作为剪切边的图形对象。用户可以连续选择多个对象作为剪切边，直到按回车键或者空格键结束对剪切边的选择；或者按回车键系统自动将全部图元选择为剪切边，接着提示：

选择要修剪的对象，按住Shift键选择要延伸的对象，或

[栏选(F)/窗交(C)/投影(P)/边(E)/删除(R)/放弃(U)]：

（1）选择要修剪的对象：默认选项，要用户选择要修剪掉的对象。用户在该提示下，将拾取框移到希望被剪切掉的对象上单击左键，系统以剪切边为界，将选中的被剪切对象上位于拾取对象的那一侧剪切掉，并继续提示：

选择要修剪的对象，按住Shift键选择要延伸的对象，或

[栏选(F)/窗交(C)/投影(P)/边(E)/删除(R)/放弃(U)]：

（2）按住Shift键选择要延伸的对象：提供延伸功能。如果用户按下Shift键，同时选择与修剪边不相交的对象，修剪边将变为延伸的边界，接下将执行延伸命令的操作。

（3）栏选(F)：用栏选方式选择被剪裁对象。

（4）窗交(C)：用窗口方式选择被剪裁对象。

（5）投影(P)：要求用户指定投影模式。选择该选项，系统接着提示：

输入投影选项[无(N)/UCS(U)/视图(V)]＜UCS＞：

① 无(N)：按实际三维空间的相互关系修剪，而不是在平面上按投影关系修剪。

② UCS(U)：默认模式。将对象和边投影到当前UCS的XY平面上修剪。

③ 视图(V)：在当前视图平面上修剪。

(6) 边(E)：确定修剪边与待剪对象是直接相交还是延长相交。

输入隐含边延伸模式[延伸(E)/不延伸(N)]<不延伸>：

① 延伸(E)：按延伸方式实现修剪。如果修剪边太短而没有与被剪边相交，系统会假想地将修剪边延长，然后再进行修剪。

② 不延伸(N)：只按边的实际相交情况修剪。

(7) 放弃(U)：取消上一次的操作。

【例1.4】 用"修剪"命令，绘制如图1.18(a)所示的五角星。

(1) 单击"多边形"命令，绘制一个正五边形。

(2) 用"直线"命令，顺次连接正五边形的顶点绘制五角星如图1.18(b)所示。

(3) 单击"修剪"命令。

命令：TRIM<回车>

当前设置：投影＝UCS，边＝无

选择剪切边…

选择对象或<全部选择>：<回车>

选择要修剪的对象，按住Shift键选择要延伸的对象，或

[栏选(F)/窗交(C)/投影(P)/边(E)/删除(R)/放弃(U)]：(拾取直线12)

选择要修剪的对象，按住Shift键选择要延伸的对象，或

[栏选(F)/窗交(C)/投影(P)/边(E)/删除(R)/放弃(U)]：(拾取直线23)

选择要修剪的对象，按住Shift键选择要延伸的对象，或

[栏选(F)/窗交(C)/投影(P)/边(E)/删除(R)/放弃(U)]：(拾取直线34)

选择要修剪的对象，按住Shift键选择要延伸的对象，或

[栏选(F)/窗交(C)/投影(P)/边(E)/删除(R)/放弃(U)]：(拾取直线45)

选择要修剪的对象，按住Shift键选择要延伸的对象，或

[栏选(F)/窗交(C)/投影(P)/边(E)/删除(R)/放弃(U)]：(拾取直线51)

如图1.18(c)所示。

选择要修剪的对象，按住Shift键选择要延伸的对象，或

[栏选(F)/窗交(C)/投影(P)/边(E)/删除(R)/放弃(U)]：<回车>

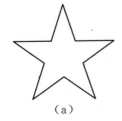
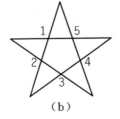
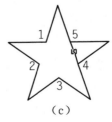

（a） （b） （c）

图1.18 绘制五角星视图

【试一试】 绘制如图1.19(a)所示的图案。

(1)用"正多边形"命令绘制一正四边形,用"矩形"命令绘制一矩形如图1.19(b)所示。

(2)单击"偏移"命令,分别偏移复制一正四边形和一矩形,如图1.19(c)所示。

(3)启动"修剪"命令。

命令:TRIM<回车>

选择剪切边 …

选择对象或<全部选择>:<回车>

选择要修剪的对象,按住Shift键选择要延伸的对象,或

[栏选(F)/窗交(C)/投影(P)/边(E)/删除(R)/放弃(U)]:(拾取被遮挡的线段)

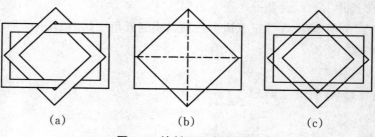

(a)   (b)   (c)

图1.19 绘制正四边形视图

1.5 AutoCAD 2012的文件管理

本节主要介绍创建新图形、打开已有图形以及保存和关闭图形文件的操作方法。在AutoCAD系统中,图形文件是以扩展名为".dwg"的文件保存的。文件扩展名由系统自动加到用户输入的文件名的后缀上,因此用户在输入文件名时,只需输入文件名,系统默认扩展名为".dwg"。

1.5.1 创建新图形

创建新图形可以通过以下几种方式进行:

(1)单击图标:"快速访问"工具栏中的"新建"按钮▇。

(2)菜单命令:"菜单浏览器"→"新建"→"图形"或"文件"→"新建"。

(3)由键盘输入命令:NEW。

输入命令后,AutoCAD弹出"选择样板"对话框,如图1.20所示。

在该对话框中选择相应的样板(一般选择样板"acadiso.dwt"),单击"打开"按钮,即可以相应的模板建立新图形。

图1.20 "选择样板"对话框

1.5.2 打开已有图形

打开已有的图形文件,有以下三种方式:

(1) 单击图标:"快速访问"工具栏中的"打开"按钮。

(2) 菜单命令:"菜单浏览器"→"打开"→"图形"或"文件"→"打开"→"图形"。

(3) 由键盘输入命令:OPEN。

运行此命令后,AutoCAD弹出与图1.20类似的"选择文件"对话框(不同之处在于文件类型为"图形(.dwg)"),通过路径选择打开相应的文件。

AutoCAD 2012打开文件可以在对话框中显示缩略图,能快速找到所需的图形文件。还可以将常用的目录拉入左侧的"位置"列表,以便快速访问。

1.5.3 保存和关闭图形文件

1. 保存文件

图形文件完成后,需要进行保存,可以通过以下三种方式:

(1) 单击图标:"快速访问"工具栏中的"保存"按钮。

(2) 菜单命令:"菜单浏览器"→"保存"。

(3) 由键盘输入命令:QSAVE。

执行命令后,如果当前文件没有被命名保存过,AutoCAD会打开"图形另存为"对话框用来指定选择文件的保存位置及名称,然后单击"保存"按钮。如果当前文件已被命名保存过,AutoCAD将默认以原文件名和位置保存图形。若想另行保存,其命令格式为:

（1）菜单命令："菜单浏览器"→"另存为"。

（2）由键盘输入命令：SAVES。

2. 关闭图形文件

单击绘图区右上角的窗口关闭按钮就可以关闭此图形文件，但不会退出 AutoCAD。如需退出 AutoCAD，参考1.6节来结束软件的操作。

1.6　退出 AutoCAD 2012

退出 AutoCAD 2012时切不可直接关机，否则会导致文件丢失。应按以下方式之一进行：

（1）单击图标：标题栏右边的"关闭"按钮 ⊠。

（2）菜单命令：打开菜单浏览器，点击右下方的 退出 AutoCAD 按钮。

（3）由键盘输入命令：EXIT 或 QUIT。

如果文件没有被保存，AutoCAD 会出现提示"是否将改动保存"的对话框（图形的保存操作方式见1.5.3节），选择相应的按钮即可安全退出。

第2章 常用绘图命令

2.1 圆 弧 ARC

ARC命令用于绘制圆弧,除了通过三点、指定圆弧中心和半径绘制外,系统还提供了多种画圆弧的方法,详细列在如图2.1所示的"绘图"下拉菜单中的"圆弧"命令子菜单中,供用户选用。用命令方式画圆弧时,可以根据系统提示选择不同的选项画圆弧。

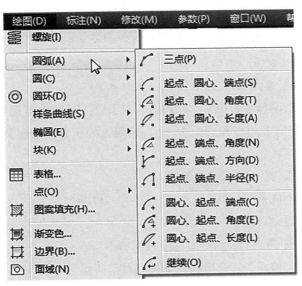

图2.1 圆弧命令子菜单

1. 命令的执行方法

(1) 下拉菜单:"绘图"→"圆弧"。

(2) "绘图"工具栏:"圆弧"按钮 。

(3) 命令行输入:ARC或首字母A。

2. 命令的提示与选项

命令:ARC<回车>

指定圆弧的起点或[圆心(C)]:

（1）指定圆弧的起点：默认画法。输入起点后系统继续提示：

指定圆弧的起点或[圆心(C)]：(拾取点1)

指定圆弧的第二个点或[圆心(C)/端点(E)]：(拾取点2)

指定圆弧的端点：(拾取点3)　绘出圆弧如图2.2(a)所示。

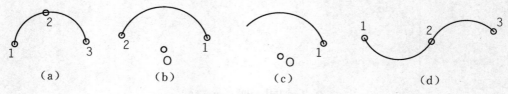

图2.2　圆弧的绘制

（2）起点、圆心：先要指定圆弧的起点和圆心，然后再指定圆弧的端点、弧心角或弦长来画弧。输入正的角度值按逆时针方向画圆弧，输入负的角度值按顺时针方向画圆弧，均是从起点开始。如果选择的是弦长，则总是按逆时针方向画圆弧。正弦长值画的是小于180°的圆弧，负的弦长值则画的是大于180°的圆弧。

命令：ARC＜回车＞

指定圆弧的起点或[圆心(C)]：(拾取点1)

指定圆弧的第二个点或[圆心(C)/端点(E)]：C＜回车＞

指定圆心：(拾取圆心O)

指定圆弧的端点或[角度(A)/弦长(L)]：(拾取点2)

绘出圆弧如图2.2(b)所示。其中[角度(A)/弦长(L)]是两个可选项。

① 角度(A)：在指定了起点和圆弧中心后，用圆弧的包含角绘制圆弧。

命令：ARC＜回车＞

指定圆弧的起点或[圆心(C)]：(拾取点1)

指定圆弧的第二个点或[圆心(C)/端点(E)]：C＜回车＞

指定圆心：(拾取圆心O)

指定圆弧的端点或[角度(A)/弦长(L)]：A＜回车＞

指定包含角：120＜回车＞　绘出圆弧如图2.2(c)所示。

② 弦长(L)：指定了起点和圆弧中心后，再用圆弧对应的弦长绘制圆弧。

注意：所输入的弦长不得大于起点到圆心距离的两倍。

（3）起点、端点：首先指定圆弧的起点和终点，然后指定圆弧的弧心角、方向或者半径来画圆弧。输入正的角度值按逆时针方向画圆弧，负的角度值按顺时针方向画圆弧，均是从起点开始。如果选择的是半径，则总是按逆时针方向画圆弧。正的半径值画出小于180°的圆弧，负半径值则画的是大于180°的圆弧。

注意：下拉菜单中圆弧命令的子菜单中"继续"选项，是以上一次所画的线段或圆弧的终点为起点继续画弧，且所画的圆弧与上一段对象相切，如图2.2(d)中所示的23段的圆弧。

【例2.1】 绘制如图2.3所示的图形。

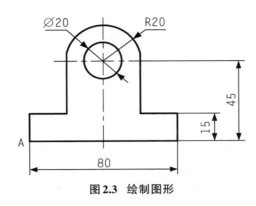

图2.3 绘制图形

(1) 单击"直线"命令／。

命令:LINE<回车>

指定第一点:(在屏幕的适当位置用鼠标拾取一点为图形的左下角点A)

指定下一点或[放弃(U)]:@80,0<回车>

指定下一点或[放弃(U)]:@0,15<回车>

指定下一点或[放弃(U)]:@-20,0<回车>

指定下一点或[放弃(U)]:@0,30<回车>

指定下一点或[放弃(U)]:<回车>

(2) 单击"圆"命令◎。

命令:CIRCLE<回车>

指定圆的圆心或[三点(3P)/两点(2P)/相切、相切、半径(T)]:@-20,0<回车>

指定圆的半径或[直径(D)]:10<回车> 画出半径为10的圆。

(3) 单击"圆弧"命令／。

命令:ARC<回车>

指定圆弧的起点或[圆心(C)]:@20,0<回车>

指定圆弧的第二个点或[圆心(C)/端点(E)]:C<回车>

指定圆心:@-20,0<回车>

指定圆弧的端点或[角度(A)/弦长(L)]:A<回车>

指定包含角:180<回车>

(4) 单击"直线"命令／。

命令:LINE<回车>

指定第一点:@20,0<回车>

指定下一点或[放弃U]:@0,-30<回车>

指定下一点或[放弃(U)]:@-20,0<回车>

指定下一点或[放弃(U)]:@0,-15<回车>

【例2.2】 绘制如图2.4(a)所示的梅花图案。

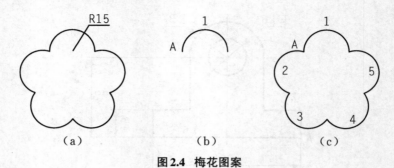

(a)   (b)   (c)

图2.4 梅花图案

(1) 单击"圆弧"命令 🖋。

命令:ARC＜回车＞

指定圆弧的起点或[圆心(C)]:(在屏幕适当位置拾取一点)

指定圆弧的第二个点或[圆心(C)/端点(E)]:E＜回车＞

指定圆弧的端点:@30＜180＜回车＞

指定圆弧的圆心或[角度(A)/方向(D)/半径(R)]:R＜回车＞

指定圆弧的半径:15＜回车＞ 画出圆弧花瓣1,如图2.4(b)所示。

(2) 再次执行"圆弧"命令 🖋。

指定圆弧的起点或[圆心(C)]:(捕捉圆弧1左下角端点A)

指定圆弧的第二个点或[圆心(C)/端点(E)]:E＜回车＞

指定圆弧的端点:@30＜252＜回车＞

指定圆弧的圆心或[角度(A)/方向(D)/半径(R)]:R＜回车＞

指定圆弧的半径:15＜回车＞ 画出圆弧花瓣2,如图2.4(c)所示。

(3) 再次执行"圆弧"命令 🖋。

命令:ARC＜回车＞

指定圆弧的起点或[圆心(C)]:(捕捉圆弧2左下角端点)

指定圆弧的第二个点或[圆心(C)/端点(E)]:E＜回车＞

指定圆弧的端点:@30＜324＜回车＞

指定圆弧的圆心或[角度(A)/方向(D)/半径(R)]:R＜回车＞

指定圆弧的半径:15＜回车＞ 画出圆弧花瓣3,如图2.4(c)所示。

命令:ARC＜回车＞

指定圆弧的起点或[圆心(C)]:(捕捉圆弧3右下角端点)

指定圆弧的第二个点或[圆心(C)/端点(E)]:C＜回车＞

指定圆弧的圆心:@15＜36＜回车＞

指定圆弧的端点或[角度(A)/弦长(L)]:A＜回车＞

指定包含角:180＜回车＞ 画出圆弧花瓣4,如图2.4(c)所示。

命令:ARC<回车>

指定圆弧的起点或[圆心(C)]:(捕捉圆弧4右上角端点)

指定圆弧的第二个点或[圆心(C)/端点(E)]:C<回车>

指定圆弧的圆心:@15<108<回车>

指定圆弧的端点或[角度(A)/弦长(L)]:A<回车>

指定包含角:180<回车> 画出圆弧花瓣5,如图2.4(c)所示。

2.2 正多边形POLYGON

POLYGON命令用于绘制正多边形。正多边形的边数可在3～1024之间选取。绘制正多边形时,可以给定某一条边的长度和边数来定义一个正多边形;也可以通过给定一个基准圆和多边形的边数来绘制正多边形,该正多边形可以内接或者外切这个圆。

1. 命令的执行方法

(1) 下拉菜单:"绘图"→"正多边形"。

(2) "绘图"工具栏:"多边形"按钮 ⬠ 。

(3) 命令行输入:POLYGON或英文首字母P。

2. 命令的提示与选项

命令:POLYGON<回车>

输入边的数目:5<回车>

指定多边形的中心点或[边(E)]:(输入点O)<回车>

(1) 指定多边形的中心点:默认选项。输入一点作为欲画多边形的外接圆或内切圆的圆心。输入后继续如下提示:

输入选项[内接于圆(I)/外切于圆(C)]:I<回车> 选择内接多边形的方式。

指定圆的半经:50<回车> 画出一内接于半径为50的圆的正五边形,如图2.5(a)所示。

(2) 边(E):以指定边的方式绘制正多边形。

命令:POLYGON

输入边的数目:6

指定多边形的中心点或[边(E)]:E<回车> 选择以指定边的方式绘制正六边形。

指定边的第一个端点:(输入点A)<回车>

指定边的第二个端点:(输入点B)<回车>

按AB的矢量方向逆时针画出一正六边形,如图2.5(b)所示。

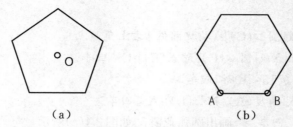

（a）　　　　　　　　（b）

图 2.5　绘制正多边形

【例2.3】　绘制如图2.6所示的螺母视图。

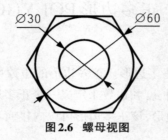

图 2.6　螺母视图

（1）单击"圆"命令 ⊙ :绘制出∅60的圆。

（2）单击"正多边形"命令 ⬡ :绘制其外切正六边形。

命令:POLYGON

输入边的数目:6

指定多边形的中心点或[边(E)]:(捕捉∅60的圆心)

输入选项[内接于圆(I)/外切于圆(C)]:C<回车>

指定圆的半径:30<回车>

（3）执行画圆命令:绘制∅30的圆,圆心捕捉∅60的圆心。

2.3　矩　形　RECTANG

RECTANG命令用于绘制矩形,用户需要指定矩形的两个对角点的坐标即可画出一普通矩形;选择命令选项可绘制特殊要求的矩形。

1. 命令的执行方法

（1）下拉菜单:"绘图"→"矩形"。

（2）"绘图"工具栏:"矩形"按钮 ▭ 。

（3）命令行输入:RECTANG。

2. 命令的提示与选项

命令:RECTANG<回车>

指定第一个角点或[倒角(C)/标高(E)/圆角(F)/厚度(T)/宽度(W)]:

(1) 指定第一个角点:默认选项。输入一个点后系统继续提示如下:

指定另一个角点或[面积(A)/尺寸(D)/旋转(R)]:(输入另一点)　系统以此两点的连线为对角线画一矩形,如图 2.7(a)所示。

尺寸(D):一个可选项,使用长和宽绘制矩形。

指定另一个角点或[面积(A)/尺寸(D)/旋转(R)]:D<回车>

指定矩形的长度:(输入长度)<回车>

指定矩形的宽度:(输入宽度)<回车>

指定另一个角点或[面积(A)/尺寸(D)/旋转(R)]:用鼠标拾取另一角点后绘出矩形。

(2) 倒角(C):要求指定倒角距离,绘制一个在矩形的四角带有倒角的矩形。键入"C"并按回车键即选择该项。系统继续提示:

指定矩形的第一个倒角距离:5<回车>

指定矩形的第二个倒角距离:5<回车>

指定第一个角点或[倒角(C)/标高(E)/圆角(F)/厚度(T)/宽度(W)]:(输入一点)<回车>

指定另一个角点或[面积(A)/尺寸(D)/旋转(R)]:(输入另一点)<回车>

画出一个四个拐角倒角为 5 的矩形,如图 2.7(b)所示。

注意:输入的倒角值将作用于随后的 RECTANG 命令。只有改变距离为 0,才能重新画一个普通矩形,否则默认画一个带边角的矩形。

(3) 标高(E):指定要画矩形的标高,键入"E"并按回车键,表示选择该项。

(4) 圆角(F):画带圆角的矩形,键入"F"并按回车键,表示选择该项。

命令:RECTANG

指定第一个角点或[倒角(C)/标高(E)/圆角(F)/厚度(T)/宽度(W)]:F<回车>

指定圆角的半径:5<回车>

指定第一个角点或[倒角(C)/标高(E)/圆角(F)/厚度(T)/宽度(W)]:(输入一点)<回车>

指定另一个角点或[面积(A)/尺寸(D)/旋转(R)]:(输入另一点)<回车>

画出一个四个拐角为圆角 5 的矩形,如图 2.7(c)所示。

注意:输入的圆角值将作用于随后的 RECTANG 命令。如果指定半径为 0,则画一个普通矩形,否则默认画一个带圆角的矩形。

(5) 厚度(T):键入"T"并按回车键,指定要画矩形的厚度,即画出一长方体。

注意:此时画出的矩形要在三维坐标系下才能显示出厚度。

(6) 宽度(W):用粗线来画矩形,键入"W"并按回车键,要求输入线条的宽度。

命令:RECTANG

指定第一个角点或[倒角(C)/标高(E)/圆角(F)/厚度(T)/宽度(W)]:W<回车>

指定矩形的线宽:(输入数值 2)<回车>

指定第一个角点或[倒角(C)/标高(E)/圆角(F)/厚度(T)/宽度(W)]:(输入一点)<回车>

指定另一个角点或[面积(A)/尺寸(D)/旋转(R)]:(输入另一点)<回车>

画出一个线宽为2的矩形,如图2.7(d)所示。

同样,输入的值将作用于随后的RECTANG命令。如果指定宽度为0,则画一个普通矩形,否则画一个由宽边组成的矩形。

（a）　　　　　　（b）　　　　　　（c）　　　　　　（d）

图2.7　绘制矩形

2.4　椭　圆　ELLIPSE

ELLIPSE命令用于绘制椭圆,默认画法是指定一根轴的两个端点和另一根轴的长度。对椭圆进行修改,可以使其变成椭圆弧。

1. 命令的执行方法

（1）下拉菜单:"绘图"→"椭圆"。

（2）"绘图"工具栏:"椭圆"按钮◎。

（3）命令行输入:ELLIPSE。

2. 命令的提示与选项

命令:ELLIPSE＜回车＞

指定椭圆的轴端点或[圆弧(A)/中心点(C)]:

（1）指定椭圆的轴端点:默认选项,要用户指定椭圆某一轴(长轴、短轴均可),例如,输入点1后系统接着提示:

指定轴的另一个端点:(输入另一端点2)＜回车＞

指定另一条半轴长度或[旋转(R)]:(输入点3)＜回车＞

输入的点3确定了另一半轴的长度,即绘制出指定条件的椭圆,如图2.8(a)所示。也可直接输入数值为半轴的长度。

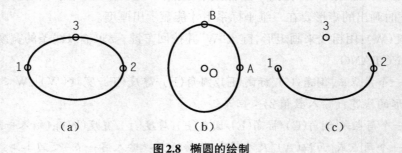

（a）　　　　　　（b）　　　　　　（c）

图2.8　椭圆的绘制

如果键入"R"并按回车键,则执行旋转选项,系统提示:

指定另一条半轴长度或[旋转(R)]:R<回车>

指定绕长轴旋转:用户在此提示下输入一角度,即可绘制一椭圆,该椭圆为通过这两点,并以这两点间的距离为直径的圆,绕这两点连线旋转输入角度后的投影。输入角度为0,则画一大圆;最大输入角度为89.4°,画出一个很扁的椭圆。

(2) 中心点(C):通过指定椭圆的中心来绘制椭圆。

命令:ELLIPSE<回车>

指定椭圆的轴端点或[圆弧(A)/中心点(C)]:C<回车>

指定椭圆的中心点:(拾取点O)

指定轴的端点:(输入椭圆其中一轴的任一端点A)

指定另一轴的长度或[旋转(R)]:(拾取点B) 绘出椭圆如图2.8(b)所示。

(3) 圆弧(A):此选项用于绘制椭圆弧。系统首先画一个完整椭圆,然后通过指定椭圆弧的起始角和终止角,或指定椭圆弧的起始角及其包含角画出椭圆弧。

命令:ELLIPSE<回车>

指定椭圆的轴端点或[圆弧(A)/中心点(C)]:A<回车>

指定椭圆弧的轴端点或[中心点(C)]:(输入一点1)

指定轴的另一个端点:(输入另一端点2)

指定另一条半轴长度或[旋转(R)]:(输入点3)

指定起始角度或[参数(P)]:0<回车>

指定终止角度或[参数(P)/包含角度(I)]:190<回车>

绘出椭圆弧如图2.8(c)所示。

AutoCAD 2012提供有专门绘制椭圆弧的命令,在"绘图"下拉菜单"椭圆"的子菜单或"绘图"工具栏中 ⌢ 直接调用。该命令的选项及其意义与椭圆命令中的"圆弧(A)"选项相同,读者可自行练习体会。

【例2.4】 绘制如图2.9(a)所示的面盆的平面图。

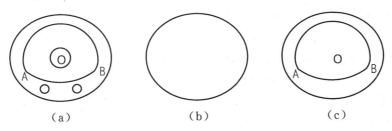

(a) (b) (c)

图2.9 面盆的平面图的绘制

(1) 单击"椭圆"命令 ⬯,绘制面盆外沿。

命令:ELLIPSE<回车>

指定椭圆的轴端点或[圆弧(A)/中心点(C)]:(用鼠标在屏幕的适当位置拾取一点)

指定轴的另一个端点:(拾取另一端点)

指定另一条半轴长度或[旋转(R)]:(用鼠标拉出另一半轴长度)　如图2.9(b)所示。

(2) 单击"椭圆弧"命令 ，画面盆内沿。

命令:ELLIPSE<回车>

指定椭圆的轴端点或[圆弧(A)/中心点(C)]:A<回车>

指定椭圆弧的轴端点或[中心点(C)]:C<回车>

指定椭圆的中心点:(捕捉外沿椭圆的中心)

指定轴的另一个端点:(输入另一端点)

指定另一条半轴长度或[旋转(R)]:(用鼠标在屏幕上拉出另一半轴长度)

指定起始角度或[参数(P)]:-20<回车>

指定终止角度或[参数(P)/包含角度(I)]:200<回车>　结果如图2.9(c)所示。

(3) 单击"圆弧"命令。

命令:ARC<回车>

指定圆弧的起点或[圆心(C)]:(捕捉点A)　如图2.9(c)所示。

指定圆弧的第二个点或[圆心(C)/端点(E)]:E<回车>

指定端点:(捕捉点B)

指定圆弧的圆心或[角度(A)/方向(D)/半径(R)]:A<回车>

指定包含角:(输入120)<回车>　结果如图2.9(c)所示。

(4) 用"圆"命令在适当位置绘制下水孔、水龙头孔的圆。

2.5　多段线 PLINE

二维多段线是由可变宽度的直线段或直线段和圆弧段相互连接所形成的图形。它与用 LINE 命令画出的彼此相连的多个直线形不同,多段线是作为一个整体而存在的。

1. 命令的执行方法

(1) 下拉菜单:"绘图"→"多段线"。

(2) "绘图"工具栏:"多段线"按钮 。

(3) 命令行输入:PLINE(或简化输入 PL)。

2. 命令的提示与选项

命令:PLINE<回车>

指定起点:(输入起点)

当前线宽 0.000

指定下一个点或[圆弧(A)/半宽(H)/长度(L)/放弃(U)/宽度(W)]:

"当前线宽 0.000"是多段线当前的宽度。该宽度将对多段线的所有线段起作用,直到用户重新指定新线宽为止。

接着显示的提示是PLINE命令的选项,其含义说明如下:

(1) 指定下一个点:默认选项,让用户指定多段线的下一点,指定后将从起点开始画出一条直线段。然后继续相同的提示及选项。连续指定下一点,就像执行"LINE"命令一样绘制出一条折线段。

(2) 圆弧(A):转换为画圆弧模式,键入"A"并按回车键,显示相应的提示:

指定圆弧的端点或[角度(A)/圆心(CE)/闭合(CL)/方向(D)/半宽(H)/直线(L)/半径(R)/第二个点(S)/放弃(U)/宽(W)]:在此提示下输入点或选择其他选项,即画出与前段图元相切的圆弧。

(3) 半宽(H):指定多段线的半宽度,即从多段线的中线到多段边界的宽度。键入"H"并按回车键后,系统显示如下提示:

指定起点半宽:要求用户输入多段线的起点半宽度。

指定终点半宽:要求用户输入终点的半宽度,完成画线的提示。

(4) 长度(L):按与前一线段相同的方向画指定长度的线段。

(5) 放弃(U):将最后加到多段线中的线段或圆弧删除。

(6) 宽度(W):指定多段线的宽度。键入"W"并按回车键后,系统显示如下提示:

指定起点宽度:(输入数值)<回车>

指定终点宽度:(输入数值)<回车>

当起始宽度和终止宽度设置为不同值时,能画出带有锥度的线条。

选择PLINE命令的"圆弧(A)"选项,将切换到画圆弧模式,并显示以下提示:

指定圆弧的端点或[角度(A)/圆心(CE)/闭合(CL)/方向(D)/半宽(H)/直线(L)/半径(R)/第二个点(S)/放弃(U)/宽(W)]:

现将各选项的含义说明如下:

(1) 指定圆弧的终点:指定圆弧的终点,为默认选项。圆弧的起点就是前一线段(直线或圆弧)的终点,并与前一线段相切。

(2) 角度(A):指定圆弧的圆心角。在键入"A"并按回车键后系统提示如下:

指定包含角:如果角度值为正,按逆时针方向画弧;如果角度值为负,则按顺时针方向画弧。执行后继续提示:

指定圆弧的端点或[圆心(CE)/半径(R)]:指定点后即画出圆弧。

(3) 圆心(CE):指定圆弧的中心,键入"CE"并按回车键后,显示提示如下:

指定圆弧的圆心:(输入圆心点)<回车>

指定圆弧的端点或[角度(A)/长度(L)]:这时用户可以再指定圆弧的端点、包含角或圆弧所对应的弦长来绘制圆弧。

(4) 闭合(CL):从当前位置画一圆弧到多段线的起点,构成一闭合多段线,同时结束命令。

(5) 方向(D):指定圆弧的起始方向。键入"D"并按回车键显示以下提示:

指定圆弧的起点切向:要求输入一点,该点与前一点连线确定圆弧的起始方向。接着系统提示：

指定圆弧的端点：输入终点后即画出圆弧。

（6）半宽（H）：与前面说明的半宽含义相同。

（7）直线（L）：切换到画直线状态。

（8）半径（R）：指定圆弧的半径。在键入"R"并按回车键后显示以下提示：

指定圆弧的半径：（输入半径）＜回车＞

指定圆弧的端点或[角度（A）]：指定圆弧的端点或者圆弧的圆心角。

（9）第二个点（S）：指定三点画圆弧的第二点和第三点。在键入"R"并按回车键后系统显示提示：

指定圆弧上的第二个点：（输入一点）＜回车＞

指定圆弧的端点：输入终点后即画出圆弧。

当多段线带有宽度时，可以通过"FILL"命令打开或关闭填充模式。

【例2.5】 用"PLINE"命令绘制如图2.10所示的键槽视图，线宽为1。

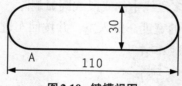

图2.10　键槽视图

命令：PLINE＜回车＞

指定起点：（在屏幕上拾取一点为图形的左下角点A）

当前线宽0.000

指定下一个点或[圆弧（A）/半宽（H）/长度（L）/放弃（U）/宽度（W）]：W＜回车＞

指定起点宽度：1＜回车＞

指定终点宽度：1＜回车＞

指定下一个点或[圆弧（A）/半宽（H）/长度（L）/放弃（U）/宽度（W）]：@80,0＜回车＞

指定下一个点或[圆弧（A）/半宽（H）/长度（L）/放弃（U）/宽度（W）]：A＜回车＞

指定圆弧的端点或[角度（A）/圆心（CE）/闭合（CL）/方向（D）/半宽（H）/直线（L）/半径（R）/第二个点（S）/放弃（U）/宽（W）]：@0,30＜回车＞

指定圆弧的端点或[角度（A）/圆心（CE）/闭合（CL）/方向（D）/半宽（H）/直线（L）/半径（R）/第二个点（S）/放弃（U）/宽（W）]：L＜回车＞

指定下一个点或[圆弧（A）/半宽（H）/长度（L）/放弃（U）/宽度（W）]：@−80,0＜回车＞

指定下一个点或[圆弧（A）/半宽（H）/长度（L）/放弃（U）/宽度（W）]：A＜回车＞

指定圆弧的端点或[角度（A）/圆心（CE）/闭合（CL）/方向（D）/半宽（H）/直线（L）/半径（R）/第二个点（S）/放弃（U）/宽（W）]：@0,−30＜回车＞

指定圆弧的端点或[角度（A）/圆心（CE）/闭合（CL）/方向（D）/半宽（H）/直线（L）/半径（R）/第二个点（S）/放弃（U）/宽（W）]：＜回车＞

【例 2.6】 用"PLINE"命令绘制如图 2.11 所示的箭头。

图 2.11 箭头

命令:PLINE<回车>

指定起点:(在屏幕上拾取一点为图形的左端点)

当前线宽 0.000

指定下一个点或[圆弧(A)/半宽(H)/长度(L)/放弃(U)/宽度(W)]:@80,0<回车>

指定下一个点或[圆弧(A)/半宽(H)/长度(L)/放弃(U)/宽度(W)]:W<回车>

指定起点宽度:4<回车>

指定终点宽度:0<回车>

指定下一个点或[圆弧(A)/半宽(H)/长度(L)/放弃(U)/宽度(W)]:@30,0<回车>

指定下一个点或[圆弧(A)/半宽(H)/长度(L)/放弃(U)/宽度(W)]:<回车>

2.6 样条曲线 SPLINE

在工程应用中有一类曲线,它们不能用标准的数学方程式加以描述。只有一些测得的数据点,要通过拟合这些数据点的方式绘制出相应的曲线。这类曲线称为样条曲线。SPLINE 命令用于绘制非均匀有理的样条曲线,在工程制图中常用来绘制波浪线。

1. 命令的执行方法

(1) 下拉菜单:"绘图"→"样条曲线"。

(2) "绘图"工具栏:"样条曲线"按钮 。

(3) 命令行输入:SPLINE。

2. 命令的提示与选项

命令:SPLINE

指定第一个点或[对象(O)]:

(1) 指定第一个点:默认选项。让用户指定曲线的第一个数据点,输入后系统显示提示:

指定下一点:指定曲线的第二个数据点,输入后显示提示:

指定下一点或[闭合(C)/拟合公差(F)]<起始切向>:

① 指定第下一点:默认选项。让用户继续指定后续数据点来添加样条曲线段。系统根据用户指定的后续点数据来不断后延样条曲线。键入"U"可删除最后指定的数据点。按回车键结束数据点的输入,并显示提示"起始切向:",要求用户指定样条曲线在起始点的切线方向;紧接着显示"指定终点切向:",要求用户指定样条曲线在终点处的切线方向。两个方向被指定后,即画出样条曲线。

② 闭合(C)：让曲线的起点和终点重合，并共用相同的顶点和切线，形成闭合的样条曲线。选择该选项系统仅显示"指定切向："的提示。

③ 拟合公差(F)：该选项用于控制样条曲线与数据点的逼近程度，即可设置曲线与数据点之间的拟合公差。公差值越小曲线越逼近数据点。公差值等于0，则样条曲线精确通过数据点。

④ ＜起始切向＞：定义样条曲线的第一点和最后一点的切线方向。

（2）对象(O)：转换样条多段线为样条曲线。

【例2.7】 如图2.12所示，已知点A、B、C、D、E、F的位置，绘制通过各点的样条曲线。

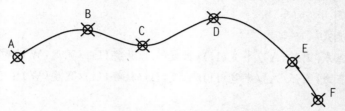

图2.12　样条曲线绘制

命令：SPLINE＜回车＞

指定第一个点或[对象(O)]：(拾取点A)

指定下一点或[闭合(C)/拟合公差(F)]＜起始切向＞：(拾取点B)

指定下一点或[闭合(C)/拟合公差(F)]＜起始切向＞：(拾取点C)

指定下一点或[闭合(C)/拟合公差(F)]＜起始切向＞：(拾取点D)

指定下一点或[闭合(C)/拟合公差(F)]＜起始切向＞：(拾取点E)

指定下一点或[闭合(C)/拟合公差(F)]＜起始切向＞：(拾取点F)

指定下一点或[闭合(C)/拟合公差(F)]＜起始切向＞：＜回车＞

指定起点切向：0＜回车＞

指定终点切向：0＜回车＞

【例2.8】 绘制图2.13中的A向斜视图。

（1）单击"直线"命令，画直线段12，如图2.13(b)所示。

命令：LINE＜回车＞

指定第一点：(用鼠标在屏幕上拾取一点1)

指定下一点或[放弃U]：(用鼠标向上拾取一点2)

指定下一点或[放弃U]：＜回车＞

（2）单击"圆弧"命令，画半圆弧234。

命令：ARC＜回车＞

指定圆弧的起点或[圆心(C)]：(用鼠标捕捉点2)

指定圆弧的第二点或[圆心(C)/端点(E)]：C＜回车＞

指定圆心：@-10,0＜回车＞

指定圆弧的端点或[角度(A)/弦长(L)]：A＜回车＞

指定包含角:180<回车>

(3) 单击"直线"命令,画直线段45。

(4) 单击"样条曲线"命令 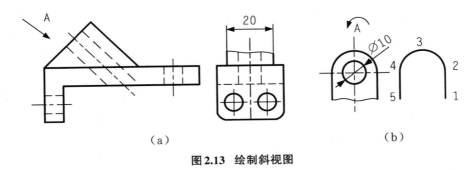,画波浪线51。

命令:SPLINE<回车>

指定第一个点或[对象(O)]:(用鼠标捕捉点5)<回车>

指定下一点或[闭合(C)/拟合公差(F)]<起始切向>:(用鼠标向右拾取一点)

指定下一点或[闭合(C)/拟合公差(F)]<起始切向>:(用鼠标向右拾取一点)

指定下一点或[闭合(C)/拟合公差(F)]<起始切向>:(捕捉点1)

指定下一点或[闭合(C)/拟合公差(F)]<起始切向>:<回车>

指定起点切向:<回车>

指定终点切向:<回车>

(5) 单击"圆"命令,画出∅10的圆。

（a）　　　　　　　　　　　　　　　（b）

图2.13　绘制斜视图

2.7　画构造线命令 XLINE

AutoCAD中的构造线是向两端无限延伸的直线。绘图时常用构造线进行辅助定位或构图。

1. 命令的执行方法

(1) 下拉菜单:"绘图"→"构造线"。

(2) "绘图"工具栏:"构造线"按钮 。

(3) 命令行输入:XLINE。

2. 命令的提示与选项

XLINE命令执行时,命令行显示如下提示:

命令:XLINE

指定点或[水平(H)/垂直(V)/角度(A)/二等分(B)/偏移(O)]:

(1) 指定点:默认选项,要求输入构造线的中心点,输入后系统接着提示:

指定通过点：指定构造线要通过的另一点，输入后系统将该点与中心点连一构造线，并继续提示：

指定通过点：指定构造线要通过的另一点，系统会不断重复这一提示，以绘制各种不同方向的构造线，直到按回车键结束命令。

（2）水平（H）：绘制通过指定点且平行于X轴的构造线。选择该选项系统提示：

指定通过点：要求输入水平线要通过的点，输入后在该点显示一水平线并继续提示：

指定通过点：系统不断重复这一提示，以绘制多条平行X轴构造线，直到按回车键或空格键结束命令。

（3）垂直（V）：绘制通过指定点且平行于Y轴的构造线。选择该选项系统提示：

指定通过点：要求输入竖直线要通过的点，输入后在该点显示一水平线并继续提示：

指定通过点：系统不断重复这一提示，以绘制多条平行Y轴的构造线，直到按回车键或空格键结束命令。

（4）角度（A）：绘制一条或多条按指定角度倾斜于X轴的构造线。选择该选项系统提示：

输入参照线角度<O>或[参照（R）]：指定斜构造线的倾斜角度，输入"O"或按回车键后系统提示：

指定通过点：要求输入斜线要通过的点，输入后系统在该点显示一斜线，并不断重复这一提示，以绘制多条相互平行的斜构造线，直到按回车键或空格键结束命令。

[参照（R）]：选择该选项有如下提示：

选择直线对象：要求用户指定一条已存在的线作为参照线。

指定参照线角度<O>：指定构造线于上述参照线的倾斜角度。

指定通过点：指定点以绘制多条构造线，直到按回车键结束命令。

（5）二等分（B）：绘制指定角的平分线的构造线。可连续指定角的终边生成该角的平分线。选择该选项系统依次提示：

指定角的顶点：要求用户指定要平分的角的顶点，输入后系统提示：

指定角的起点：要求用户指定要平分的角的始边，输入后系统提示：

指定角的端点：要求用户指定要平分的角的终边，输入后系统显示一条角平分线，并继续提示：

指定角的端点：用户可指定下一个要平分的角的终边响应，或按回车键结束命令。

（6）偏移（O）：绘制以指定距离平行于一直线的构造线。选择该选项后系统提示如下：

指定偏移距离或[通过（T）]当前值：要求用户输入要偏移的距离。

选择直线对象：要求用户选择要偏移的基准线。

指定向哪边偏移：用鼠标在要偏移的方位拾取一点。

如选择"通过（T）"，则系统提示如下：

选择直线对象：要求用户选择要偏移的基准线。

指定通过点：用鼠标拾取要通过的一点。

【**例2.9**】　如图2.14所示,将直角OAB四等分。

(1) 启动"XLINE"命令。

指定点或[水平(H)/垂直(V)/角度(A)/二等分(B)/偏移(O)]:B<回车>

指定角的顶点:(拾取顶点O)

指定角的起点:(选择端点A)

指定角的端点:(选择端点B)　画出分角线OC。

指定角的端点:(选择端点C)　画出分角线OD。

指定角的端点:<回车>

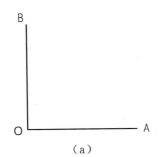
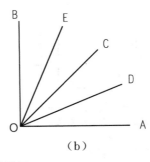

图2.14　直角平分图示

(2) 再次执行"XLINE"命令。

指定点或[水平(H)/垂直(V)/角度(A)/二等分(B)/偏移(O)]:B<回车>

指定角的顶点:(输入顶点O)

指定角的起点:(选择端点C)

指定角的端点:(选择端点B)　画出分角线OE。

用构造线作辅助线绘制形体的三视图,能方便地保证"主、俯视图长对正,主、左视图高平齐,俯、左视图宽相等"的对应关系。

【**例2.10**】　绘制图2.15(a)所示的三视图。

(1) 单击"构造线"命令,画三视图的基准线,如图2.15(b)所示。

命令:XLINE <回车>

指定点或[水平(H)/垂直(V)/角度(A)/二等分(D)偏移(O)]:V<回车>

指定通过点:(在屏幕上拾取一点O)

指定通过点:<回车>　画出构造线V1,长度基准。

命令:XLINE <回车>

指定点或[水平(H)/垂直(V)/角度(A)/二等分(D)偏移(O)]:H<回车>

指定通过点:(在屏幕上拾取一点)　画出构造线H2,高度基准。

指定通过点:<回车>

命令:XLINE <回车>

指定点或[水平(H)/垂直(V)/角度(A)/二等分(D)偏移(O)]:O<回车>

指定偏移距离或[通过(T)]:160<回车>

指定直线对象:(选择竖直的基准线V1)

指定向哪偏移:(用鼠标在V1的右侧单击左键) 绘制出左视图的宽度基准V2。

命令:XLINE<回车>

指定点或[水平(H)/垂直(V)/角度(A)/二等分(D)偏移(O)]:O<回车>

指定偏移距离或[通过(T)]:180<回车>

指定直线对象:(选择水平基准线H2)

指定向哪偏移:(用鼠标在H2的下方单击左键) 绘制出俯视图的宽度基准H3。

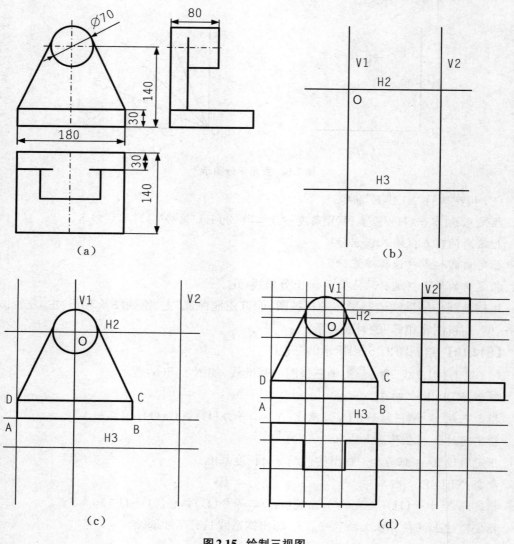

图2.15　绘制三视图

(2) 画主视图,如图2.15(c)所示。

① 启动画圆命令,以 O 为圆心,35 为半径画圆。

② 画矩形。

命令:XLINE ＜回车＞

指定点或[水平(H)/垂直(V)/角度(A)/二等分(D)偏移(O)]:O＜回车＞

指定偏移距离或[通过(T)]:90＜回车＞

指定直线对象:(选择竖直的基准线V1)

指定向哪偏移:(用鼠标在V1的左侧单击左键)

命令:XLINE ＜回车＞

指定点或[水平(H)/垂直(V)/角度(A)/二等分(D)偏移(O)]:O＜回车＞

指定偏移距离或[通过(T)]:140＜回车＞

指定直线对象:(选择水平基准线H2)

指定向哪偏移:(用鼠标在H2的下方单击左键)

命令:RECTANG ＜回车＞

指定第一个角点或[倒角(C)/标高(E)/圆角(F)/厚度(T)宽度(W)]:(捕捉点A)

指定另一个角点:@180,30＜回车＞　绘制出矩形ABCD。

③ 画连接板的视图。

命令:LINE ＜回车＞

指定第一点:(捕捉点D)

指定下一点或[放弃(U)]:(将鼠标移到∅30圆上捕捉切点)　绘制左边切线。

同样方法画出右边切线。

(3) 采用类似的方法,用构造线定位,用"LINE"命令绘制出俯、左视图,如图2.15(d)所示。

辅助线交点用直线连接即为底板的左视图。用类似的方法画出圆柱和连接板的俯视图和左视图,如图2.15(d)所示。

(4) 单击"删除"命令,擦去辅助构造线。

习　　题

1. 绘制如图2.16所示的两个图案。

2. 绘制如图2.17所示的图形。

提示:左右两侧肋板的投影,可先画两条构造线绘制。

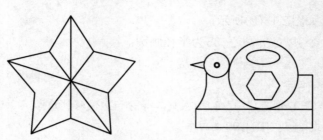

图 2.16　绘制图形

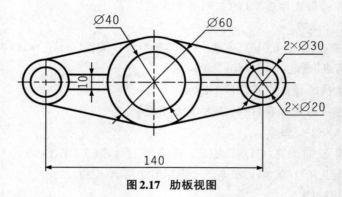

图 2.17　肋板视图

3. 绘制如图 2.18 所示的轴视图。

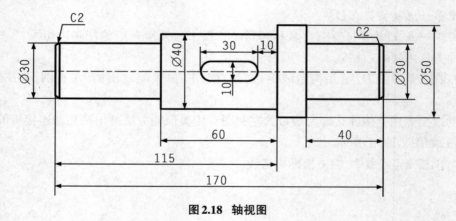

图 2.18　轴视图

4. 绘制如图 2.19 所示的两面视图。

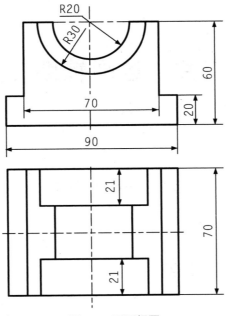

图2.19 两面视图

第3章 绘图辅助工具

3.1 捕捉与栅格

3.1.1 启动捕捉与栅格功能

1. 捕捉

捕捉是栅格捕捉,状态栏上的▣按钮,指系统能生成隐含于屏幕上的栅格点。这些点是按照指定行间距和列间距排列,能够捕捉光标,使光标只能处在这些点确定的位置上,从而达到光标按指定的步距即栅格间距精确移动的目的。

可以通过以下方式实现栅格捕捉与否的切换:

(1) 单击状态栏上的▣按钮,按钮变为蓝色表示启动捕捉模式,按钮变为灰色表示关闭捕捉模式。

(2) 快捷键:F9。

2. 栅格

栅格是栅格显示,状态栏上的▦按钮,指绘图屏幕上显示按指定行间距和列间距均匀分布的栅格点,其作用就像坐标纸。需要注意的是,栅格点仅仅是一种视觉辅助工具,不是图形的一部分,绘图输出时并不实际输出。

通过以下方式实现栅格显示与否的切换:

(1) 单击状态栏上的▦按钮,同样按钮变蓝为开启,按钮为灰色表示关闭。

(2) 快捷键:F7。

3.1.2 捕捉与栅格功能的设置

捕捉与栅格功能的设置可以通过"草图设置"对话框中的"捕捉与栅格"选项卡来实现,如图3.1所示。

1. 命令格式

(1) 状态栏上任意绘图辅助工具按钮(除约束和正交)右键单击,从弹出的快捷菜单选择"设置"命令。

(2) 菜单方式:"工具"→"草图设置"。

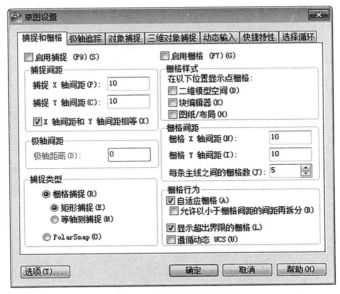

图3.1 草图设置对话框

2. 选项卡说明

(1)"启用捕捉":用于确定启用捕捉功能。

(2)"捕捉间距":"捕捉 X 轴间距"和"捕捉 Y 轴间距"的文本框分别用来确定栅格点之间沿 X 轴与 Y 轴方向的间距,即栅格点之间的列间距和行间距。它们之间的值可以相等也可以不等。

(3)"启用栅格":用于确定启用栅格功能。

(4)"栅格间距":设置栅格点在 X 轴方向与 Y 轴方向之间的间距。如果设置为0,表示与捕捉栅格的间距相同。在设置时,注意间距不要设置得太小,否则会使间隔太密而无法显示或导致图形模糊以及屏幕重画太慢。

(5)"极轴间距":将捕捉模式设为极轴追踪模式时,捕捉光标移动的距离增量。只有选中"PolarSnap"单选按钮才能设置极轴间距。

(6)"捕捉类型":用于设置捕捉模式。"栅格捕捉"单选按钮表示将捕捉模式设为栅格捕捉模式。在栅格捕捉模式下可以选中"矩形捕捉"单选按钮,此时光标沿水平或垂直方向捕捉;"等轴测捕捉"单选按钮的模式用于绘制正等轴测图时的工作环境,此时栅格和光标十字线不再相互垂直,而是呈绘制等轴测图时的特定角度。如果选中"PolarSnap"单选按钮,表示将捕捉模式设置为极轴模式。

(7)"栅格行为":用于控制所显示栅格线的外观。如果选中"自适应栅格"复选框,当缩小图形显示时,可以限制栅格密度;而当放大图形时,能够生成更多间距更小的栅格线。若选中"显示超出栅格界限"复选框,整个绘图窗口都显示栅格点。反之,栅格点只显示在有

LIMITS命令设置的绘图范围内;"遵循动态UCS"复选框用于确定是否可以更改栅格平面以便动态跟随UCS的XY平面。

3.2 正交与极轴

3.2.1 正交

在绘图过程中需要经常绘制水平线和垂直线,直接用鼠标绘制很难保证直线的水平或垂直,在命令区输入相对坐标绘制较为麻烦,利用正交功能则可以方便地绘制水平线和垂直线。

启动或关闭正交模式通过以下方式进行:

(1) 单击状态栏上的 ▇ 按钮,按钮变为蓝色表示处于正交模式,按钮变为灰色表示关闭正交模式。

(2) 快捷键:F8。

启动正交模式,确定第一点的位置后,光标在绘图区域内任意移动,就会出现水平线或垂直线。光标移动时,若X轴移动的距离大于Y轴移动的距离,则为水平线;若Y轴移动的距离大于X轴移动的距离,则为垂直线。如图3.2所示。

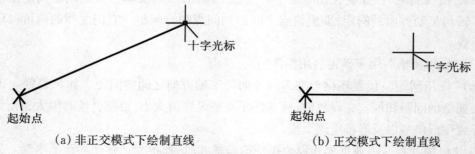

(a) 非正交模式下绘制直线   (b) 正交模式下绘制直线

图3.2 正交模式的开启与关闭

在正交模式下不用于绘制倾斜线,如有需要,不能使用光标拾取点,只能通过键盘输入两个点的坐标才能绘出。

3.2.2 极轴追踪

极轴追踪是指用户在绘图时,绘图区会按照一定角度增量显示出追踪线,为用户提供精确的角度以确定对象的位置。

1. 启动极轴追踪

启动或关闭极轴追踪模式通过以下方式进行：

（1）单击状态栏上的 按钮。

（2）快捷键：F10。

设置极轴模式通过"草图设置"对话框中的"极轴追踪"选项卡，如图3.3所示。

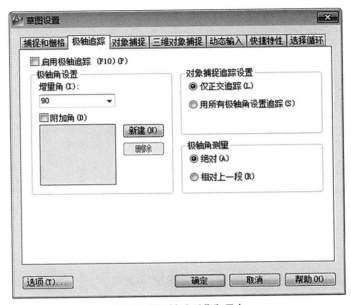

图3.3 "极轴追踪"选项卡

2. 选项卡说明

"极轴追踪"选项卡用于设置极轴角度。

（1）"极轴角设置"：用"增量角"下拉列表框设置角度增量，即极轴角是角度增量的整数倍。下拉列表中有90,45,30,22.5,18,15,10和5几种选择。如该选项设置为90，则可以进行90°,180°,270°,360°四个方向极轴追踪。

设置极轴角度的另外一种方法是在状态栏上的 按钮上点击右键，从弹出的快捷菜单选择相应的增量角。

（2）"附加角"：用于设置附加极轴角。选中该复选框后单击"新建"按钮，输入一个角度值按回车键，即可将该角度附加为极轴角。除了可以按角度增量进行追踪外，还可以按设置的附加极轴角进行追踪。单击"删除"按钮可以删除设置的附加极轴角。

（3）"对象捕捉追踪设置"：两种模式供选择，用于设置对象追踪模式。此选项的效果需要打开"对象捕捉追踪"按钮。

（4）"极轴角测量"：选中"绝对"单选按钮，表示以当前的UCS的X轴为基准测量极轴角；选中"相对上一段"单选按钮表示以最后创建的对象为基准测量极轴角。

3.3 对象捕捉与对象追踪

3.3.1 对象捕捉

对象捕捉功能用于帮助用户精确地选择图形元素上的某些特定点。例如在画好的图形上拾取两直线的交点、垂足点、圆的圆心、切点等,就需要预先设置出相应的对象捕捉模式。绘图过程中只要将光标移动到一个捕捉点附近,系统就会显示出捕捉标记和捕捉提示。如图3.4所示,在对象捕捉模式下,捕捉到的圆心的标记和提示。

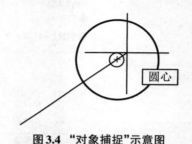

图3.4 "对象捕捉"示意图

1. 启动对象捕捉

启动或关闭对象捕捉模式通过以下方式进行:

(1)单击状态栏上的□按钮 。

(2)快捷键:F3。

启用对象捕捉模式后,在绘图过程中使用光标确定点时,将光标移动到特殊点附近,AutoCAD就会自动捕捉到这些点,并显示捕捉到相应点的捕捉标记和标签,此时单击即可选中所需要的特殊点。

通过"草图设置"对话框中的"对象捕捉"选项卡设置对象捕捉的模式,或者右键单击对象捕捉按钮□。从快捷菜单中选择"设置",也可弹出"草图设置"对话框,如图3.5所示。

2. 选项卡说明

(1)"启用对象捕捉":用于确定是否启用对象捕捉功能。

(2)"启用对象捕捉追踪":用于确定是否启用对象捕捉追踪功能。

(3)"对象捕捉模式":各复选框用于选择在对象捕捉模式下捕捉哪些特殊点。如交点捕捉需要经常使用,则选中"交点"前的复选框;反之,不选中将捕捉不到交点。复选框前的图标表示相应特殊点的捕捉标记,如交点的捕捉标记为"×",圆心的捕捉标记为"○"等。

选中需要捕捉的特殊点后,单击"确定"按钮完成对象捕捉模式的设置。

在绘制复杂的图形时,由于线型较密,需要捕捉的点附近有很多特殊点,形成对捕捉模式的干扰,AutoCAD可能经常捕捉到不需要的点。此时要减少自动对象捕捉的种类,在"对象捕捉"选项卡中取消不需要的捕捉选项即可。还可以通过放大图像,避免特殊点过于集中而形成对自动捕捉的干扰。

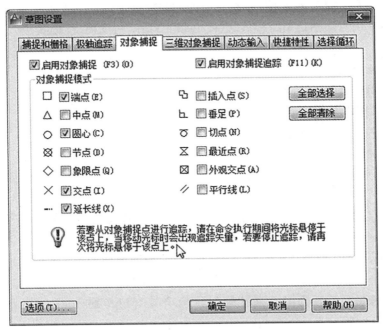

图3.5 "对象捕捉"选项卡

虽然在自动捕捉模式下便于拾取特殊点,但有时绘图过程中需要某些非特殊点,由于所需点的位置与某些特殊点离得较近,用光标拾取到的点并不是所需点,而是特殊点。此时,要关闭自动对象捕捉功能才能拾取到所需点。

3. 对象捕捉的其他方式

(1) 还可以使用"对象捕捉"工具栏捕捉特殊点。打开"视图"下拉菜单,选择"工具栏"即弹出一对话框。选中"对象捕捉"前的复选框后,桌面上即出现如图3.6所示的"对象捕捉"工具栏。点击其中的图标按钮即执行相应的捕捉。这种对象捕捉方式对于在命令运行过程中选择某个特定点极为有用。

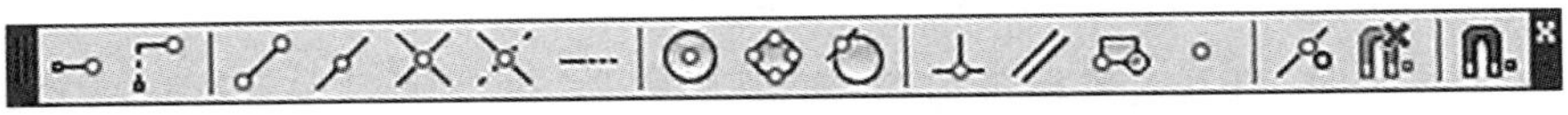

图3.6 "对象捕捉"工具栏

(2) 也可以通过在命令执行时单击鼠标右键,在弹出的菜单中选择"捕捉替代",在子菜单中选中相关的捕捉模式。如图1.13和图1.14所示。

(3) 用键盘在命令行键入捕捉模式名称的头三个字母也可以捕捉到特殊点。例如,"INT"表示捕捉交点,"CEN"表示捕捉中心等。

3.3.2　对象捕捉追踪

对象捕捉追踪是基于对象捕捉的追踪，即对象捕捉追踪的出发点是捕捉到的已有对象的点。因此在使用对象捕捉追踪模式之前，必须先打开"对象捕捉"模式，这也是它与极轴追踪的区别之处。

1. 启动对象捕捉追踪

启动或关闭对象捕捉追踪模式通过以下方式进行：

（1）单击状态栏上的╱按钮。

（2）快捷键：F11。

2. 选项卡说明

利用"草图设置"对话框中的"极轴追踪"选项卡可以设置对象捕捉追踪的方向。如图3.7所示，选项卡中的"对象捕捉追踪设置"选项组中，选中"仅正交追踪"单选按钮，表示只能沿正交方向追踪；选中"用所有极轴角设置追踪"单选按钮，表示可以沿所有的极轴角度进行追踪。

如图3.7所示，图(a)为选中"仅正交追踪"选项所捕捉到的点，其X、Y坐标分别与已有直线端点的X坐标和圆心的Y坐标相同；图(b)为选择"用所有极轴角设置追踪"选项，并将极轴角追踪的增量角设置为45后所捕捉到的点，单击即可得到对应的点。利用对象捕捉可以容易地得到这些特殊点。

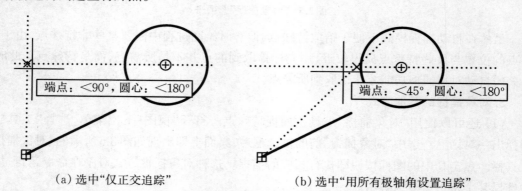

　　（a）选中"仅正交追踪"　　　　　　　　（b）选中"用所有极轴角设置追踪"

图3.7　对象捕捉追踪

绘制多个视图时，打开对象捕捉追踪，有利于视图中图线的对齐。绘制基本视图，选择"仅正交追踪"就可以获得"长对正、高平齐"的效果。

3.4　动态 UCS 与动态输入

3.4.1　动态 UCS

动态 UCS 主要应用于三维实体造型过程中,使用绘图命令时,可以通过在面的一条边上移动指针对齐 UCS,而无需使用 UCS 命令。结束命令后,UCS 将恢复到其上一个位置和方向。通过打开动态 UCS 模式,使用 UCS 命令定位实体模型上某个平面的原点,可以轻松地将 UCS 与该平面对齐。

启动或关闭动态 UCS 功能通过以下方式进行:

(1)单击状态栏上的 按钮。

(2)快捷键:F6。

此命令在二维图形的绘制中不需要用到,应用此命令需结合本书"三维实体造型"章节中的三维图形绘制。

3.4.2　动态输入

动态输入是在光标附近提供一个命令界面,可让用户直接在鼠标单击处快速激活命令,读取提示和输入值,而不需要阅读相应显示在命令提示区的提示,从而帮助用户专注于绘图区域的操作,而不依赖传统的命令提示区。用户在创建和编辑几何图形时,可以动态查看标注值,如长度和角度等。

1. 启动动态输入

启动或关闭动态输入功能通过以下方式进行:

(1)单击状态栏上的 按钮。

(2)快捷键:F12。

2. 选项卡说明

动态输入的设置通过"草图设置"对话框中的"动态输入"选项卡进行;也可以通过右键单击动态输入按钮 从快捷菜单中选择"设置",弹出"动态输入"选项卡进行,如图 3.8 所示。

(1)"启用指针输入":用于控制是否能够动态输入参考点即启动绘图命令后的第一点的坐标。例如,执行"直线"命令后,如果该复选框被选中,则绘图区出现输入第一点坐标的提示框,反之不显示任何提示框。

(2)"指针输入":"设置"按钮,用于设置第二点和后续的坐标格式和可见性。系统默认格式为极坐标和相对坐标。

（3）"可能时启用标注输入"：用于控制是否能够动态标注位点和上一个点之间的尺寸。

（4）"标注输入"："设置"按钮用于设置标注输入的可见性。

（5）"在十字光标附近显示命令提示和命令输入"：用于控制是否在十字光标附近显示命令提示和命令输入。

系统默认设置为三个复选框都选中。

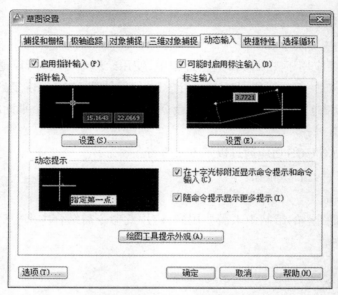

图3.8 "动态输入"选项卡

启动动态输入模式后，光标附近就会出现输入方框，按照提示输入参数即可。当输入参数较多时，可以按Tab键进行切换。例如，执行"直线"命令，系统提示指定第一点，如图3.9(a)所示。此时用户移动光标，动态显示工具栏也随着光标移动，且显示的坐标值也随之动态变化以反映光标的当前坐标值。此时，在提示框中可以直接输入点的坐标值。输入第一点的坐标后，系统提示输入下一个点，如图3.9(b)所示。可以输入相应的极坐标来确定新端点，输入长度30后按Tab键切换到直线角度的动态输入。图中系统的提示后有一个向下箭头的图标，按"↓"键，会显示与当前操作相关的选项。选项提示与命令区中的相同，可以通过单击选项来执行操作。

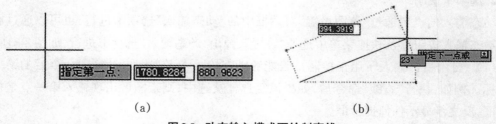

（a）   （b）

图3.9 动态输入模式下绘制直线

由此可见，动态输入的操作性强，可以取代传统的命令行输入。

3.5 显示线宽与快捷特性

3.5.1 显示线宽

状态栏中的➕按钮用于控制是否显示线宽,通过单击状态栏上的➕按钮来显示或隐藏线宽。

显示线宽的设置通过右键单击➕按钮,从快捷菜单中选择"设置",弹出"线宽设置"对话框,如图3.10所示。

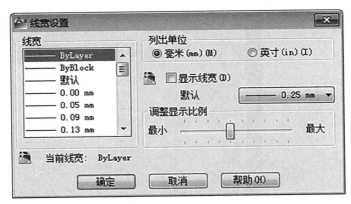

图3.10 "线宽设置"对话框

(1)"线宽":用于选择可以更改当前绘图的线型宽度,与"特性面板"中的线宽设置功能相同。系统默认为"ByLayer"随层状态。

(2)"列出单位":用于设置线宽的单位。有"毫米"和"英寸"供选择,默认状态下的线宽单位为"毫米"。

(3)"显示线宽":用于设置是否按照实际线宽显示图形。可以通过下拉列表设置默认显示线型宽度。

(4)"调整显示比例":用于设置线宽的显示比例,拖动滑块即可调整显示比例。

设置完成后点击"确定"按钮即可。

3.5.2 快捷特性

快捷特性支持用户在不使用"特性"面板的情况下查看和修改对象特性。启动快捷特性模式后,选中绘图对象,即可出现对象的特性及其当前设置,如图3.11所示。

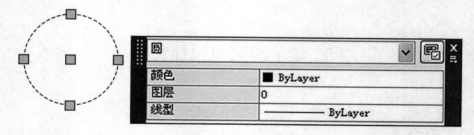

图3.11　快捷特性选项板

1. 启动快捷特性模式

启动或关闭快捷特性模式通过单击状态栏上的 ▣ 按钮的方式进行。启动快捷特性模式后，左键单击绘图对象，出现如图3.11所示的快捷特性选项板，将鼠标移动到选项板上，即可展开显示所选对象的全部特性及设置参数，如图3.12所示。

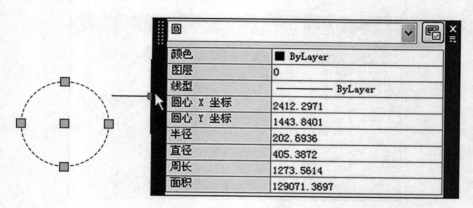

图3.12　快捷特性选项板完全显示状态

如果要对绘图对象进行修改，在选项板中选择要修改的属性，就可出现下拉菜单或列表状态为可编辑状态，直接输入数值进行更改。想要关闭选项板，按Esc键即可退出。

2. 选项卡说明

快捷特性的设置通过"草图设置"对话框中的"快捷特性"选项卡进行，也可以通过右键单击动态输入按钮 ▣ 从快捷菜单中选择"设置"，弹出"快捷特性"选项卡，如图3.13所示。

（1）"选择时显示快捷特性选项板"：用于控制是否启用快捷特性选项板。

（2）"选项板显示"：用于选择显示选项板的对象。此选项栏只有在开启快捷特性功能时才能设置，否则为灰白显示，不能进行设置。在选项栏中，如果选中"针对所有对象"单选按钮，选中任何对象都会显示选项板；如果选中"仅针对具有指定特性的对象"单选按钮，仅选中在自定义用户界面编辑器中定义为显示特性的对象显示选项板。

（3）"选项板位置"：用于设置选项板显示的位置。选中"由光标位置决定"单选按钮，表示选项板显示在光标附近，"象限点"下拉菜单中的选项为右上、右下、左上和左下四个选项，分别表示选项板出现在光标的右上方、右下方、左上方或左下方，"距离"用于设置选项板与光标直接的位置；如果选中"固定"单选按钮，不论选中的对象或光标在什么位置，选项板总显示在同一个位置。

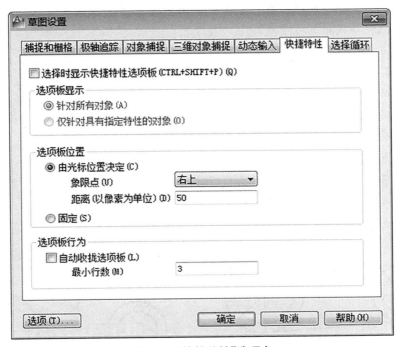

图3.13 "快捷特性"选项卡

（4）"选项板行为"：用于确定选项板是否收缩。选中"自动收拢选项板"复选框表示选项板的显示为自动收缩状态，如图3.11所示，需要点击选项板才能展开，在"最小行数"方框中设置需要显示的最小行数，即收拢后显示的行数；反之，没有勾选复选框，选项板则为完全显示状态，如图3.12所示。

设置完成后点击"确定"即可。

【**例3.1**】 绘制如图3.14所示的图形。

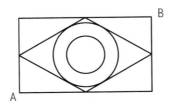

图3.14 绘制图形

（1）打开"工具"菜单，单击"草图设置"命令，弹出"草图设置"对话框。

（2）在对象捕捉选项卡中选择"启用对象捕捉"，并选中"中点"和"圆心"复选框，单击"关闭"。

（3）单击"矩形"命令，绘制一个以AB为对角点任意大小的矩形。

（4）启动"直线"命令，并打开"对象捕捉" 。

指定第一点：（光标移到矩形底边中点附近，出现黄色三角形符号时单击左键）

指定下一点：（光标移到矩形右边中点附近，出现黄色三角形符号时单击左键）

指定下一点：（捕捉第三边中点）

指定下一点：C＜回车＞

（5）下拉菜单："绘图"→"圆"→"相切、相切、相切"。

指定圆上的第一点：（光标移到菱形的一条边上出现相切符号时单击鼠标左键）

指定圆上的第二点：（光标移到菱形的另一条边上单击鼠标左键）

指定圆上的第三点：（光标移到菱形的第三条边上单击鼠标左键）

（6）启动"圆"命令。

指定圆的圆心或[三点(3P)/两点(2P)/相切、相切、半径(T)]：（捕捉内切圆圆心）

指定圆的半径：（拖动鼠标确定一长度）

【例3.2】 绘制如图3.15(a)所示的图形。

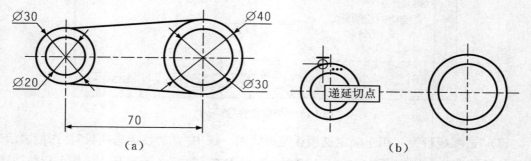

图3.15　绘制圆形

（1）打开"对象捕捉""对象追踪"和"极轴"绘图辅助工具按钮。右键单击"对象捕捉"，选择"设置"打开"对象捕捉"选项卡，选中"圆心"和"切点"复选框后关闭选项卡。

（2）绘制直径为20和直径为30的圆。

命令：CIRCLE＜回车＞

指定圆心或[三点(3P)/两点(2P)/相切、相切、半径(T)]：（用鼠标在屏幕的适当位置拾取一点）

指定半径[直径(D)]：10＜回车＞

命令：CIRCLE＜回车＞

指定圆心或[三点(3P)/两点(2P)/相切、相切、半径(T)]：（用鼠标捕捉∅20的圆心）

指定半径[直径(D)]：15＜回车＞

（3）绘制∅30和∅40的圆。

命令：CIRCLE＜回车＞

指定圆心或[三点(3P)/两点(2P)/相切、相切、半径(T)]：（用鼠标捕捉∅20的圆心，往右侧移动，水平方向出现一条虚线为极轴，输入70)＜回车＞

指定半径[直径(D)]:15<回车>

按回车键再次执行画圆命令:

指定圆心或[三点(3P)/两点(2P)/相切、相切、半径(T)]:(用鼠标捕捉∅30的圆心)

指定半径[直径(D)]:20<回车>

(4)绘制公切直线。

命令:LINE<回车>

指定第一点:(单击"对象捕捉"工具栏上的"捕捉到切点")

　　TO(在此提示下移动拾取框到左边直径为30的圆上,待出现"递延切点"提示时单击左键,如图3.15(b)所示)

　　指定下一点或[放弃(U)]:(单击"对象捕捉"工具栏上的"捕捉到切点")

　　TO(在此提示下移动拾取框到右边直径为40的圆上,待出现"递延切点"提示时单击左键)

　　指定下一点或[放弃(U)]:<回车>

(5)用同样方法画出另一侧的切线。

第4章 绘图环境的设置

在使用AutoCAD绘图时,根据工作需要和个人操作习惯设置好AutoCAD绘图环境,有利于形成统一的设计标准和工作流程,提高设计工作的效率。绘图环境的设置包括修改系统配置、确定图形单位、确定图形界限、设置辅助绘图模式、创建与管理图层、图形属性设置、改变图形的属性、文字样式的设置和表格样式的设置。

4.1 修改系统配置

单击"工具"下拉菜单,单击"选项"命令,将打开"选项"对话框,在对话框中修改三项默认的系统配置。

1. 设置拾取框大小

单击"选择集"选项卡,设置拾取框的大小,如图4.1所示。向左或向右移动滑块,即可以使拾取框变小或变大。

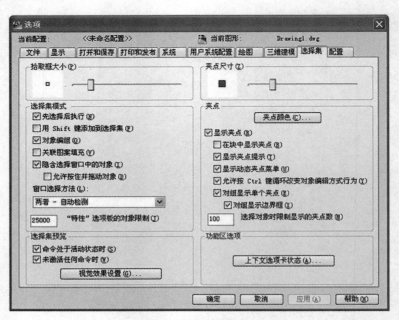

图4.1 "选择集"选项卡

2. 修改绘图区背景颜色

单击"显示"选项卡,单击"颜色"按钮,修改绘图区背景颜色为"白色"或者"黑色",如图4.2所示。

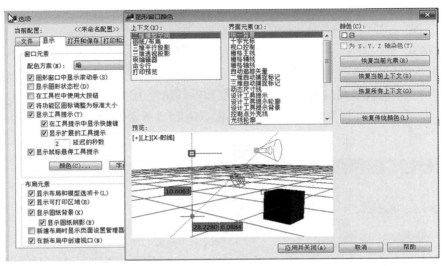

图4.2 "显示"选项卡

3. 自定义鼠标右键功能

单击"用户系统配置"选项卡,自定义鼠标右键功能,如图4.3所示。

图4.3 "用户系统配置"选项卡

根据具体情况确定是否修改其他选项的默认配置。

4.2　确定图形单位

单击"格式"下拉菜单,单击"单位"命令,打开"图形单位"对话框,如图4.4所示。

在该对话框中,设置长度类型为"小数"(即十进制),其精度为"0";设置用于缩放插入内容的单位为"毫米";设置角度类型为"十进制度数",其精度为"0"。

单击"方向(D)...",打开"方向控制"对话框,如图4.5所示,一般设置为默认状态,即"东(E)",角度为0。

图4.4　"图形单位"对话框　　　　　　　　图4.5　"方向控制"对话框

4.3　确定图形界限

绘图界限就是AutoCAD的绘图区域,也称为图限。通常用于打印的图纸都有一定的规格尺寸,如A3(297 mm×420 mm)、A4(210 mm×297 mm)。为了方便地将绘制的图形打印输出,在绘图前应设置好图形界限。

下面以设置A3横放图纸为例,具体介绍设置图形界限的操作方法。

1. 命令的执行方法

(1) 下拉菜单:"格式"→"图形界限"。

(2) 命令行输入:LIMITS。

2. 命令提示和选项

指定左下角点或[开(ON)/关(OFF)]<0,0>:<回车>即接受默认值,确定图幅左下角图界限坐标。

指定右上角点<420,297>:<回车>即接受默认值,确定图纸幅面为A3横放图纸。

若在选项中选择"开(ON)"时,则打开图形界限校核,即只能在图形界限内绘图,超出界限将不能画图,默认状态是"关(OFF)"。此时,如果要观察到图形界限范围,还需要鼠标右击状态栏中的"栅格显示"按钮▓,在弹出的菜单中选择"设置"命令,在弹出"草图设置"对话框中取消"显示超出界限的栅格"复选框的勾选,如图4.6所示。

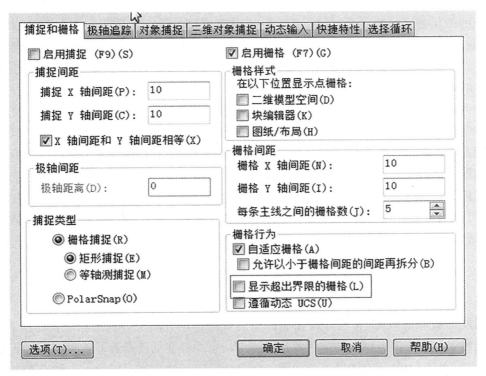

图4.6 "草图设置"对话框

4.4 设置辅助绘图模式

可以设置以下辅助绘图模式:

(1) 打开"栅格显示"。双击滚轮,使栅格充满屏幕。

(2) 打开"对象捕捉"模式。

(3) 打开"对象捕捉追踪"模式。

（4）根据需要打开"正交"模式和"极轴"模式。

（5）打开"线宽"显示。

具体设置方法参见本书第3章内容。

4.5　创建与管理图层

图层是AutoCAD设计中最常用的工具之一，图层能建立一系列具有不同线性和不同绘图颜色的图层，绘图时，将具有同一线性的图形对象放在同一图层中。图层可以被打开、关闭、修改，还可以实现图线颜色、线形以及其他操作。当通过打印机或绘图仪将图形输出到图纸时，利用打印设置将不同颜色的对象设为不同的线宽，这样就可以保证输出到图纸的对象满足线宽要求。

在AutoCAD中绘制的对象都具有图层、线型和颜色三个基本特征，AutoCAD允许用户建立和选用不同的图层来绘图，也允许选用不同的线型和颜色绘图。利用图层，可以在图形中对相关的对象进行分组，以方便对图形进行控制与操作，可以说，图层是AutoCAD中用户组织图形的最有效的工具之一。图形对象的属性包括线型、线宽和颜色等。

利用图层可以绘制和编辑图形，组织和管理不同类型的图形信息，特别是绘制复杂的图形时，可以关闭无关的图层，避免因对象过多而产生相互干扰，从而降低图形编辑的难度，提高绘图精度。本节介绍图层的概念、用途、特性、控制、基本操作、图层转换器等。

4.5.1　图层的概念

图层的概念很重要，正确理解图层的概念有助于设置图层并利用其进行绘图和编辑。图层相当于一张张没有厚度的透明胶片，整个AutoCAD文档就是若干透明胶片上下叠加的结果。同一幅图中的所有图层都是用同一个坐标系定位的。下面通过一个例子来说明图层的概念。

读者对交通图都很熟悉，比如一张交通图，它是用图4.7中的图线表达交通路线的，不同的道路用不同的线型，每条图线具有一定的宽度、颜色和形式。如果一张交通图由几个人同时绘制，每个人分别用一张透明的胶片绘制一种交通路线，绘制完后将这些透明胶片叠加在一起，就制成了一张完整的交通图。若某人画的铁路线有错，或新建了几条铁路，只要把画铁路的透明胶片取出来修改或添加几条铁路线即可。AutoCAD为用户提供了与透明胶片类似的绘图环境，它被称为图层（Layer）。

确定一个图形对象，除了必须给出它的几何数据（如确定位置和形状等）以外，还要给定它的线型、线宽、颜色和状态等非几何数据。我们把图形所具有的这些非几何信息称为图形的属性。比如：为了画一段直线，必须指定它的两个端点的坐标。此外，还要说明画这段直线所用的线型(实线、虚线等)、线宽(线条的粗细)和颜色。

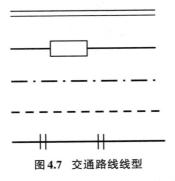

图4.7 交通路线线型

引入了图层这个概念以后,只要事先指定每一图层的线型、线宽、颜色和状态等属性,使凡具有与之相同属性的图形对象都放到该图层上。这样,在绘制图形时,只需指定每个图形对象的几何数据和其所在的图层就可以了。这样做既可使绘图过程得到简化,又便于图形的管理。因为所有图层都是用同一个坐标系定位,所以各个图层相互之间完全对齐,即一层上的某一基准点准确无误地对齐于其他各层上的同一基准点。在各层上画完图后,把这些层对齐重叠在一起,就构成了一张整图。其示意图如图4.8所示。

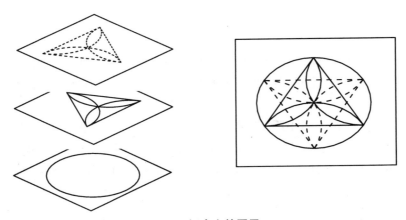

图4.8 概念上的图层

AutoCAD 提供的默认层是0层。图层具有关闭(打开)、冻结(解冻)、锁定(解锁)等特性。用户的绘图和编辑等操作都是在当前层上进行的,它相当于由透明胶片组成的图中最上面的一张。

4.5.2 图层的用途

上面已经谈到图层类似于透明胶片,利用它可以绘制和编辑图形、组织和管理不同种类的图形信息。所绘制的图形具有图层、颜色和线型等特性。图形可以采用图层的颜色和线型,也可以采用不同于图层的颜色和线型。颜色有助于区分图形中相似的元素,线型用于表示不同的绘图元素(如中心线或虚线)。

用户在绘图时,应先创建几个图层,每个图层设置不同的颜色和线型。例如,创建一个用于绘制中心线的图层,并为该图层指定红颜色和Center线型;创建一个用于绘制虚线的图层,并为该图层指定蓝颜色和Dashed线型;创建一个用于注写尺寸和文本的图层,并为该图层指定黄颜色和Continuous线型。在绘制和编辑过程中,可以随时切换图层绘图,无需在每次绘制某种图线时去设置线型和颜色。如果不想显示或输出图形中的某些内容,则可以关闭其对应的图层。

例如,建筑设计师在进行楼房的水暖设计时,需要利用其他设计师设计完的楼房平面图和立面图中的部分内容。如果在绘制楼房平面图和立面图时,将不同的结构放在不同的图层上,在进行水暖设计时,只需打开楼房平面图和立面图中有关的图层继续进行设计。由于AutoCAD为用户提供了非常有用的图层,使得设计师在进行机械、建筑、电器、服装等设计时,能很好地利用设计的继承性。

总之,图层的应用使得用户在组织图形时拥有极大的灵活性和可控性。组织图形时,最重要的一步就是要规划好图层的结构。例如,图形的哪些部分放置在哪一图层上,总共需设置多少个图层,每个图层的命名、线型、线宽与颜色等属性如何设置等。

4.5.3 图层的特性

(1)一幅图最多可以包含32000个图层,所有的这些图层采用相同的图限、坐标系统和缩放比例因子。每一图层上可以绘制的图形对象数不受限制。因此,这完全可以满足绘图的需要。

(2)每一个图层都有一个图层名,以便在各种命令中引用某图层时使用。该图层名最多可由255个字符组成,这些字符可以包括字母、数字及专用符号"$""-"(连字符)和"_"(下划线)。用户可根据自己的习惯和方便决定图层的命名规则,当开始画一幅新图时,Auto-CAD自动生成0层。且0层不能被更名和删除。当前层层名的前后至多有8个字符显示在"特性"工具条的图层列表框中。

(3)图层被指定带有颜色号、线型名、线宽和打印式样。颜色号为可见的图层指定实际显示的颜色,对于新的图层,系统可用默认方式赋予颜色号7。线型名为图层指定绘图时所用的线型,系统的默认方式是赋予新的图层使用实线线型(Continuous),线宽的默认值为"默认"(线宽为0.01英寸或0.25 mm)。图层的打印式样可以在图层一级控制图形的输出外观,它将覆盖对图形对象颜色、线型和线宽的设置。

(4)在一幅图所包含的多个图层中,可以且只能设置一个"当前层"。用户只能在当前层上绘图,并且使用当前层的颜色、线型和线宽。所以在绘图前首先要选择好相应的当前层。

(5)图层可以被打开(On)或关闭(Off)。只有在打开图层上的图形才能显示在图形屏幕上,并可以用绘图仪绘出。被关闭图层上的图形仍然是整图中的一部分,它们只是不能被显示或绘制出来。所以合理地打开和关闭一些图层,可以使绘图或看图时显得更清楚。

　　注意:不要轻易关闭当前层,因为这样会导致混乱。

　　(6) 图层可以被冻结(Freeze)或解冻(Thaw)。处于冻结图层上的图形不能被显示出来,并且也不参加图形之间的运算;解冻图层上图形则与之相反。从可见性来说,冻结的图层和关闭的图层是相同的。它们之间的差别在于:被冻结图层上的图形对象不参加图形处理过程中的运算,而被关闭图层上的图形对象则要参加。所以,在复杂图形中冻结不需要的图层,可以大大加快系统重新生成图形的速度。

　　注意:当前层不能被冻结。

　　(7) 图层可以被锁定(Lock)和解锁(Unlock)。锁定一个图层并不影响其上图形的显示状况;即处于锁定层上的图形仍然是可以显示出来的,当然该锁定层必须是被打开且未被冻结的。但用户不能对锁定层上的图形进行编辑。

　　当前层也可以被锁定,且可以在该层上继续绘图。此外,用户可在锁定层上改变颜色和线型,也可以在锁定层上使用捕捉功能和查询命令。

　　(8) "特性"工具栏位于绘图区的上方,形式如图 4.9 所示。该工具栏非常重要,可用工具栏上的按钮和列表框快速地查看或改变对象的图层、颜色和线型。在没有命令激活时选择任一对象,该对象的图层、颜色和线型都将在工具栏中动态显示出来。"特性"工具栏中按钮和列表框的使用详见图 4.9 中的注释。

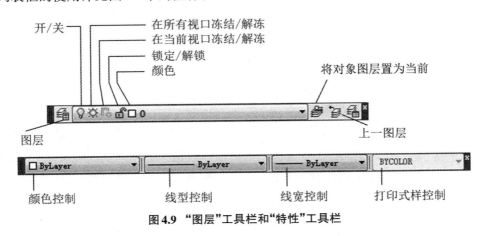

图 4.9　"图层"工具栏和"特性"工具栏

4.5.4　图层的控制

　　"图层"选项可以控制图层的基本设置。它可以生成新的图层,指定当前层,为图层设置颜色、线型、线宽、打印式样,打开或关闭图层,冻结或解冻图层,锁定或解锁图层等。

1.　"图层"选项的执行方法

　　执行方法有以下几种:

　　(1) 打开下拉菜单"格式",选择其中的"图层"选项。

（2）在"图层"工具条上单击"图层"按钮 绪。

（3）打开屏幕菜单的"格式"页，选择执行其中的"图层"命令。

（4）从命令行输入LAYER并按回车键。

"图层"选项执行后，屏幕上将显示一个"图层特性管理器"对话框，如图4.10所示。

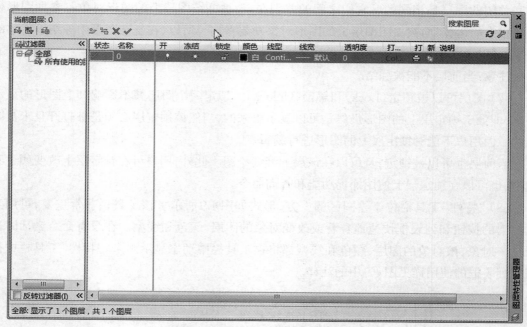

图4.10 "图层特性管理器"对话框

2. "图层特性管理器"对话框的内容

对话框中各项内容的含义如下：

（1）层列表框。占据了对话框中的大部分区域；它显示当前图形中所定义的全部图层以及每一图层的特性与状态。开始绘制一张新图的时候，AutoCAD自动建立一个0层（层名为0）。0层是默认层，所用的默认颜色为白色（7号颜色），线型为实线。但如果图形窗口的背景色为白色，则7号颜色将显示为黑色，线宽和打印式样也采用默认值。0层不能被重新命名或者删除。

层列表框中从左至右各列的含义为：第一列为"状态"列，显示当前层所在位置；第二列为"名称"列，表示图层的名字；第三列为"开/关"列，控制图层的"打开"或"关闭"状态；第四列为"冻结"列，控制图层的"冻结"或"解冻"状态；第五列为"锁定"列，控制图层的"锁定"或"解锁"状态；第六列为"颜色"列，用于设置图层的颜色；第七列为"线型"列，用于设置图层的线型；第八列为"线宽"列，用于设置图层的线宽；第九列为"打印样式"列，用于设置图层的打印式样；第十列为"打印"列，用于设置图层是否打印。

（2）按钮"新建特性过滤器" 绪。单击打开"图层过滤器特性"对话框，如图4.11所示。当图形中包含大量图层时，利用"图层过滤器特性"对话框可以有选择地过滤图层。中文版 AutoCAD 2012中,图层过滤功能大大提高,简化了用户在图层方面的操作。

在该对话框中,用户还可以在"过滤器定义"列表框中设置图层的名称、颜色、线型、线宽等过滤条件,以及图层的打开或关闭、冻结或解冻、锁定或解锁等状态。过滤条件的名称、颜色、线型和打印式样可以使用"*""?"等多种通配符。

在"图层特性管理器"对话框中,选中"反转过滤器"复选框,将只显示未通过过滤器的图层。

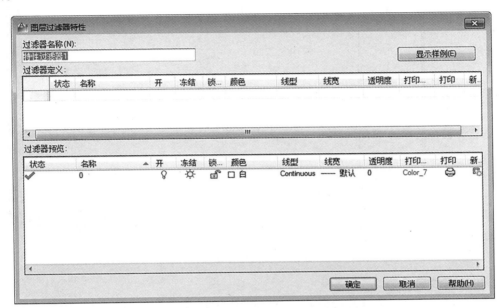

图4.11 "图层过滤器特性"对话框

(3) 按钮"新建" 用于建立新层。

(4) 按钮"删除" 用于删除在层列表框中选定的层。

(5) 按钮"置为当前" 使在层列表框中选定的图层成为当前层。如果该层原来是关闭的,则成为当前层后将自动打开。

4.5.5 图层的基本操作

实现图层操作先打开"图层特性管理器"对话框,如图4.10所示。AutoCAD提供的默认层是0层,如果不设置任何图层,绘图只能在0层上进行。

1. 建立新图层

创建新图层可以通过以下两种方式:

(1) 单击"新建图层"按钮 ,如图4.12所示。AutoCAD会创建一个名称为"图层1"的新图层,然后依次创建"图层2""图层3"等。

(2) 在"图层特性管理器"对话框中选择任意一个图层,接着按 Enter 键,即可得到一个新图层,并且新图层的颜色、线型和线宽等参数和原始图层一致。

对于新建的图层,用户可以使用鼠标单击对图层的状态、颜色、线型、线宽等各项进行逐项修改。

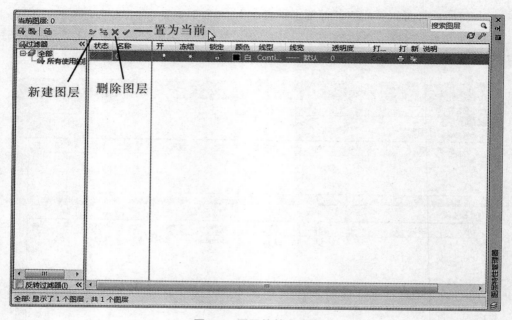

图4.12 图层的基本操作

2. 设置当前层

用户在屏幕上绘制的任何图形对象,都被指定画在当前层上,并且拥有当前层的颜色和线型。因此,对于包含多个图层的图形,如果想在非当前层上进行操作,必须将其置为当前层。

用户可以通过以下方式将图层置为当前层:

(1) 在"图层"工具栏中,"图层控制"下拉列表中选择需要置为当前的图层。如图4.9所示。

(2) 在"图层特性管理器"中,选中需要置为当前的图层,单击"置为当前"按钮✔。

(3) 在"图层特性管理器"中,双击需要置为当前的图层。

(4) 在"图层特性管理器"中,选中需要置为当前的图层,单击右键,在弹出的菜单中选择"置为当前"选项。

在图层特性管理器中,图层前面有✔标记的表示该图层为当前层。图层前面有◇标记的表示该图层没有任何图素;反之,图层中有图素的标记变为蓝色。

3. 重新命名图层

新建的图层为便于用户分类,常常需要重新命名。一般用汉字并根据功能来命名,如"粗实线""细实线""中心线""虚线"等。

选中需要更改图层的名称,单击就进入编辑模式,输入图层的新名称后按Enter键或者单击即可完成图层的重新命名。

在图层较多的情况下,单击"名称"标题可以调整图层的排列顺序,使图层根据名称按顺序或逆序的方式列表显示。

4. 删除图层

在"图层特性管理器"中,可以通过以下两种方式删除图层:

(1) 选中所要删除的图层,单击"删除图层"按钮 ✖ 。

(2) 选中所要删除的图层,单击右键,在弹出的快捷菜单中选择"删除图层"选项。

需要注意的是,要删除的图层必须是空图层,即图层上没有图形对象,否则AutoCAD拒绝删除操作。当前图层、0图层和依照外部参照的图层均无法删除。

5. 设置图层的颜色

要设置图层的颜色,用户可以在"图层特性管理器"对话框中单击与图层名称相对应的"颜色"列,在屏幕上将弹出"选择颜色"对话框,如图4.13所示。

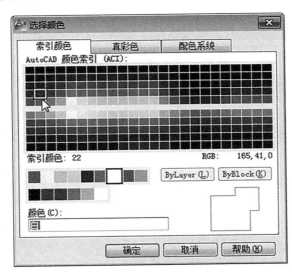

图4.13　"选择颜色"对话框

"选择颜色"对话框中有"索引颜色""真彩色""配色系统"三个选项卡。

(1) "索引颜色"选项卡。

在"选择颜色"对话框中,选择"索引颜色"选项卡,如图4.13所示,也可以在"AutoCAD颜色索引"中根据颜色的索引号来选取颜色。

"索引颜色"选项卡实际上是一张含有255种颜色的颜色表。其中标准颜色有9种,颜色号和颜色名分别为:1=红色,2=黄色,3=绿色,4=青色,5=蓝色,6=橙红色,7=白色,8和9为不同的灰色。灰度颜色选项区域包含6种灰度级,可以将图层颜色设置为灰度色。

用户可以直接用鼠标指定一种标准色,也可以在"颜色"中指定任意一种颜色,然后按"确定"按钮。这些索引颜色足以满足用户的绘图需要。

单击"ByLayer"或"ByBlock"按钮,可以确定所选的颜色为随层或随块方式。

（2）"真彩色"选项卡。

打开"真彩色"选项卡,在该选项卡中的"颜色模式"下拉列表中有RGB和HSL两种颜色模式可以选择,如图4.14所示。通过这两种颜色模式可以调出我们想要的各种颜色。

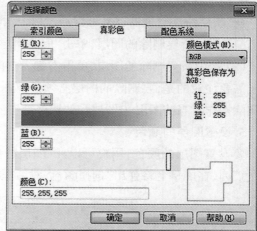

图4.14　HSL和RGB颜色模式

① RGB颜色模式是源于有色光的三原色原理。其中,R代表红色,G代表绿色,B代表蓝色。每种颜色都有255种不同的亮度值。因此RGB模式从理论讲有255×255×255共约16兆种颜色,足够模拟自然界中的各种颜色。RGB模式是一种加色模式,即其他所有颜色都是通过红、绿、蓝3种颜色叠加而成的。

② HSL颜色模式是以人类对颜色的感觉为基础,描述了颜色的3种基本特性。H代表色调,这是从物体反射或透过物体传播的颜色。在0～360度的标准色轮上,按位置度量色相。S代表饱和度,是指颜色的强度或纯度。饱和度表示色相中灰色成分所占的比例,它使用从0%(灰色)至100%(完全饱和)的百分比来度量。在标准色轮上,饱和度从中心到边缘递增。L代表亮度,是颜色的相对明暗程度,由0%(黑色)至100%(白色)的百分比来度量。

（3）"配色系统"选项卡。

单击"配色系统"选项卡,打开"配色系统"对话框,如图4.15所示。

在该选项卡中的"配色系统"下拉列表中,AutoCAD提供了11种定义好的色库表,用户可以选择一种色库表,然后在颜色条中选择需要的颜色。

6.设置图层的线型和线宽

（1）线型设置。

要设置图层的线型,用户可以在"图层特性管理器"对话框的层列表框中,单击设置图层名称相对应的"线型"列,在屏幕上将弹出"选择线型"对话框,如图4.16所示。也可以从菜单中选择"格式"列"线型"选项。

如果要用的线型已经装入,那么在"选择线型"对话框中将会列有该线型,用户只需直接从"选择线型"对话框的线型列表框中选择一种符合要求的线型即可。

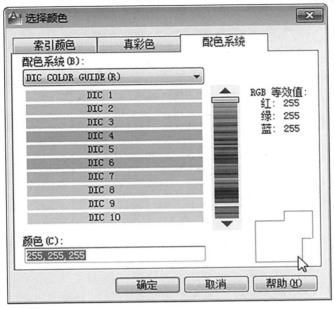

图4.15 "配色系统"对话框

如果要用的线型尚未装入,那么请单击"选择线型"对话框中的"加载"按钮。打开"加载或重载线型"对话框,选中要装入的线型。"加载或重载线型"对话框如图4.17所示。

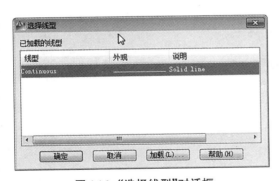

图4.16 "选择线型"对话框

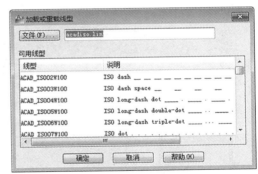

图4.17 "加载或重载线型"对话框

注意:要同时指定多个线型时,如果线型名是连续排列的,则请按住Shift键,然后单击第一个和最后一个线型名;如果线型名的排列是不连续的,则请按住Ctrl键,然后分别单击要装入的线型名。被选中的线型名将高亮显示。

AutoCAD中的线型包含在线型库定义文件acad.lin和acadiso.lin中。在英制测量系统下,使用acad.lin文件;在公制测量系统下,使用acadiso.lin文件。通过"文件"按钮可以打开"选择线型文件"对话框,以选择合适的线型库文件。

(2)线宽设置。

要设置图层的线宽,用户可以在"图层特性管理器"对话框中单击与图层名称相对应的

"线宽"列,在屏幕上将弹出"线宽"对话框,如图4.18所示。对话框中列有20多种线宽,用户只需直接从该对话框的线宽列表中选择一种符合要求的线宽即可。

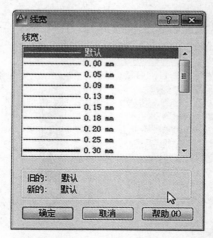

图4.18　"线宽"对话框

7. 设置图层的状态

(1) 打开与关闭。

图层的打开与关闭状态的图标是一盏灯泡,用黄色的小灯泡 💡 和蓝色的小灯泡 💡 表示图层的打开与关闭,如图4.19所示。可以通过单击小灯泡图标实现图层打开状态与关闭状态之间的切换。

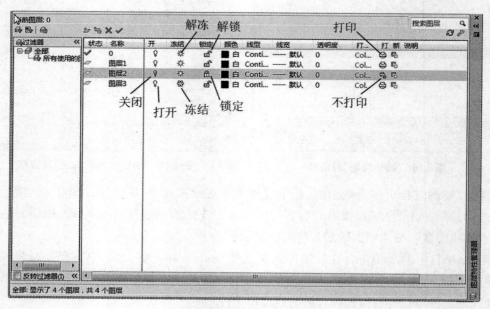

图4.19　图层状态示意图

图层的打开与关闭可以控制该图层上对象的可见性,图层关闭后,该图层上的所有对象将不能在显示器上显示,也不能编辑和打印。

单击"开"标题可以调整各图层的排列顺序,使关闭状态的图层放在列表的最前面或最后面。

(2)图层的冻结与解冻。

图层冻结状态的图标是雪花 ✿,解冻状态的图标是太阳 ☀,如图4.19所示。图层的冻结与解冻状态显示在"图层特性管理器"对话框中的"冻结"列中。单击图标可以实现图层冻结与解冻两个状态之间的切换。

图层被冻结,则该图层上的对象既不能显示,也不能编辑和打印。

关闭图层和冻结图层的区别是:关闭图层后,该图层仍然是图形的一部分并参与处理过程的运算,而冻结的图层不参与运算。因此,冻结图层能够加快系统重新生成图形的时间。另外,用户可以关闭当前层,但不能冻结当前层。

同样,单击"冻结"标题,可以调整各图层的排列顺序,使当前冻结的图层放在列表的最前面或最后面。

(3)图层的锁定与解锁。

图层的锁定与解锁状态的图标是一把小锁,如图4.19所示,用锁住与打开表示图层的锁定与解锁。图层的锁定与解锁状态显示在"图层特性管理器"对话框中的"锁定"列中,单击"锁定"列中的锁标记,在"锁定"与"解锁"状态之间进行切换。

锁定一个图层可以防止用户编辑该层上的所有对象,但是对象仍然可见,起到对原先现场的保护作用。锁定层可以是当前层,并且可以在其上添加新的图形对象,还可以对锁定层上的对象应用目标捕捉模式。

同样,单击"锁定"标题,可以调整图层的排列顺序,使当前锁定图层位于列表的前面或后面。

8. 其他设置方法

以上各种对图层的设置和控制,还可以通过下述其他方法来进行:

(1)通过对"特性"工具条上的"图层控制"下拉列表的操作来进行,其操作步骤与前面所述的是一致的。

(2)在"图层特性管理器"对话框的相应位置上单击鼠标右键。此时将弹出快捷菜单,选择菜单中的相应选项,可实现对图层的设置。

(3)选择菜单栏"格式"→"图层工具"。

(4)选择工具栏"图层Ⅱ"(如图4.20所示)。

图4.20 "图层Ⅱ"工具栏

(5)从命令行输入Layer并按回车键,将不显示上面所说的图层控制对话框,而是在命令行显示出有关控制图层的以下选项:

输入选项[? /生成(M)/设置(S)/新建(N)/开(ON)/关(OFF)/颜色(C)/线型(L)/线

宽(LW)/材质(MAT)/打印(P)/冻结(F)/解冻(T)/锁定(LO)/解锁(U)/状态(A)]

各选择项的含义与上面所述对话框类似,在此不再重复。

4.5.6　图层转换器

在绘制或编辑图形过程中,有些图层可能不符合用户要求。此时可以把已有或新建的标准图层,通过图层转换器将这些图层转换为标准的图层。

1. 打开图层转换器的方法

打开图层转换器可用以下方法:

(1) 下拉菜单:"工具"→"CAD标准"→"图层转换器"。

(2) 单击"CAD标准"工具栏。

(3) 命令行输入:Laytrans。

2. 选项说明

AutoCAD 弹出如图 4.21 所示的"图层转换器"对话框,各选项组的含义说明如下:

(1)"转换自"选项组。

该选项组用于确定要进行转换的图层。列表框中列出了当前图形中的所有图层,供用户选择。也可以通过"选择过滤器"来选择。

(2)"转换为"选项组。

用于确定要转换的图层将以哪个图层为标准进行转换。列表框中列出了可以将当前图形的图层转换成的图层名称。

①"加载"按钮可以打开"选择图形文件" 对话框,用来加载已有图形文件、样板文件和标准文件中的图层设置。

②"新建"按钮可以打开"新图层"对话框,如图 4.22 所示,用来创建新的图层作为转换匹配图层。新图层会显示在"转换为"列表中。

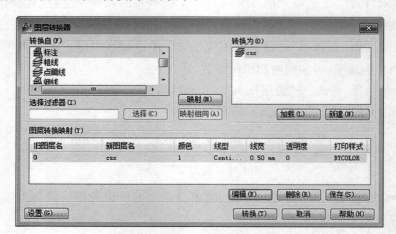

图 4.21 "图层转换器"对话框

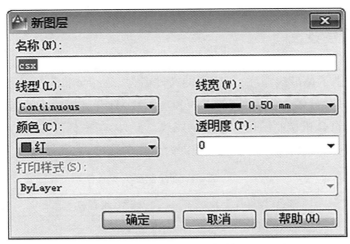

图 4.22 "新图层"对话框

③ "映射"按钮用于将在"转换自"列表框中选中的图层映射到"转换为"列表框中。并且当图层被映射后,它将从"转换自"列表框中删除。

④ "映射相同"按钮用于将在"转换自"列表框和"转换为"列表框中具有相同名称的图层进行转换映射。

(3) "图形转换映射"选项组。

该选项区域的列表框中,显示出已经映射的图层名称、颜色、线型等相关特性。当选中一个图层后,单击"编辑"按钮,打开"编辑图层"对话框,可以修改转换后的图层特性,如图 4.23 所示。

(4) "设置"选项组。

用于设置图层的转换过程。选择该选项,系统弹出"设置"对话框。用户可根据需要选中相应的复选框,如图 4.24 所示。

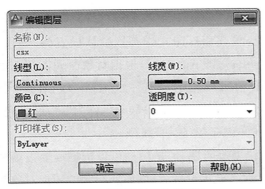

图 4.23 "编辑图层"对话框

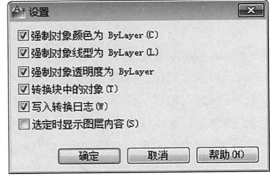

图 4.24 "设置"对话框

4.5.7 常用图层设置

AutoCAD提供了标准线型库,相应库的文件名为"acadiso.lin",标准线型库提供了多种线型。其中包含多个长短、间隔不同的虚线和点画线,只有进行适当的搭配,在同一线型比例下,才能绘制出符合机械制图国家标准的图线。此外,国家标准GB/T 18229—2000规定了下列线型的颜色,下面推荐一组绘制工程图时常用的线型,见表4.1。

表4.1 创建图层

图层	颜色(国标规定)	线型(推荐)	线宽(推荐)
粗实线	白的	粗实线(Continuous)	0.5 mm
细实线	绿色	细实线(Continuous)	0.25 mm
波浪线	绿色	细实线(Continuous)	0.25 mm
双折线	绿色	细实线(Continuous)	0.25 mm
虚线	黄色	虚线(Dashed2)	0.25 mm
细点画线	红色	点画线(Center)	0.25 mm
粗点画线	棕色	点画线(Center)	0.5 mm
双点画线	粉红色	双点画线(Phantom)	0.25 mm

提示:若屏幕底色为白色或彩色线条出图时,建议将黄色的虚线改为蓝色。

4.6 图形属性设置

AutoCAD对图形中每一对象的颜色、线型、线宽和打印式样等均默认设置为"随层"(ByLayer)。"随层"颜色称为逻辑颜色(Logical color),即AutoCAD根据对象所属图层的颜色来显示对象。同样,"随层"线型是指AutoCAD根据对象所属图层的线型来显示对象。其他属性也与此有相同的含义。"随层"颜色实际上是256号颜色,而0号颜色称为"随块"颜色。"随块"颜色是针对块(Block)中的对象而言的,同样也存在"随块"线型。

虽然图形中的对象默认使用"随层"颜色和线型等属性,但是用户可以根据需要覆盖掉图层的定义,并显示设置对象的颜色与线型等属性。显示设置后,以后新绘制的图形对象都将以该新设置的颜色或者线型、线宽来显示。对于图形中已经有的对象,则可以先选择对象,然后再显示设置,来改变该对象原有的颜色、线型和线宽等。

由于显示设置会导致图形管理的混乱,因此建议用户最好设置好图层,使用所属图层的颜色、线型和线宽等属性来显示对象,而不要轻易使用显示设置。

4.6.1 设置对象的颜色

显示设置对象的颜色可以使用以下两种方法：

1. 使用"颜色控制"下拉列表

"特性"工具条上的"颜色控制"下拉列表可用于显示设置对象的颜色。要设置对象的颜色为图层定义的颜色，请从下拉列表中选择"随层"（ByLayer）项；要设置对象的颜色为块定义的颜色，请从下拉列表中选择"随块"（ByBlock）项；要设置对象的颜色为标准颜色，只要在下拉列表中直接选择某种标准颜色就可以了；要设置对象的颜色为其他非标准颜色，请单击下拉列表中"其他"项，然后从弹出的"选择颜色"对话框中（图4.25）的颜色表中直接选择某种颜色就可以了。

2. 使用"颜色"选项

使用"颜色"选项可以显示设置对象的颜色。其执行方法有以下几种：

（1）打开下拉菜单"格式"，选择其中的"颜色"选项。

（2）打开屏幕菜单的"格式"页，选择执行其中的"颜色"命令。

（3）从命令行输入COLOR或DDCOLOR并按回车键。

"颜色"选项执行后，屏幕上将显示一个"选择颜色"对话框（图4.25），用户可以从该对话框提供的调色板中选择指定要用的颜色。

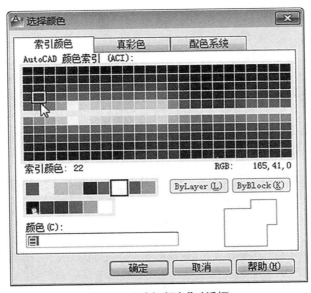

图4.25 "选择颜色"对话框

4.6.2　设置对象的线型

显示设置对象的线型可以使用以下两种方法：

1. 使用"线型控制"下拉列表

"特性"工具条上的"线型控制"下拉列表可用于显示设置对象的线型。要设置对象的线型为图层定义的线型，请从下拉列表中选择"随层"(ByLayer)项；要设置对象的线型为块定义的线型，请从下拉列表中选择"随块"(ByBlock)项。单击下拉列表中的"其他"选项，将弹出"线型管理器"对话框，如图4.26所示。用户可从对话框中提供的线型表中直接选择某种线型。如果线型不够，则可单击对话框中的"加载"按钮，从弹出的"加载或重载线型"对话框(图4.27)中指定要加载的线型。凡线型名中带有ACAD_ISO前缀的线型为ISO线型。

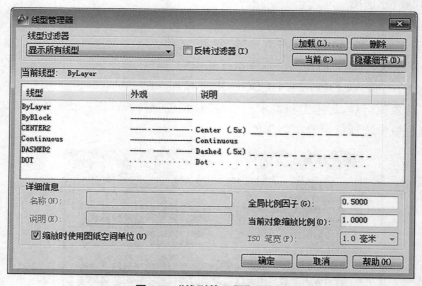

图4.26 "线型管理器"对话框

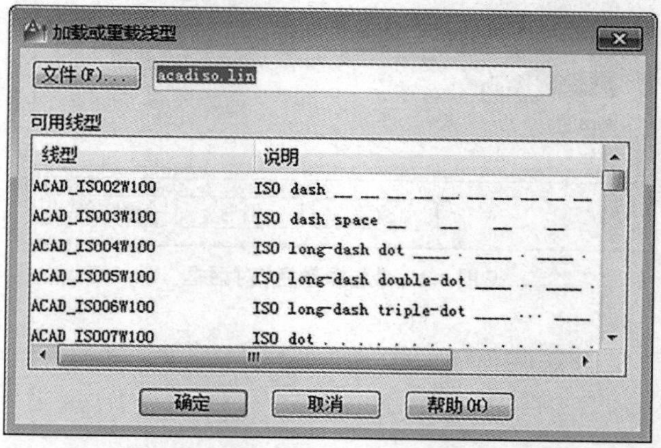

图4.27 "加载或重载线型"对话框

现将"线型管理器"对话框中各项的含义说明如下：

(1) 线型列表框列出了当前图形中所有可用的线型。

(2) "线型过滤器"下拉列表用于过滤线型列表框中显示的线型。

(3) "加载"按钮引出"加载或重载线型"对话框(图4.27)，从中可以选择指定要装入的线型。

(4) "当前"按钮使线型列表框中被选定的线型成为当前线型，当前线型将对之后的绘图命令有效，直到改变新的当前线型为止。

(5) "删除"按钮用于从线型列表框中删除指定的线型。删除后的线型不会保存到该图形文件中去，这样可以减少图形文件所占有的存储空间。

(6) "显示细节"按钮用于列出指定线型的特性，单击后将显示"详细信息"扩展选项。同时"显示细节"按钮变为"隐藏细节"按钮。

(7) 现将"详细信息"域的各扩展选项的含义说明如下：

① "名称"显示选定线型的名字。

② "说明"显示选定线型的特性。

③ "全局比例因子"显示全局线型比例因子。

④ "当前对象缩放比例"显示局部线型比例因子。

⑤ "ISO笔宽"用于指定ISO线型的笔宽，仅适用于显示设置。

2. 使用"线型"选项

使用"线型"选项可以显示设置对象的线型，还可以从线型库文件中装入线型定义。其执行方法有以下几种：

(1) 打开下拉菜单"格式"，选择其中的"线型"选项。

(2) 打开屏幕菜单的"格式"页，选择执行其中的"线型"命令。

(3) 从命令行输入LINETYPE并按回车键。

"线型"选项执行后，屏幕上将显示一个"线型管理器"对话框(图4.26)。用户可从对话框提供的线型表中直接选择某种线型。如果线型不够，则可单击对话框中的"加载"按钮，从弹出的"加载或重载线型"对话框中指定要加载的线型。

4.6.3　设置对象的线宽

显示设置对象的线宽可以使用以下两种方法：

1. 使用"线宽控制"下拉列表

"特性"工具条上的"线宽控制"下拉列表可用于显示设置对象的线宽。下拉列表中有"随层""随块"和"默认"以及各种宽度的选顶。用户只需在下拉列表中直接选择某种宽度就可以了。

2. 使用"线宽控制"选项和LWEIGHT命令

使用"线宽控制"选项和LWEIGHT命令也可以显示设置对象的线宽。其执行方式有以下几种：

（1）打开下拉菜单"格式"，选择其中的"线宽控制"选项。

（2）右键单击绘图辅助命令按钮中的"线宽 ➕"，从快捷菜单中选择"设置"。

（3）输入LWEIGHT命令，该命令必须在键盘上输入，其过程为：

命令：Lweight＜回车＞

AutoCAD将显示一个"线宽设置"对话框，如图4.28所示。对话框中的内容与"线宽控制"下拉列表中的内容类似。用户可在对话框中直接选择某种线宽，并且可以设置是否在屏幕上的图形中显示所置的线宽。通过调整线宽比例，可使图形中的线宽显示得更宽或更窄。

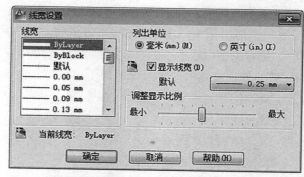

图4.28 "线宽设置"对话框

4.6.4　设置线型比例

线型定义是由一连串的点、短划线和空格组成的。线型比例因子直接影响每个绘图单位中线型重复的次数，线型比例因子越小，短划线和空格的长度就越短，于是在每个绘图单位中重复的次数就越多。

线型比例因分子分为全局线型比例因子和局部线型比例因子两种。下面分别介绍其设置的方法。

1. 用LTSCALE命令设置全局线型比例因子

LTSCALE命令用于设置全局线型比例因子。该命令将影响所有已经绘制的图形对象以及之后将要绘制的图形对象。因此，LTSCALE命令的执行将会引起屏幕刷新。

LTSCALE命令必须在键盘上输入，其过程为：

命令：Ltscale＜回车＞

输入新线型比例因子＜当前值＞:（输入新的线型比例因子）＜回车＞

2. 用CELTSCALE命令设置局部线型比例因子

CELTSCALE命令用于设置局部线型比例因子。对于每个图形对象，除了受到全局线型比例因子的影响外，还受到对象自身局部线型比例因子的影响。对象最终所用的线型比例因子等于全局线型比例因子和当前局部线型比例因子的乘积。

CELTSCALE命令必须在键盘上输入，其过程为：

命令：Celtscale ＜回车＞

输入CELTSCALE的新值＜当前值＞：（输入新的线型比例因子）＜回车＞

4.7 改变图形的属性

一般说来，用户都是在绘图之前就设置好了图形的属性。但是在绘图结束后，用户还可以根据需要对每个图形对象的属性进行修改。

如果要修改对象所属的图层，可以选择这些对象，单击 ⌗ 按钮右侧的倒黑三角，在图层下拉列表中单击要更改为的图层即可。除此之外，还可以通过"特性"选项和CHANGE命令来修改对象的属性。

4.7.1 使用"特性"选项修改对象的属性

使用"特性"选项不仅可以修改对象的属性，同时也可以查询对象的属性。

1. "特性"选项的执行方法

"特性"选项的执行方法有以下几种：

（1）单击标准按钮工具条上的"特性"按钮 ▦ 。

（2）打开下拉菜单中"工具"→"选项板"→"特性"选项。

（3）打开下拉菜单中"修改"，选择其中的"特性"选项。

（4）快捷键方式：在任何时候，按Ctrl＋1键。

（5）快捷菜单方式：在选择了对象后，单击鼠标右键，从弹出的快捷菜单中选择"特性"选项。

（6）从命令行输入PROPERTIES命令，并按回车键。

用以上任何一种方法执行"特性"选项后，系统将显示一个"特性"对话框，如图4.29所示。

"特性"对话框是一个形式简单的表格式对话框。表格中所列的内容即为所选对象的属性。根据所选对象的不同，表格中的内容也会有所差别。用户可以通过修改对话框中的内容来修改所选对象的属性。

2. "特性"对话框内容

（1）"特性"对话框所管理的对象属性。

在"特性"对话框所管理的对象属性中列出的对象属性项将根据所选择对象的不同而有所变化。在显示名称列表中选择单个对象时，"特性"对话框所管理的对象属性将列出该对象的全部属性；如果选择了全部对象，则"特性"对话框所管理的对象属性将列出所选多个对象的共有属性；未选择对象时，"特性"对话框所管理的对象属性将显示整个图形的属性。

不管选择了什么对象,AutoCAD都将在"特性"对话框所管理的对象属性中列出对象的通用属性。这是所有图形对象都具有的共同属性,这些通用属性包括以下几项:

① "颜色"显示或设置颜色。

② "图层"显示或设置图层。

③ "线型"显示或设置线型。

④ "线型比例"显示或设置线型比例。

⑤ "线宽"显示或设置线宽。

⑥ "厚度"显示或设置厚度。

⑦ "打印样式"显示或设置打印样式。

(2)"特性"对话框的特点。

"特性"对话框的一些主要特点包括:

① 设置了一个下拉菜单,可以让用户灵活地操作该对话框。

② 设置了一个"快速选择"按钮,单击该按钮弹出"快速选择"对话框,如图4.30所示。此按钮可以让用户方便地建立供编辑用的选择集。

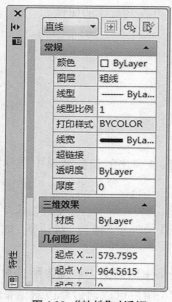

图4.29 "特性"对话框

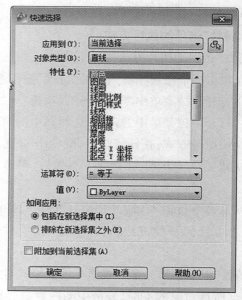

图4.30 "快速选择"对话框

③ 选择单个对象时,将列出该对象的全部属性,包括非几何属性和几何属性;如果选择了多个对象,则只列出所选多个对象的共有属性;未选择对象时,将显示整个图形的属性。

④ 允许按对象的类型编辑对象;如果在选择集中包含同一类型的对象,则可以编辑这一类对象共有的属性。

⑤ 在需要的情况下,将调用附加对话框或提供下拉列表,以方便属性的修改。

⑥ 双击"特性"对话框中的属性栏,将依次出现该属性所有可能的取值,以供用户选取。

3. 使用"特性"选项修改对象属性的方式

当用户在图形中选择了单个对象或多个对象时,"特性"对话框将列出所有对象属性的当前值,用户可以在其中修改任何可以被改变的属性,用户可以按以下方式中的任何一种修改所选对象的属性:

（1）输入一个新值。

（2）从下拉列表中选取一个值。

（3）从附加对话框中选取一个值。

（4）用拾取设备改变点的坐标值。

比较以上两种不同选择对象的对话框中所包含的内容,可以看到:假如选择的是一个对象,那么不仅可以修改所选对象的颜色、线型、线宽、线型比例和所属图层等非几何属性,还可以修改它的几何数据,如顶点坐标值等;而假如同时选择了多个对象,那么只能修改所选对象的颜色、线型、线宽、线型比例和所属图层等共同的非几何属性。

AutoCAD还有"快捷特性"选项板。选中对象后双击即可显示,如图4.31所示。可以在对应的列表中修改对象的颜色、图层、线型以及长度等特性。具体操作及设置详见本书的3.5节。

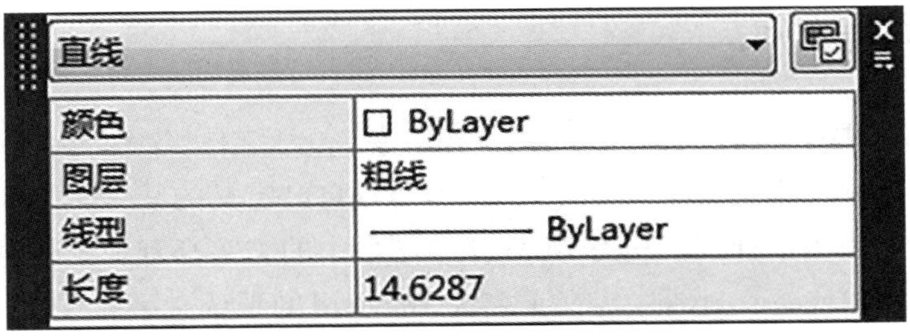

图4.31 "快捷特性"选项板

4.7.2 使用CHANGE命令修改对象属性

使用CHANGE命令同样可以修改对象属性,与使用PROPERTIES命令不同的是CHANGE命令只能在命令行执行。其执行过程如下:

命令:Change＜回车＞

选择对象:

提示用户选择对象。选择后将显示以下提示:

指定更改点或[特性(P)]:

该提示意味着用户可以修改所选对象的非几何属性,也可以修改所选对象的几何数据点。如果选择修改属性,则输入:

指定修改点或[特性(P)]:P＜回车＞

系统提示:

输入要修改的特性[颜色(C)/标高(E)/图层(LA)/线型(LT)/线型比例(S)/线宽(LW)/厚度(T)/材质(M)]:

用户可根据所需修改的属性来选择相应的选项,如颜色、标高、图层、线型、线型比例、线宽、厚度和材质。选择相应的选项后,系统会显示进一步的提示,如"指定新的线型比例<当前值>:"等。

修改所选对象的几何数据点是默认选项,可以改变某些实体的形状和位置,但这种方法改变实体形状往往难以预料结果,因此不建议使用。最便捷的方法是使用"特性"对话框。

4.8 文　字

工程图中不仅有图形,还包含文字,如注释、技术要求等。使用AutoCAD绘制机械图样时,应该先设置文字样式,这样图中的文字才符合机械制图国家标准。

4.8.1 定义文字样式

文字样式是用来控制文字基本形状的一组设置,包括字体、字号、倾斜角度以及其他文字特征。在一幅图中可定义多个文字样式,当需要以自己定义的某一文字样式标注文字时,应首先将该样式设为当前样式。所有AutoCAD图形中的文字都有和其相对应的文字样式。模板文件acad.dwt和acadiso.dwt中定义了名为Standard的默认文字样式。

1. 命令的执行方式

(1) 从"文字"工具栏上单击"文字样式"图标,如图4.32所示。

(2) 打开"格式"下拉菜单,选择"文字样式..."选项。

(3) 从命令行输入Style并按回车键。

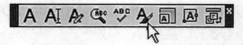

图4.32　用"文字"工具栏激活"文字样式"选项

命令执行后,将显示"文字样式"对话框,如图4.33所示。

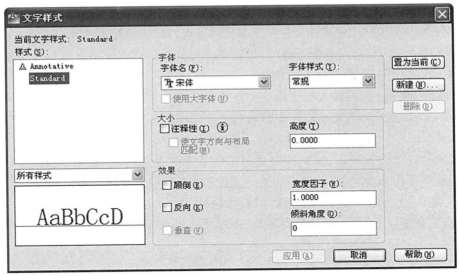

图4.33 "文字样式"对话框

2."文字样式"对话框

该对话框包括若干按钮和选项组。

(1)"样式"选项组。

① "样式:"下拉列表框,如图4.34所示。框中列出已定义的样式名(缺省有Annotative和Standard样式),样式名前的 图标表示该文字样式为注释性,选择其一,修改字体和效果,单击右侧"置为当前"按钮,可将其定义为当前样式。

② 在AutoCAD 2012中,可以方便地选择显示所有样式,或仅显示正在使用的样式,如图4.35所示。

图4.34 "样式"列表框

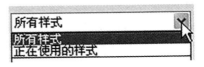

图4.35 "样式选择"列表框

(2)"字体"选项组。

① "字体名"下拉列表框。可在下拉列表中选择字体文件,包括TrueType和Shx字体文件。当选择字体名为"txt.shx"字体或者其他后缀名为".shx"字体时,"使用大字体"选项才能使用。

② "字体样式"下拉列表框。指定字体格式,比如斜体、粗体或者常规字体。选定"使用大字体"后,该选项变为"大字体",用于选择大字体文件。

(3)"大小"选项组。用于更改文字的大小。

① "注释性"选项。选中此项表示指定文字为注释性。

"注释"是用于向模型中添加信息的文字、标注、公差、符号、说明以及其他类型的说明符号或说明对象。

使用注释性文字样式创建注释性文字的优势是可以设定图纸上的文字高度。

② "使文字方向与布局匹配"选项。指定图纸空间视口中的文字方向与布局方向匹配。如果清除注释性选项,则该选项不可用。

③ "高度"选项。根据输入的值设置文字高度。输入大于0的高度将自动为此样式设置文字高度。如果输入0,则文字高度将默认为上次使用的文字高度,或使用存储在图形样板文件中的值。

在相同的高度设置下,TrueType字体显示的高度可能会小于Shx字体。

如果选择了注释性选项,则输入的值将设置图纸空间中的文字高度。

(4) "效果"选项组。用于设置字体的具体特征,包括"颠倒"复选框、"反向"复选框、"垂直"复选框、"宽度因子"文本框、"倾斜角度"文本框。其效果如图4.36所示。

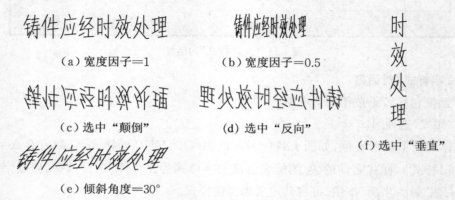

(a) 宽度因子=1　　　　　(b) 宽度因子=0.5

(c) 选中"颠倒"　　　　　(d) 选中"反向"

(f) 选中"垂直"

(e) 倾斜角度=30°

图4.36　字体的特征设置效果

(5) 预览选项组。用户设置各参数后,图像框中显示所设置的文字样式,如图4.37所示。

$$AaBbCcD$$

图4.37　字体的预览效果

(6) "置为当前"按钮。将在"样式"下选定的样式设定为当前。

(7) "新建"按钮。创建新的样式。单击后弹出如图4.38所示的对话框。

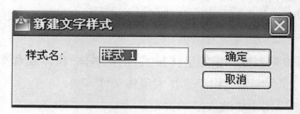

图4.38　"新建文字样式"对话框

(8) "删除"按钮。删除所选择的文字样式。但不能删除Standard和当前样式。

（9）"应用"按钮。确认用户对文字样式的修改、定义。当对某一文字样式或新建样式更改设置后,应单击该按钮予以确认。

3. 字体文件

每种字体都是由一个字体文件控制的。AutoCAD中可以选择的字体文件有两种:一种是Windows系列应用软件所提供的TrueType类型字体(保存在Windows安装目录下的Fonts文件夹中);另一种是AutoCAD提供的字体形文件(保存在AutoCAD安装目录下的Fonts文件夹中)。形文件是AutoCAD用于定义字体或符号库的文件,其源文件的扩展名是.shp,扩展名是.shx的形文件是编译后的文件。

书写文字时,在文字样式中要设置正确的字体文件。比如,书写汉字时,如果所选择的字体文件不支持汉字,则会出现图4.39右侧所示的问号或乱码。

技术要求   ????

淬火HRC 58-62   ??HRC 58-62

图4.39 文字写入实例

我国国家标准GB/T 14691—1993对工程图样中的字体都做了规定。比如,汉字应写成长仿宋体字,对字母和数字也有相应要求。AutoCAD 2012提供了符合工程制图要求的字体形文件:gbenor.shx、gbeitc.shx和gbcbig.shx文件。其中形文件gbenor.shx和gbeitc.shx分别用于标注直体和斜体字母和数字;gbcbig.shx是图4.33"文字样式"对话框中所示的大字体,用于标注汉字。大字体文件是AutoCAD为支持亚洲国家语言提供的特殊类型形定义。比如,gbcbig.shx支持简体中文,whgdtxt.shx支持韩文。用如图4.33所示的默认文字样式标注文字时,标注出的汉字为长仿宋体,但字母和数字则是由文件txt.shx定义的字体,不完全满足制图要求,因此,还需要将字体文件设为gbenor.shx或gbeitc.shx。

4. 应用举例

定义符合制图要求的新文字样式"工程字"。

操作步骤如下:

（1）激活"文字样式"对话框。在该对话框中点击"新建..."按钮,在弹出的对话框中输入新的文字样式名——"工程字",单击"确定"按钮返回"文字样式"对话框。

（2）在"字体"选项组的"字体名"下拉列表框中选择字体文件"gbeitc.shx"(相当于国家标准斜体字、字母样式)或者"gbenor.shx"(相当于国家标准直体字、字母样式),用于标注字母和数字;然后选择该框下面的"使用大字体"复选框,在激活的"大字体"下拉列表框中选择"gbcbig.shx"用于标注汉字。

（3）单击"应用"按钮。

4.8.2　标注单行文字

1. 命令的执行方式

（1）从"文字"工具栏上单击"单行文字"图标，如图4.40所示。

图4.40　用"文字"工具栏激活"单行文字"选项

（2）打开"绘图"下拉菜单，选择其中的"文字"选项下的"单行文字"命令。

（3）从命令行输入Dtext并按回车键。

命令执行后，系统提示：

当前文字样式：Standard　当前文字高度：2.5000　注释性：否

指定文字的起点或[对正(J)/样式(S)]：

2. 各选项介绍

第一行提示说明当前的文字样式以及当前文字样式中的文字高度及是否注释。

第二行提示中各选项的含义为：

（1）指定文字的起点。

该选项为默认选项，由基点的起点确定文字位置。指定文字的起点后，系统提示：

指定高度＜2.5000＞：（输入文本的高度）

指定文字的旋转角度＜0＞：（输入文字的旋转角度）

随后，在绘图区显示出一个表示文字位置的方框，用户可直接输入要标注的文字。

【说明】

输入文字时，可实时修改，随时改变文本的位置。输入一行文字后，可回车换行或移动鼠标并单击，即执行一次命令可以连续标注多行，但每一行作为一个对象，所以标注的"多行"文本实际是多个对象。

（2）对正(J)。

用来确定标注文本的对齐方式及排列方向。在命令行输入"J"按回车键后可执行该选项，执行后命令行有如下提示：

[对齐(A)/布满(F)/居中(C)/中间(M)/右对齐(R)/左上(TL)/中上(TC)/右上(TR)/左中(ML)/正中(MC)/右中(MR)/左下(BL)/中下(BC)/右下(BR)]：

这里有14种对齐方式供用户选择，各种对齐方式的含义如下：

① 对齐(A)指定文本基线的起点和终点。执行该选项，系统提示：

指定文字基线的第一个端点：

指定文字基线的第二个端点：

随后，在绘图区显示出表示文字位置的方框，用户可在其中输入要标注的文字，输入后连续按两次回车键即可,其标注结果是:输入的文字均匀分布于指定的两点之间,且文字行的旋转角度由两点间连线的倾斜角度确定;字高、字宽根据两点间的距离、字符的多少、按字的宽度比例关系自动确定。如图4.41所示。

　② 布满(F)指定文字按照由两点定义的方向和一个高度值布满一个区域。只适用于水平方向的文字。

指定文本基线的起点、终点以及文字高度。执行该选项,系统提示:

指定文字基线的第一个端点:

指定文字基线的第二个端点:

指定高度＜2.5000＞:(如果在文字样式中设置了字高,就没有此提示)

随后,在绘图区显示出表示文字位置的方框,用户可在其中输入要标注的文字,输入后连续按两次回车键即可,其标注结果是:输入的文字字符均匀分布于指定的两点之间,且文字行的旋转角度由两点间连线的倾斜角度确定,字的高度为用户指定的高度或在文字样式中设置的高度,字宽度由所确定两点间的距离与字的多少自动确定。如图4.42所示。

　　　图4.41　"对齐"选项 　　　　　　　　　　　　　图4.42　"布满"选项

其余12种对齐方式如图4.43所示。这些对齐方式在标注文本时很有用,特别是在特定区域内,需要采用特殊的对齐方式。

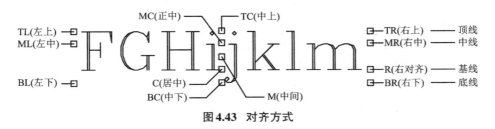

图4.43　对齐方式

【说明】

标注文本时,无论采用哪种对齐方式,文本最初均按左对齐方式排列。当结束执行命令时,文本才会按指定的对齐方式排列。

(3) 样式(S)。

确定文字使用的文字样式。命令行输入"S"并按回车键,继续提示:

输入样式名或[?]＜Standard＞:

在此提示下,可直接输入已定义的某一文字样式名,也可以用"?"响应来显示当前已定义的所有样式。如果直接按回车键,则采用默认样式。

3. 控制码及特殊字符

绘制工程图时,有时需要标注一些特殊字符,如"∅"(直径符号)、"±"(正负号)、"°"(度)等。由于这些特殊字符不能从键盘上直接输入,为此,AutoCAD提供了以控制码的方式输入,控制码由两个百分号(%%)以及后面紧跟一个字符构成。表4.2是常用符号的控制码。

表4.2 常用符号的控制码

控制码	功　能	特殊字符示例
%%D	标注符号"°"	45°(45%%D)
%%P	标注符号"±"	±0.025(%%P0.025)
%%C	标注符号"∅"	∅75(%%C75)

对于平方号(如 X^2)、立方号(如 X^3)等,可以使用"多行文字"命令,并通过"堆叠"功能实现。

4. 应用举例

用"单行文字"命令标注图4.44所示文字。

技术要求

1. ∅38圆周表面硬度(55~66)HRC

2. 锐边除净毛刺,未注倒角1X45°

图4.44 用"Dtext"命令标注文字

操作步骤如下:

(1)定义对应的文字样式(见4.8.1节"4.应用举例"),并将该样式设为当前样式。

(2)执行标注单行文字命令,系统提示:

当前文字样式:"工程字" 文字高度:2.5000 注释性:否(系统提示当前文字的样式和高度及是否注释)

指定文字的起点或[对正(J)/样式(S)]:(在绘图屏幕上指定标注文字的起始点)

指定高度<0.0000>:10 (输入文字字高)

指定文字的旋转角度<0>:(回车,接受缺省项)

然后在屏幕上输入对应的文字(可输入空格以调整文字沿水平方向的位置,输完一行文字后,按回车键换行来输入另一行文字)。输完后连续按两次回车键,完成标注。

4.8.3 标注多行文字

如果在图中输入的文本较多时,可用Mtext方式标注多行文字。多行文字由任意数目的单行文字或段落组成,无论文字有多少行,每段文字构成一个对象。在工程制图中,常使用多行文字创建较为复杂的文字说明,如图样的技术要求。

1. 命令的执行方式

(1) 从"文字"或"绘图"工具栏上单击"多行文字..."图标,如图 4.45 所示。

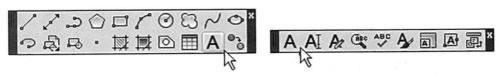

图 4.45　用"绘图"或"文字"工具栏激活"多行文字..."选项

(2) 打开"绘图"下拉菜单,选择其中的"文字"选项下的"多行文字..."命令。

(3) 从命令行输入 Mtext 并按回车键。

命令执行后,系统提示:

当前文字样式:"工程字"文字高度:2.5 注释性:否

指定第一角点:(确定一点)

指定对角点或 [高度(H)/对正(J)/行距(L)/旋转(R)/样式(S)/宽度(W)/栏(C)]:

2. 各选项介绍

(1) 指定对角点:默认选项,移动鼠标,拖出一个矩形。指定对角点,即可确定矩形,该矩形即是注写文字的区域,此时屏幕弹出"在位文字编辑器",如图 4.46 所示。

(2) 高度(H)、对正(J)、行距(L)、旋转(R)、样式(S)、宽度(W)、栏(C):分别用于设定文本高度、对齐方式、文本间的行距、文本行的旋转角度、文字样式、文本行的宽度和设置栏。

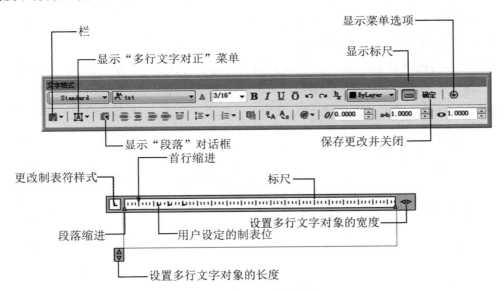

图 4.46　在位文字编辑器

3. 使用"在位文字编辑器"

从图 4.46 可以看出,"在位文字编辑器"由"文字格式"工具栏、文字输入窗口等组成,工具栏上有一些下拉列表框、按钮等。下面介绍编辑器中主要选项的功能。

（1）"文字样式"下拉列表框 Standard 。列有当前已定义的文字样式,用户可通过列表选用标注样式,或更改在编辑器中所输入文字的样式,如 工程字 。

（2）"字体"下拉列表框 txt 。设置或改变字体。在文字编辑器中输入文字时,可利用该下拉列表随时改变所输入文字的字体,也可以用来更改已有文字的字体,如工程字中的字体 gbenor, gbcbig 。

（3）"文字高度"下拉列表框 2.5 。设置或更改文字的高度。设置时可从下拉列表框中选择高度值,也可以直接输入高度值。

（4）"粗体"按钮 **B** 、"斜体"按钮 *I* 。将被选择的或以后输入的文字设置成粗体或斜体,这两个按钮只适用于部分TrueType字体。

（5）"下划线"按钮 U 。为被选择的或以后输入的文字添加下划线。

（6）"上划线"按钮 Ō 。为被选择的或以后输入的文字添加上划线。

（7）"放弃"按钮 ↺ 。取消最近输入的文字或最近的一次操作。

（8）"重做"按钮 ↻ 。重复前一次取消的操作。

（9）字符"堆叠/非堆叠"按钮 ↉ 。堆叠是对分数、公差与配合的一种位置控制方式。输入含有字符堆叠控制码的字符串,选择上述字符串并单击该按钮,则显示字符堆叠的字符串。字符堆叠控制码有以下3种:

① "/"是字符堆叠成分式的形式。如输入"H7/n6"则显示" $\frac{H7}{n6}$ "。

② "♯"是字符堆叠成比值的形式。如输入"H7♯n6"则显示" $^{H7}/_{n6}$ "。

③ "^"是字符堆叠成上下排列的形式。如输入"H7^n6"则显示" $^{H7}_{n6}$ "。

选择已堆叠的分数并右击鼠标,再从如图4.47所示的快捷菜单中选择"堆叠特性"命令,即可显示出"堆叠特性"对话框,如图4.48所示。利用该对话框可以修改分子和分母的值、上下偏差值,选择公式样式,确定分数线与其他字符的对齐关系,分式的缩放比例等。

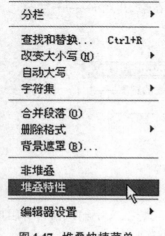

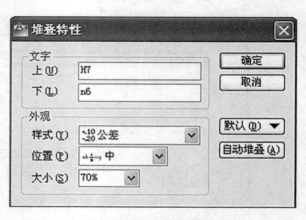

图4.47 堆叠快捷菜单   **图4.48 "堆叠特性"对话框**

（10）"颜色"下拉列表框 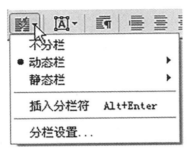。设置或更改所标注文字的颜色。

（11）"标尺"按钮 ▦。实现在编辑器中是否显示水平标尺的切换。

（12）"栏数"按钮 ▦▾。可以将多行文字对象的格式设定为多栏，可以指定栏和栏间距的宽度、高度及栏，可以使用夹点编辑栏宽和栏高。

单击该按钮，系统弹出对应的菜单，如图4.49所示。

图4.49　"栏数"菜单

① "不分栏"：为当前多行文字对象指定"不分栏"。

② "动态栏"：将当前多行文字对象设定为动态栏模式。动态栏由文字驱动。调整栏将影响文字流，而文字流将导致添加或删除栏。有"自动高度"或"手动高度"两种选项可用。

③ "静态栏"：将当前多行文字对象设定为静态栏模式。可以指定多行文字对象的总宽度和总高度及栏数。所有栏将具有相同的高度且两端对齐。

④ "插入分栏符 Alt＋Enter"：插入手动分栏符。

⑤ "分栏设置…"：显示"分栏设置"对话框，如图4.50所示。

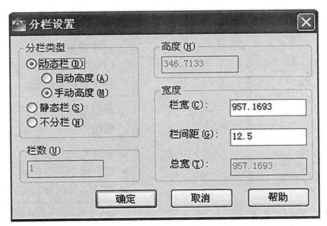

图4.50　"分栏设置"对话框

（13）"多行文字对正"按钮 Ⓐ▾。设置多行文字的对正方式。单击该按钮，系统弹出对应的菜单，如图4.51所示。

（14）"段落"按钮 ▤。指定制表位和缩进，控制段落对齐方式、段落间距和段落行距。

单击该按钮,系统弹出对应的对话框,如图4.52所示。

　　(15)"左对齐"按钮 ，、"居中"按钮 ，、"右对齐"按钮 、"对正"按钮 、"分布"按钮 。用于设置当前段落或选定段落的左、中或右文字边界的对正和对齐方式。包含在一行的末尾输入的空格,并且这些空格会影响行的对正。

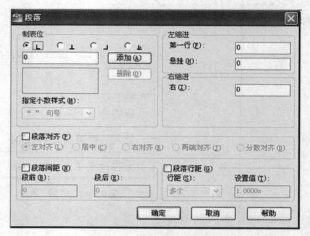

图4.51 "多行文字对正"菜单　　　　　　　　　　图4.52 "段落"对话框

　　(16)"行距"按钮 。显示建议的行距选项或"段落"对话框。在当前段落或选定段落中设置行距。单击该按钮,系统显示对应的菜单,如图4.53所示。

　　(17)"编号"按钮 。可实现项目符号和编号。单击该按钮,系统显示如图4.54所示的菜单。

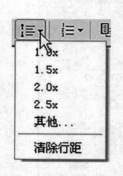
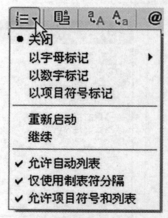

图4.53 "行距"菜单　　　　　　　　　　图4.54 "编号"菜单

　　(18)"插入字段"按钮 。向文字中插入字段。单击该按钮,系统显示"字段"对话框,用户可从中选择要插入到文字中的字段,如图4.55所示。

　　(19)"全部大写"按钮 、"小写"按钮 。全部大写按钮用于将选定的字符更改为大写,小写按钮用于将选定的字符更改为小写。

（20）"符号"按钮 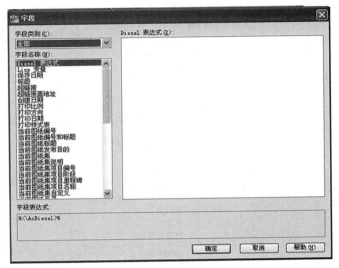。用于在光标位置插入符号或不间断空格。单击该按钮,系统弹出对应的菜单,如图4.56所示。

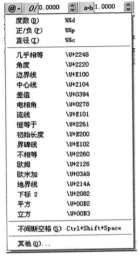

图4.55 "字段"对话框　　　　　图4.56 "符号"菜单

菜单中列出了常用符号及其控制符或Unicode字符串,用户可根据需要从中选择。如果选择"其他"项,则会显示出"字符映射表"对话框。对话框包含了系统中各种可用字体的整个字符集,可以利用该对话框来标注特殊字符,具体操作步骤是:从"字符映射表"对话框中选择一个符号,单击"选择"按钮将其放到"复制字符"文本框,单击"复制"按钮将其放到剪贴板,关闭"字符映射表"对话框,在文本输入窗口中,右击鼠标,从快捷菜单中选择"粘贴",即可在当前光标位置插入对应的符号。

（21）"倾斜角度"框。使输入或选定的字符倾斜一定的角度,其中角度值为正时向右倾斜,为负时向左倾斜。注意允许输入的角度值是从-85到85。

（21）"追踪"框。用于增大或减小字符的间距。设置值为1是常规间距,大于1会增大间距,小于1则减小间距。

（22）"宽度比例"框。用于增大或减小字符的宽度。设置值为1是常规宽度,大于1会增大宽度,小于1则减小宽度。

4. 使用快捷菜单

（1）在文字窗口中右击鼠标,将弹出一个快捷菜单,如图4.57所示。单击"文字格式"工具栏最右侧的"选项"按钮,可弹出如图4.58所示的菜单,此菜单内容与图4.57所示的快捷菜单主要内容相同,下面主要介绍快捷菜单。

图4.57所示菜单中,前5项是"全部选择""剪切""复制""粘贴"以及"选择性粘贴"这些基本编辑操作。快捷菜单中"插入字段""符号""段落对齐""段落""项目符号和列表""分栏""改变大小写""自动大写"项分别对应"文字格式"工具栏的相应按钮,这里不再介绍。

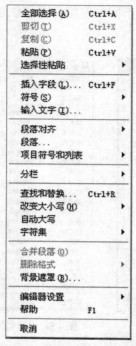

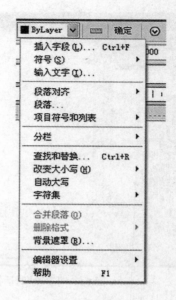

图 4.57　快捷菜单　　　　　　　图 4.58　选项菜单

下面重点介绍快捷菜单中以下项：

①"全部选择"项。选择该选项，选中当前文字输入窗口中的全部文字对象。

②"输入文字"项。选择该选项，用于导入文本文件，将已有文本文件中的文本插到编辑器中。选择该项，系统弹出"选择文件"对话框，从中选择对应的文件即可。

③"查找和替换"项。选择该选项，系统弹出"查找和替换"对话框，可以搜索或同时替换指定的字符串。

④"字符集"项。选择该项，系统弹出如图 4.59 所示的子菜单。

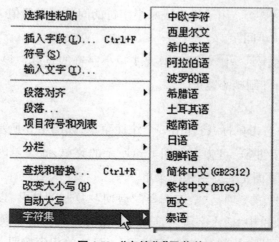

图 4.59　"字符集"子菜单

⑤ "段落对齐"项。可以设置段落的对齐方式。

⑥ "删除格式"项。可以删除选中文字的格式。系统弹出如图 4.60 所示的子菜单。

图 4.60 "删除格式"子菜单

⑦ "背景遮罩"项。选择该选项,系统弹出"背景遮罩"对话框,如图 4.61 所示。

图 4.61 "背景遮罩"对话框

在该对话框中,选择"使用背景遮罩"单选框,用于在文字后放置不透明背景。列表框"边界偏移因子"用于指定文字周围不透明背景的大小。其值基于文字高度。比例设为 1.0 时,正好布满多行文字对象。比例设为 1.5 时,背景宽度是文字高度的 1.5 倍。"填充颜色"选项组中,选择"使用图形背景颜色"单选框,提供与图形背景颜色一致的背景。选择颜色下拉列表框 ,用于指定不透明背景的颜色。可以从颜色列表中选择一种颜色或单击"选择颜色",打开"选择颜色"对话框。

⑧ "编辑器设置"项。选择该选项,系统弹出如图 4.62 所示的子菜单。

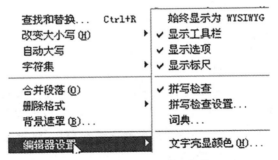

图 4.62 "编辑器设置"子菜单

(2) 选择含有字符堆叠控制码的字符串后右击,系统弹出如图 4.47 所示的堆叠快捷菜单,通过该菜单可对堆叠特性进行设置(见图 4.48)。

5. 应用举例

用标注多行文字命令标注如图 4.63 所示的文字。

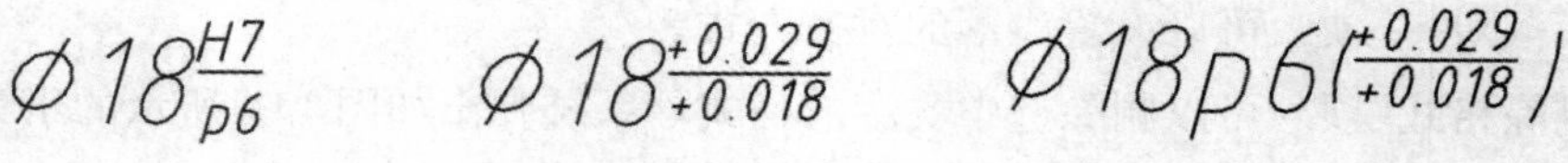

$$\varnothing 18 \frac{H7}{p6} \qquad \varnothing 18 \frac{+0.029}{+0.018} \qquad \varnothing 18 p6 \left(\frac{+0.029}{+0.018} \right)$$

图4.63　用"Mtext"命令标注文字

操作步骤如下：

（1）从"绘图"工具栏激活"多行文字"命令后，系统弹出如图4.46所示的"在位文字编辑器"，在"文字格式"工具栏中选择文字样式为"工程字"。

（2）在文字输入窗口中输入"％％c18 H7/p6"，选中"H7/p6"单击堆叠按钮 ᵇₐ。

（3）继续选中"H7/p6"，右击鼠标，在弹出快捷菜单（图4.47）中选择"堆叠特性"选项，弹出"堆叠特性"对话框（图4.48）。

（4）在上述对话框的"大小"下拉列表框中选择"50％"，单击"确定"后退出。

（5）图4.63中的其余两段文字的书写与此类似，不再赘述。

4.8.4　文字编辑

对已标注的文本，可以对文字的内容、缩放比例及对正方式进行修改。

1. 编辑文字的内容

（1）命令的执行方式。

① 从"文字"工具栏上单击"编辑..."图标，如图4.64所示。

图4.64　用"文字"工具栏激活"编辑..."选项

② 打开"修改"下拉菜单，选择其中的"对象\文字"选项下的"编辑..."命令。

③ 从命令行输入DDedit并按回车键。

（2）操作说明。

命令执行后，系统提示：

选择注释对象或 [放弃(U)]：

① 选择注释对象：在此提示下选择要编辑的文字，即可进入文字编辑模式。标注文字时使用的标注方法不同，选择文字后 AutoCAD 给出的响应也不同。

如果所选文字是用 Dtext 命令标注的，选择文字对象后，系统会在该文字四周显示出一个方框，此时用户可直接修改对应的文字。

如果所选文字是用 Mtext 命令标注的，系统会弹出与图4.46类似的在位文字编辑器，并在编辑器内显示出对应的文字，供用户编辑、修改。

【说明】

直接双击已有的文字对象，或者选取文字后右击弹出快捷菜单，选择"编辑"（"编辑多行文字"）选项，系统会切换到对应的编辑模式，以便用户编辑、修改文字。

② 放弃(U)：取消上次对文字的编辑操作。

2. 编辑文字的比例

(1) 命令的执行方式。

① 从"文字"工具栏上单击"比例"图标，如图 4.65 所示。

图 4.65　用"文字"工具栏激活"比例"选项

② 打开"修改"下拉菜单，选择其中的"对象\文字\比例"命令。

③ 从命令行输入 Scaletext 并按回车键。

(2) 操作说明。

命令执行后，系统提示：

选择对象：拾取需编辑的文字对象(可以选择多个对象)，完成后按回车键。

输入缩放的基点选项[现有(E)/左对齐(L)/居中(C)/中间(M)/右对齐(R)/左上(TL)/中上(TC)/右上(TR)/左中(ML)/正中(MC)/右中(MR)/左下(BL)/中下(BC)/右下(BR)]＜现有＞：输入某一选项括号内的字母并按回车键，用于指定一个位置作为缩放的基点。其中"现有"为默认选项，表示将以文字标注时的位置定义点为基点；其他各选项表示由对应选项表示的点为基点。

指定新模型高度或[图纸高度(P)/匹配对象(M)/比例因子(S)]＜2.5＞：共有四个选项，下面分别介绍。

· 指定新模型高度：默认选项，可在提示符下直接输入文字新的高度。

· 图纸高度(P)：根据注释性特性缩放文字高度，可以仅指定注释性对象的图纸高度。

· 匹配对象(M)：与已有文字的高度相一致。命令行输入"M"并按回车键，继续提示：

选择具有所需高度的文字对象：选择要匹配的文字对象。

· 比例因子(S)：按给定的缩放系数进行缩放。命令行输入"S"并按回车键，继续提示：

指定缩放比例或[参照(R)]＜1＞：通过输入缩放比例的数值来缩放所选文字对象，或者执行"参照(R)"选项以通过参照长度和新长度的比值来确定缩放比例。

3. 编辑文字的对正方式

(1) 命令的执行方式。

① 从"文字"工具栏上单击"对正"图标，如图 4.66 所示。

② 打开"修改"下拉菜单，选择其中的"对象\文字\对正"命令。

③ 从命令行输入 Justifytext 并按回车键。

(2) 操作说明。

命令执行后，系统提示：

选择对象：拾取需编辑的文字对象(可以选择多个对象)，完成后按回车键。

输入对正选项[左对齐(L)/对齐(A)/布满(F)/居中(C)/中间(M)/右对齐(R)/左上(TL)/中上(TC)/右上(TR)/左中(ML)/正中(MC)/右中(MR)/左下(BL)/中下(BC)/右

下(BR)]＜左对齐＞:指定新的对正点的位置。

4. 用"特性"选项板编辑文本

利用"特性"选项板可以编辑文本的内容与属性,如图4.67所示。"特性"选项板的操作在其他章节中已做了介绍,这里不再赘述。

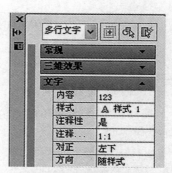

图4.66　用"文字"工具栏激活"对正"选项　　　　图4.67　用"特性"选项板编辑文本

4.9　表　格

使用AutoCAD提供的表格功能,可以直接插入设置好样式的表格,而不需要绘制由单独图线组成的栅格。

1. 定义表格样式

表格样式是用来控制表格基本形状和间距的一组设置,和文字样式一样,所有AutoCAD图形中的表格都有与其相对应的表格样式。当插入表格对象时,AutoCAD使用当前设置的表格样式。模板文件acad.dwt和acadiso.dwt中定义了名叫Standard的默认表格样式。

（1）命令的执行方式。

① 从"样式"工具栏上单击"表格样式…"图标,如图4.68所示。

② 打开"格式"下拉菜单,选择"表格样式…"选项。

③ 从命令行输入Tablestyle并按回车键。

图4.68　用"样式"工具栏激活"表格样式"选项

命令执行后,将打开"表格样式"对话框,如图4.69所示。

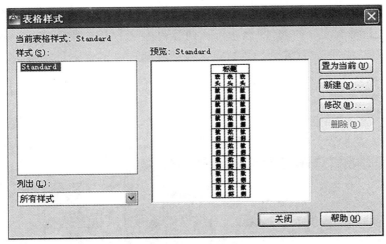

图4.69 "表格样式"对话框

(2)"表格样式"对话框。

①"当前表格样式"显示应用于所创建表的表样式的名称。默认表样式名为Standard。

②"样式"列表框显示当前已建立的表样式,当前样式的名字以高亮显示。在该列表框中单击鼠标右键,弹出快捷菜单,可在其中进行指定当前样式、重命名或删除样式等操作。

③"列出"下拉列表框提供控制表样式显示的过滤条件。有两种过滤条件,即显示所有样式和显示所有正在使用的样式。

④"预览"窗口显示"样式"列表中选定样式的预览图像。

⑤"置为当前"按钮。单击该按钮,将"样式"列表框中选定的样式置为当前样式。

⑥"修改"按钮。单击后,打开"修改表样式"对话框,对当前表格样式进行修改,方式与新建表格样式相同。

⑦"删除"按钮。删除对应的表格样式。不能删除图形中正在使用的样式。

⑧"新建"按钮。建立一个新的表格样式。单击后,打开"创建新的表格样式"对话框,如图4.70所示。输入新的表格样式名后,单击"继续"按钮,系统打开"新建表格样式"对话框,如图4.71所示,从中可以定义新的表格样式。

图4.70 "创建新的表格样式"对话框

"新建表格样式"对话框中有以下选项:

①"选择起始表格"。起始表格是图形中用作设置新表格样式格式的样例表格。一旦选定表格,用户即可指定要从此表格复制到表格样式的结构和内容。

②"表格方向"列表框用于确定插入表格时的方向,有"向下"和"向上"两个选择。"向下"表示创建由上而下读取的表,即标题行和列标题行位于表的顶部;"向上"则表示将创建由下而上读取的表,即标题行和列标题行位于表的底部。

③"单元格式"中有"标题""表头""数据"三个选项。也可单击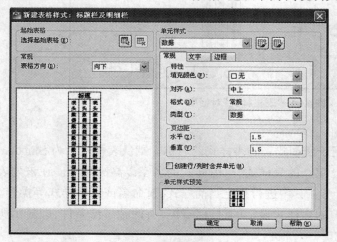按钮,创建新单元样式,或单击按钮,管理单元样式。

对话框右下方为"常规""文字""边框"三个选项卡,用于控制表格中标题、表头、数据的有关参数,如图4.72所示。下面以"数据"选项卡为例说明其中各个参数的功能。

图4.71 "新建表格样式"对话框

标题		
表头	表头	表头
数据	数据	数据
数据	数据	数据
数据	数据	数据
数据	数据	数据
数据	数据	数据
数据	数据	数据
数据	数据	数据
数据	数据	数据

图4.72 表格样式

（a）"常规"选项组。

·"填充颜色"下拉列表框中可选择背景色。

·"对齐"下拉列表框可使列表框选择适合的对齐方式。

·"格式"下拉列表框中可使用常规格式,也可单击后面的 选择其他的数据类型。

·"类型"下拉列表框提供子数据和标签两种选项。

·"页边距"选项组用于确定单元边界与单元内容之间的距离。

（b）"文字"选项组。

在"文字样式"下拉列表框中可以选择已定义的文字样式,将其应用于数据文字,也可以单击后面的 按钮重新定义文字样式。在"文字高度"文本框中可以设置文字高度,"文字颜色""文字角度"则分别设定文字的颜色和倾斜角度。

（c）"边框"选项组。

表格单元样式的边框特性控制网格线的显示,这些网格线将表格分隔成单元。标题行、表头和数据行的边框具有不同的线宽设置和颜色,可以显示也可以不显示,边框可用单线或双线。选择边框选项时,会同时更新"表格样式"对话框右下角的单元样式预览图像。

2. 创建表格

（1）命令的执行方式。

① 从"绘图"工具栏上单击"表格"图标，如图4.73所示。

② 打开"绘图"下拉菜单，选择"表格"选项。

③ 从命令行输入 Table 并按回车键。

图4.73　用"绘图"工具栏激活"表格"选项

命令执行后，将打开"插入表格"对话框，如图4.74所示。

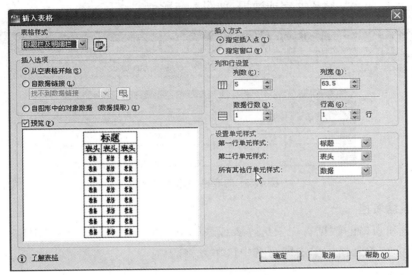

图4.74　"插入表格"对话框

（2）"插入表格"对话框。

①"表格样式"选项组。

可以在"表格样式"下拉列表框中选择一种表格样式，也可以单击后面的▣按钮新建或修改表格样式。

②"插入选项"选项组。

可以从空表格开始，也可以连接外部文件的数据或者从图形的对象数据中提取。

③"插入方式"选项组。

·"指定插入点"单选按钮。

指定表格左上角的位置。设置完成单击对话框的确定按钮后，可以用鼠标在作图区指定该位置，也可以在命令行直接输入坐标值。如果表样式将表的方向设置为由下而上读取，则插入点位于表的左下角。

·"指定窗口"单选按钮。

指定表格的大小和位置。可以用鼠标在作图区框出表格的范围,也可以在命令行直接输入坐标值。选定该选项时,行数、列数、列宽和行高取决于窗口的大小以及列和行的设置。

④ "列和行设置"选项组。

指定列和行的数目以及列宽与行高。其中行高是由单元的文字高度和单元边距决定的。如果在"插入方式"选项组中选择了"指定窗口"方式后,列和行设置的两个参数中只能指定一个,另外一个由指定的窗口大小自动等分指定。

(3) 生成数据表格。

在上面的"插入表格"对话框中进行相应的设置后,单击"确定"按钮,系统在指定的插入点或窗口自动插入一个空表格,并显示"文字格式"工具栏,并将表格中的第一个单元格醒目显示,此时就可以向表格输入文字或数据,如图4.75所示。

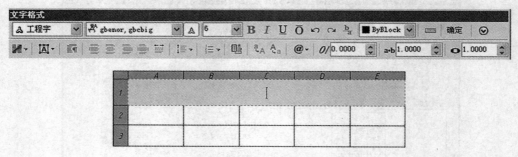

图4.75　向表格中输入文字

3. 编辑数据表格

编辑表格和表格的数据首先要选择表或表的单元格。鼠标单击表格的任一条栅格线可选中表格,鼠标在单元格内单击即可选中该单元格。

(1) 编辑表格。

① 使用快捷菜单编辑表格。

· 选中表格,右击鼠标后弹出如图4.76所示的快捷菜单,通过该菜单可对表格进行移动、旋转、缩放等操作。

· 选中单元格,右击鼠标后弹出如图4.77所示的快捷菜单,通过该菜单可设置单元格内文字的对齐方式、单元边框,可在单元格中插入点,可对单元格内的文字进行编辑或删除,可以插入新的行、列或删除原有的行、列等。

② 使用"特性"选项板编辑表格。

在选中表格或单元格后右击弹出的快捷菜单中选择"特性"选项,通过弹出的"特性"选项板中可对表格及单元格的特性进行编辑。

(2) 编辑表格的数据。

可通过以下三种方式进行操作:

① 选中单元格后右击鼠标,选择如图4.77所示的快捷菜单上的"编辑文字"命令。

② 鼠标在单元格内双击。

③ 在命令行输入Tabledit命令并按回车键。

命令执行后,系统打开如图4.75所示的界面,用户可以对指定单元格的文字进行编辑。

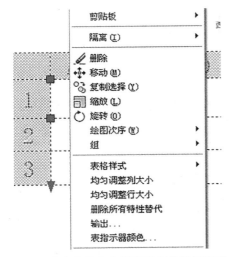

图4.76　选中表格右击鼠标弹出的快捷菜单

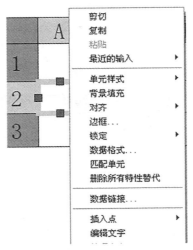

图4.77　选中单元格右击鼠标弹出的快捷菜单

4. 应用举例

创建如图4.78所示的标题栏及明细栏。

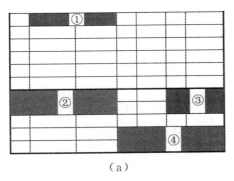

（a）

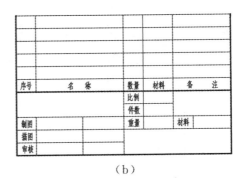

（b）

图4.78　标题栏及明细栏

（1）设置表格样式。

① 选择"表格样式"命令,打开"表格样式"对话框,如图4.69所示。单击"新建"按钮,系统打开"创建新的表格样式"对话框,如图4.70所示。在"新样式名"文本框内输入"标题栏及明细栏",单击"继续"按钮,打开"新建表格样式"对话框,如图4.71所示。

② 在"新建表格样式"对话框的"单元样式"选项卡中选择数据,并进行如下设置:

· "常规"选项卡:"对齐"设为"正中"。在"页边距"选项组将"水平"和"垂直"文本框的值均设为0,其余为缺省设置。

· "文字"选项卡:在"文字样式"下拉列表框选择"工程字"（设置方法见本书4.8.1节）,"文字高度"设为5,其余为缺省设置。

（2）创建表格。

选择"表格"命令，系统打开"插入表格"对话框，如图4.74所示。设置"插入方式"为"指定插入点"，行数和列数分别设置为9行和7列，列宽设为12，行高设为1行。在"设置单元样式"中，"第一行单元样式"及"第二行单元样式"选项均选为"数据"。

确定后，在作图区指定插入点，则插入如图4.79所示的空表格，并显示"文字格式"工具栏，不输入文字，直接单击"确定"按钮退出。

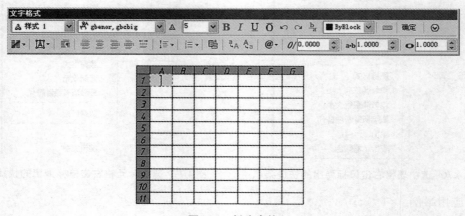

图4.79 创建表格

（3）编辑空表格。

选中第2列中任一单元格，右击鼠标弹出如图4.80所示的快捷菜单，选择"特性"命令，打开如图4.81所示的"特性"选项板，在"特性"选项板中设置"单元宽度"为28，设置"单元高

图4.80 用快捷菜单激活"特性"选项板

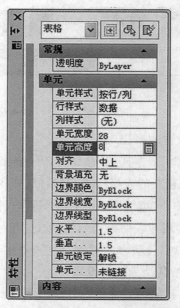

图4.81 用"特性"选项板修改表格的行高和列宽

度"为8。按上述方法分别将第3、5、7列的"单元宽度"分别设为25、18、22,将每一行的"单元高度"均设为8。

设置完成后,将图4.78(a)所示的①、②、③、④四个区域的单元格合并。合并的方法是:框选需合并的单元格,右击鼠标弹出如图4.82所示的快捷菜单,选择"合并"命令,在二级菜单中选"全部"。

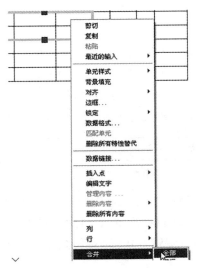

图4.82　合并单元格

(4) 在单元格中输入文字。

双击需输入文字的单元格,打开图4.75所示的界面,分别输入如图4.78(b)所示的文字。

习　题

1.练习标注图4.83所示的文字。

$$R3 \quad M24\text{-}6H \quad 2\times45° \quad \varnothing 20^{+0.010}_{-0.023}$$

$$\varnothing 20JS5(\pm 0.003) \quad \varnothing 9\frac{H7}{n6}$$

$$78\pm 0.1 \quad \varnothing 65H7 \quad 90\frac{H7}{f6} \quad \frac{B-B}{2.5:1}$$

图4.83　文字标注练习

2.练习本章所有举例。

第5章　图形的编辑

与手工绘图一样，使用AutoCAD绘图也是一个由简单到复杂的过程，需要不断地修改和补充，这称为图形的编辑。在AutoCAD中，图形的编辑可以由一系列的修改命令来完成。AutoCAD的修改命令，列在"修改"下拉菜单或"修改"工具栏中。图5.1所示即为AutoCAD的"修改"工具栏，单击各图标按钮即执行相应的修改操作。

图5.1　"修改"工具栏

AutoCAD的图形编辑有两种方式：一是先激活一个修改命令，然后再选择要修改的对象进行修改；二是先选择好要修改的对象，然后再激活修改命令，对所选择的对象进行修改。两种方式的结果相同。无论何种编辑方式都必须要掌握AutoCAD的对象选择方法。

5.1　对象选择

执行修改命令时，AutoCAD首先显示"选择对象："的提示，要求用户选择要编辑修改的图形。此时十字光标变为一个小方框（拾取框），用户用鼠标移动该拾取框来选择要修改的对象。每完成一次选择，"选择对象："的提示便会重复出现，等待用户继续选择要修改的对象，直到按回车键，系统才结束对象的选择，显示下一步修改操作的提示。

对于选中的对象，AutoCAD以虚线亮显它们，这些对象也就构成了选择集。AutoCAD提供了多种对象选择的方法，下面分别予以简要介绍。

5.1.1　对象选择的方法

1. 直接拾取

这是一种默认的选择方式。选择过程为：在"选择对象："提示下，用鼠标移动拾取框至要选择的对象上，单击左键，该对象即以虚线显示，表示其已被选中。该方式每一次只能选中一个图形对象。

2. 选择全部对象(ALL)

在"选择对象:"提示下,用户输入"ALL"并按回车键,会自动选中当前图形中的全部对象。

3. 默认窗口方式

在"选择对象:"提示下,移动鼠标在屏幕上某一位置单击左键,然后拖动鼠标到另一位置再单击左键,此时系统以拾取的两点连线为对角线,确定一个矩形窗口。当把该矩形框从左向右拖动时,其边界以实线显示,矩形窗口为蓝色,此时全部位于矩形框内的对象才能被选中;当把矩形框由右向左拖动时,其边界以虚线显示,矩形窗口为绿色,此时位于矩形框内部及与矩形框边界相交的对象都被选中。

4. 窗口方式(W)

该方式通过对角线的两个端点确定一个矩形窗口,凡是位于窗口内的所有对象均可被选中。在"选择对象:"提示下输入"W"并按回车键,系统提示:

指定第一个角点:(指定对角点)

指定第一个角点:指定对角点:(输入另一点)即完成窗口方式的对象选择。如图5.2(a)所示。

5. 窗交方式(C)

该方式不仅能选择位于拾取窗口内的对象,而且还能选择和窗口边界相交的对象。在"选择对象:"提示下输入"C"并按回车键,AutoCAD提示:

指定第一个角点:(输入一点)

指定第一个角点:指定对角点:(输入另一点)即实现窗交方式的对象选择。如图5.2(b)所示。

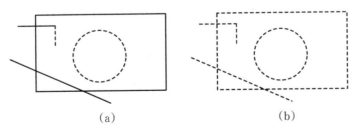

(a)   (b)

图5.2 窗口与交叉窗口

6. 圈围方式(WP)

该选择方式与窗口方式的功能相似,但拾取窗口可以是任意多边形形状,位于多边形内的对象都能被选中。这种方式适用于复杂的图形对象。

选择对象:WP<回车>

第一圈围点:(输入一点)

指定直线的端点或[放弃(U)]:(输入一点)

指定直线的端点或[放弃(U)]:(输入一点)

在上述提示下,依次输入各顶点的位置,即确定一个多边形窗口。

7. 圈交方式(CP)

该选择方式与圈围方式相似,但选中的对象包括位于多边形内的对象和与多边形相交的对象。

在"选择对象:"的提示下输入"CP"并按回车键,后续操作和规则与窗口方式相同。

8. 前一个方式

在"选择对象:"的提示下输入"P"并按回车键,AutoCAD将把当前操作之前的操作中选择的对象再次选中。

9. 上一个方式(L)

在"选择对象:"的提示下输入"L"并按回车键,AutoCAD将选中最后绘制的对象。

10. 栏选方式(F)

选择所有与栏选线相交的对象。栏选线是一条多点折线。键入"F"并按回车键,系统提示:

选择对象:F<回车>

指定第一栏选点:(输入一点)

指定下一个栏选点或[放弃(U)]:(输入一点)

指定下一个栏选点或[放弃(U)]:<回车>

在上述提示下依次确定选择线的各个点后按回车键,则与选择线相交的对象均被选中。

11. 编组方式(G)

使用预先定义的对象组作为编组。把若干个对象定义为编组,并给其命名保存,即定义了一个对象组。以后选择对象时,可以通过组名引用该对象组。执行"GROUP"命令定义对象组,系统提示:

GROUP 选择对象或[名称(N)/说明(D)]:(输入N)<回车>

输入编组名或[?]:(输入编组名称)<回车>

选择对象或[名称(N)/说明(D)]:(输入D)<回车>

输入组说明:(输入有关这组的说明)<回车>

选择对象或[名称(N)/说明(D)]:(选择若干要编为一组的对象)<回车>

即定义一个对象组。

(1) 向编组添加对象。

添加下一个对象到编组。在命令行输入"GROUPEDIT",系统提示:

选择组或[名称(N)]:(选择要进行编辑的组或者组的名称)

输入选项[添加对象(A)/删除对象(R)/重命名(REN)]:(输入A)<回车>

选择对象:(选择要加入编组的对象)

选择对象:(若没有继续加入编组的对象)<回车>

在上述提示下选中的对象均被加入编组。

(2) 从编组中删除对象。

在命令行输入"GROUPEDIT",系统提示:

选择组或[名称(N)]:(选择要进行编辑的组或者组的名称)

输入选项[添加对象(A)/删除对象(R)/重命名(REN)]:(输入R)<回车>

选择对象:(选择要从编组中删除的对象)

选择对象:(若没有继续删除的对象)<回车>

在上述提示下选中的对象均被排除出编组。

12. 选择循环

当在选择某一个对象时,如果该对象与其他一些对象相距很近甚至部分或全部重合,那么就很难准确地拾取到此对象。解决办法之一是使用选择循环的方法。例如,有一条红色的粗实线和一条黑色的点划线重合在一起,要对其中的一条进行编辑。

(1)第一步:单击AutoCAD状态栏上的 "选择循环"按钮,使其变蓝 ,则启用选择循环功能;或使用快捷键"Ctrl+W"启用或关闭选择循环功能。

(2)第二步:将光标移动到尽可能接近要选择的对象的地方,将看到一个 图标,该图标表示有多个对象可供选择。如图5.3(a)所示。

(a)   (b)

图5.3 选择循环示例1

(3)第三步:单击鼠标左键,弹出"选择集"列表框,如图5.3(b)里面列出了鼠标点击周围的图形,然后在列表中选择所需的对象(如这里我们选择红色的直线),单击鼠标左键选择红色的直线。如图5.4(a)所示。

(4)第四步:这时就可以准确的选中红色的直线了,这样就可以方便地对选中的图形进行操作了,如这里我们删除选择的红色直线。如图5.4(b)所示。

(a)   (b)

图5.4 选择循环示例2

可以使用DSETTINGS命令打开"草图设置"对话框,如图5.5所示,选择"选择循环"选项卡进行设置。或在AutoCAD状态栏上的"选择循环"按钮处单击鼠标右键,从弹出的快捷菜单中选择"设置",都可以打开AutoCAD"草图设置"中的"选择循环"选项卡。

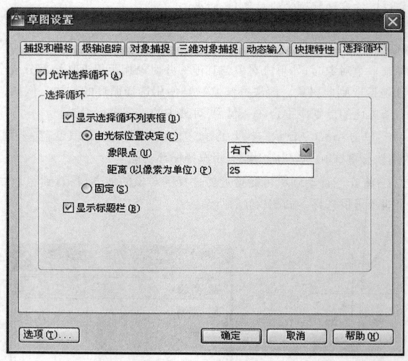

图5.5 "草图设置"对话框

13. 取消选择

在"选择对象:"的提示下输入"U"并按回车键,可取消最后进行的选择操作。取消操作可连续进行,依次取消上次进行的选择操作。

5.1.2 设置选择模式

AutoCAD 提供了多种对象选择的模式来加强对象选择的功能。用户可以通过"选项"对话框中的"选择"选项卡来进行选择模式设置。

打开"工具"下拉菜单,单击"选项"命令,将打开"选项"对话框,在对话框中单击"选择集",即打开"选择集"选项卡如图5.6所示。

1. 选择集模式

该区域有六个复选框,用于设置对象选择的模式。

(1)"先选择后执行":用来确定是选用"先选择要编辑的对象,然后再执行命令"的选择方式,还是"先执行命令后选择要编辑的对象"的选择模式。

(2)"用Shift键添加到选择集":用于控制如何添加选择的对象到选择集中。选中该复选框,则在选择集中添加更多的对象时必须按住Shift键,否则选择的对象只是最后一种选择方式所选中的对象;不选择该复选框,则若对象被选择,自动添加到选择集中去,直到按回车键结束选择。默认设置为不选中。

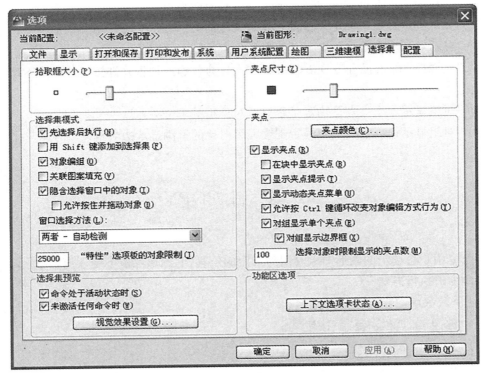

图5.6 "选项"对话框

(3)"对象编组":打开或关闭自动组选择。打开时,选中组中的任一对象就相当于选中整个组。

(4)"关联图案填充":确定当选择了相关的剖面线时是否同时也选择了边界对象。选中时,剖面线与其边界是相关联的;否则两者是不相关联的。

(5)"隐含选择窗口中的对象":用与SELECT命令中"自动"选项相同方法建立选择窗口。默认设置为选中,从左向右定义的窗口内的所有对象被选中;而从右向左定义的窗口内的对象以及与窗口相交的对象均可被选中。未选中时,必须用"W"或"C"选项生成选择窗口。

(6)"允许按住并拖动对象":控制如何建立一个选择窗口或交叉窗口。选中复选框时,在窗口的一个角点处按下鼠标左键并移动鼠标到与之对应的另一角点后释放,就在这两对角点之间建立了一个窗口;未选中(默认设置)时,用鼠标拾取窗口的两个对角点来建立窗口。

2. 拾取框大小

用于设置拾取框的大小。向左或向右移动滑块,即可以使拾取框变小或变大。

3. 夹点

该选项组用于确定屏幕上夹点的显示形式。

(1)"显示夹点":确定是否打开夹点功能。

(2)"在块中使用夹点":确定是否显示块内对象的夹点。

(3)"显示夹点提示":确定是否打开显示夹点的提示。

(4)"显示动态夹点菜单":确定是否显示夹点的动态菜单。

(5)"允许按Ctrl键循环改变对象编辑方式行为":确定是否允许按Ctrl键循环改变对象编辑方式。

(6)"对组显示单个夹点":确定是否显示对象组的单个夹点。

(7)"对组显示边界框":确定是否围绕编组对象的范围显示边界框。

5.2 复 制 COPY

该命令用于将选定的图形对象复制到指定的位置,原图形保留不受任何影响。

1. 命令的执行方法

(1)下拉菜单:"修改"→"复制"。

(2)"修改"工具栏:"复制"按钮。

(3)命令行输入:COPY。

2. 命令提示和选项

"COPY"命令的提示及执行方式与"移动"命令类似,所不同的是"COPY"命令完成后,原来图形仍然存在于原来的位置。

命令:COPY<回车>

选择对象:要求用户选择要复制的对象。

选择对象:若没有要复制的对象,按回车键。

当前设置: 复制模式 = 多个

指定基点或[位移(D)/模式(O)]<位移>:

提示中各个选项的含义说明如下:

(1)指定基点:要求用户指定要复制图形的基准点。用户指定后,AutoCAD会提示:

指定第二个点或[阵列(A)]<使用第一个点作为位移>:

① 指定第二个点:要求用户再指定第二个点,系统根据这两点所确定的位移矢量将选定对象复制到第二点处。接着AutoCAD会提示:

指定第二个点或[阵列(A)/退出(E)/放弃(U)]<退出>:这时可以不断指定第二点实现图形的多重复制。如果仅复制一个图形对象,在提示"指定第二个点或[阵列(A)/退出(E)/放弃(U)]<退出>:"时直接按回车键即可。

② 阵列(A):指定在线性阵列中排列的副本数量。选择该选项后,依次显示如下提示:

输入要进行阵列的项目数:指定阵列中排列的选择集的项目数量,包含原始选择集。系统继续提示:

指定第二个点或[布满(F)]:要求用户再指定第二个点,系统根据这两点所确定的位移矢量将选定对象复制到第二点处。

若选择"布满(F)",则在阵列中指定的位移放置最终副本。其他副本则布满原始选择集和最终副本之间的线性阵列。

(2) 位移(D):如果输入"D",在系统提示"指定位移"下直接给出位移量,系统按给定的位移量移动对象。

(3) 模式(O):如果输入"O",系统会提示:

输入复制模式选项[单个(S)/多个(M)]<多个>:即选择是进行多次复制,还是只复制一次后结束命令。

【例5.1】 用"COPY"命令,绘制如图5.7(a)所示的图形。

(1) 单击"图层"命令![图标],设置如下图层:

粗实线层:线型实线、线宽0.5,其余属性默认;单击状态栏上的"线宽",打开线宽显示。

(2) 单击"多边形"命令绘制外接圆直径为100的正三角形,单击"圆"命令,并以A点为圆心,画直径为16的圆,如图5.7(b)所示。

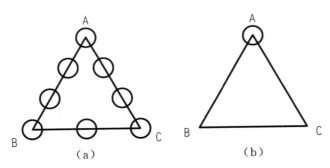

图5.7 示例

(3) 单击"复制"命令。

命令:COPY<回车>

选择对象:(选择∅16的圆)

选择对象:<回车>

指定基点或[位移(D)/模式(O)]<位移>:(捕捉∅16的圆心)

指定第二个点或[阵列(A)]<使用第一个点作为位移>:A<回车>

输入要进行阵列的项目数:4<回车>

指定第二个点或[布满(F)]:F<回车>

指定第二个点或[阵列(A)]:(选择B点)

指定第二个点或[阵列(A)/退出(E)/放弃(U)]<退出>:A<回车>

输入要进行阵列的项目数或[4]:＜回车＞

制定第二个点或[布满(F)]:F＜回车＞

指定第二个点或[阵列(A)]:(选择C点)

指定第二个点或[阵列(A)/退出(E)/放弃(U)]＜退出＞:(选择BC中点)

指定第二个点或[阵列(A)/退出(E)/放弃(U)]＜退出＞:＜回车＞

5.3 镜 像 MIRROR

镜像命令用于将所选的图形对象以指定的对称线做对称复制。复制后原来图形根据用户要求可以保留或删除。

1. 命令的执行方法

(1) 下拉菜单:"修改"→"镜像"。

(2) "修改"工具栏:"镜像"按钮 ◭ 。

(3) 命令行输入:MIRROR。

2. 命令提示和选项

命令:MIRROR＜回车＞

选择对象:选择要镜像复制的对象。

选择对象:继续选择要复制的对象,如果没有要复制的对象,直接按回车键。

指定镜像线的第一点:选择作为镜像线的第一个点。

指定镜像线的第二点:需要用户指定两个点以确定对称线。

要删除源对象?[是(Y)/否(N)]＜N＞:默认项是保留原图形对象(N),直接按回车键;如果输入"Y",系统在镜像复制出对象的同时,将原对象删除。

【例5.2】 用"MIRROR"命令,绘制如图5.8(b)所示的图形。

(1) 用"多边形"命令和"圆"命令绘制如图5.8(a)所示的图形。

(2) 单击"镜像"命令 ◭ 。

命令:MIRROR＜回车＞

选择对象:(选择所有圆形对象)

选择对象:＜回车＞

指定镜像线的第一点:(捕捉AB的中点)

指定镜像线的第二点:(捕捉CD的中点)

是否删除源对象?[是(Y)/否(N)]＜N＞:＜回车＞

绘制出如图5.8(b)所示的图形。

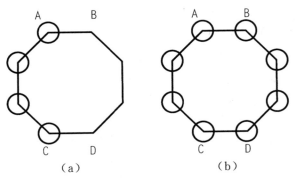

图 5.8　图形视图

5.4　偏　移　OFFSET

该命令用于从指定的对象或者通过指定的点来复制出等距偏移的对象,在绘图时常用该命令画基准线。

1. 命令的执行方法

(1) 下拉菜单:"修改"→"偏移"。

(2) "修改"工具栏:"偏移"按钮 。

(3) 命令行输入:OFFSET。

2. 命令提示和选项

命令:OFFSET<回车>

当前设置:删除源=否 图层=源 OFFSETGAPTYPE=0

指定偏移距离或[通过(T)/删除(E)/图层(L)]<通过>:系统提供两种方法复制新对象。

(1) 指定偏移距离:指定偏移距离来复制对象。在提示下输入偏移数值后,系统接着依次提示:

选择要偏移的对象或[退出(E)/放弃(U)]<退出>:要求用户选择要偏移复制的对象。

指定要偏移那一侧上的点,或[退出(E)/多个(M)/放弃(U)]:要求指定偏移方向。用户可以用鼠标在需要复制的位置方向上任意拾取一点,即复制出相应图形。系统接着继续提示:

选择要偏移的对象或[退出(E)/放弃(U)]<退出>:用户可以继续选择其他对象,以相同的距离来偏移对象;或按回车键退出偏移复制。

其中"多个(M)",可以将选择的对象以相同距离多次偏移复制。

(2) 通过(T):根据用户指定的通过点来复制对象。键入"T"并按回车键后系统提示:

选择要偏移的对象或[退出(E)/放弃(U)]<退出>:要求用户选择要偏移复制的对象。

指定通过点或[退出(E)/多个(M)/放弃(U)]:要求用户指定复制的对象要通过的点。输入后即可复制出相应对象,系统接着继续提示:

选择要偏移的对象或[退出(E)/放弃(U)]<退出>:用户可以继续选择其他对象,以相同的方法来复制出多个对象,直到按回车键方可结束偏移复制。

(3) 删除(E):要用户选择偏移复制后是否删除源对象。

(4) 图层(L):选择偏移对象的图层,有当前层(C)和源(S)两种选项。

【例5.3】 用"偏移"命令,绘制如图5.9(a)所示的图形。

(1) 用"图层"命令设置如下图层:

粗实线层:线型实线、线宽0.5,其余属性默认。单击状态栏上的"线宽",打开线宽显示。

(2) 将当前图层转换为"粗实线"层,用"矩形"命令绘出长100、宽60的矩形,如图5.9(b)所示。

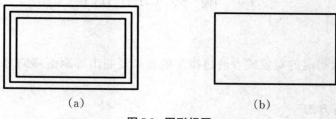

(a)   (b)

图5.9 图形视图

(3) 单击"偏移"命令。

命令:OFFSET<回车>

指定偏移距离或[通过(T)/删除(E)/图层(L)]<通过>:5<回车>

选择要偏移的对象或[退出(E)/放弃(U)]<退出>:(选择矩形)

指定要偏移那一侧上的点,或[退出(E)/多个(M)/放弃(U)]:(向上拾取一点)

选择要偏移的对象或[退出(E)/放弃(U)]<退出>:(选择矩形)

指定要偏移那一侧上的点,或[退出(E)/多个(M)/放弃(U)]:(选择矩形外任意一点)

选择要偏移的对象或[退出(E)/放弃(U)]<退出>:(选择最内部的矩形)

指定要偏移那一侧上的点,或[退出(E)/多个(M)/放弃(U)]:(选择矩形内部一点)

选择要偏移的对象或[退出(E)/放弃(U)]<退出>:<回车>

提示:

(1) 偏移是一个单对象编辑命令,在使用过程中,只能以直接拾取的方式选择对象。

(2) 以给定偏移距离的方式来复制对象时,距离值必须大于零。

(3) 对不同的对象执行OFFSET命令后有不同的结果。

5.5 阵 列 ARRAY

该命令可以将选择的图形对象按照矩形、环形(极轴)和路径的方式进行多重复制。

5.5.1 矩形阵列

矩形阵列是以控制行数、列数以及行和列之间的距离或添加角度的方式,使选取的阵列对象成矩形方式进行阵列复制,从而创建出源对象的多个副本。

1. 命令的执行方法

(1) 下拉菜单:"修改"→"阵列"→"矩形阵列"。

(2) "修改"工具栏:"矩形阵列"按钮 🔲。

(3) 命令行输入:ARRAYRECT。

2. 命令提示和选项

命令:ARRAYRECT<回车>

选择对象:选择要进行阵列复制的对象。

选择对象:继续选择要复制的对象,如果没有要复制的对象,直接按回车键。

为项目数指定对角点或[基点(B)/角度(A)/计数(C)]<计数>:

提示中各个选项的含义说明如下:

(1) 为项目数指定对角点:拖动鼠标指定阵列对角点的位置。

(2) 基点(B):指定阵列的基点。

(3) 角度(A):指定行轴的旋转角度。行和列轴保持相互正交。对于关联阵列,可以稍后编辑各个行和列的角度。

(4) 计数(C):分别指定行和列的值。系统接着提示:

输入行数或[表达式(E)]:指定行的数值。

输入列数或[表达式(E)]:指定列的数值。

其中,"表达式(E)"为使用数学公式或方程式获取值。

指定对角点以间隔项目或[间距(S)]<间距>:拖动鼠标指定阵列对角点的位置。若直接按回车键,则系统接着提示:

指定行之间的距离或[表达式(E)]:指定行间距。

指定列之间的距离或[表达式(E)]:指定列间距。

按 Enter 键接受或[关联(AS)/基点(B)/行(R)/列(C)/层(L)/退出(X)]<退出>:按 Enter 键表示接受阵列设置,并退出命令,或者选择其中一个选项修改参数。

其中，"关联(AS)"为是否在阵列中将创建的项目作为关联阵列对象，即为一个整体，或作为独立对象。

基点(B)：指定阵列的基点。

行(R)：编辑阵列中的行数和行间距，以及它们之间的增量标高。

指定行数之间的距离[总计(T)/表达式(E)]：

其中，"总计(T)"为设置第一行和最后一行之间的总距离。

列(C)：编辑列数和列间距。

指定列数之间的距离或[总计(T)/表达式(E)]：

其中，"总计(T)"为设置起点和端点列数之间的总距离。

【例5.4】 用"ARRAYRECT"命令，绘制如图5.10(c)所示的图形。

(1) 用"图层"命令设置如下图层：

粗实线层：线型实线、线宽0.5，其余属性默认；单击状态栏上的"线宽"，打开线宽显示。

(2) 置"粗实线"层为当前层，绘制如图5.10(a)所示的矩形和圆。

(3) 单击"矩形阵列"命令 品。

命令：ARRAYRECT＜回车＞

选择对象：(选择小圆)

选择对象：＜回车＞

为项目数指定对角点或[基点(B)/角度(A)/计数(C)]＜计数＞：B＜回车＞

指定基点或[关键点(K)]＜质心＞：捕捉小圆的圆心为基点。

为项目数指定对角点或[基点(B)/角度(A)/计数(C)]＜计数＞：拖动鼠标指定阵列的行数和列数，如图5.10(b)所示。

指定对角点以间隔项目或[间距(S)]＜间距＞：捕捉矩形右下角对顶点。

按Enter键接受或[关联(AS)/基点(B)/行(R)/列(C)/层(L)/退出(X)]＜退出＞：＜回车＞

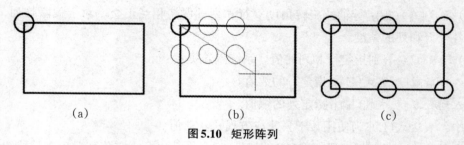

(a)   (b)   (c)

图5.10　矩形阵列

从以上操作可以看出，AutoCAD 2012的阵列方式更加智能、直观和灵活，用户可以边操作边调整阵列效果，从而大大降低操作的难度。

双击图形，弹出"阵列(矩形)"对话框，如图5.11所示，可在对话框中进行图层、列数、列间距、行数、行间距等的编辑。

图5.11　"阵列(矩形)"对话框

5.5.2　环形阵列

环形阵列是通过围绕指定的中心点或者旋转轴来复制选定对象从而创建阵列。

1. 命令的执行方法

(1) 下拉菜单："修改"→"阵列"→"环形阵列"。

(2) "修改"工具栏：单击"修改"工具栏上的"矩形阵列"按钮🖁右下的小箭头，从中选择环形阵列按钮🝔。

(3) 命令行输入：ARRAYPOLAR。

2. 命令提示和选项

命令：ARRAYPOLAR<回车>

选择对象：选择要进行阵列复制的对象。

选择对象：继续选择要复制的对象，如果没有要复制的对象，直接按回车键。

指定阵列的中心点或 [基点(B)/旋转轴(A)]：(在绘图区合适位置单击)

提示中各个选项的含义说明如下：

(1) 指定阵列的中心点：指定分布阵列项目所围绕的点。系统接着提示：

输入项目数或[项目间角度(A)/表达式(E)]：指定阵列中的项目数或项目之间的角度。

指定填充角度(＋＝逆时针、－＝顺时针)或 [表达式(EX)]<360>：指定阵列中第一个和最后一个项目之间的角度。

按 Enter 键接受或[关联(AS)/基点(B)/项目(I)/项目间角度(A)/填充角度(F)/行(ROW)/层(L)/旋转项目(ROT)/退出(X)]<360>：按回车键接受命令并退出命令，或者选择其中一个选择修改参数。

(2) 基点(B)：指定阵列的基点。

(3) 旋转轴(A)：指定由两个指定点定义的自定义旋转轴。选择该选项后，系统提示：

指定旋转轴上的第一个点：指定旋转轴上的第一个点。

指定旋转轴上的第二个点：指定旋转轴上的第二个点。

输入项目数或[项目间角度(A)/表达式(E)]:指定阵列中的项目数或项目之间的角度。

指定填充角度(＋＝逆时针、－＝顺时针)或[表达式(EX)]<360>:指定阵列中第一个和最后一个项目之间的角度。

按Enter键接受或[关联(AS)/基点(B)/项目(I)/项目间角度(A)/填充角度(F)/行(ROW)/层(L)/旋转项目(ROT)/退出(X)]<退出>:按回车键接受命令,并退出命令,或者选择其中一个选择修改参数。

【例5.5】 用"ARRAYPOLAR"命令,绘制如图5.12(a)所示的图形。

(1) 用"图层"命令设置如下图层:

粗实线层:线型实线、线宽0.5,其余属性默认;中心线层:线型CENTER、线宽0.25,其余默认。单击状态栏上的"线宽",打开线宽显示。

(2) 置"中心线"层为当前层,用"直线"命令绘制中心线,用"圆"命令绘出点画线圆。将当前图层转换为"粗实线"层,用"圆"命令绘出最外侧的大圆,用"多边形"命令绘制正六边形,如图5.12(b)所示。

(3) 单击"修改"工具栏上的"矩形阵列"按钮 右下的小箭头,从中选择"环形阵列"按钮 。

命令:ARRAYPOLAR<回车>

选择对象:(选择正六边形)

选择对象:<回车>

指定阵列的中心点或[基点(B)/旋转轴(A)]:(选择大圆的圆心)

输入项目数或[项目间角度(A)/表达式(E)]:(5)

指定填充角度(＋＝逆时针、－＝顺时针)或[表达式(EX)]<360>:<回车>

按Enter键接受或[关联(AS)/基点(B)/项目(I)/项目间角度(A)/填充角度(F)/行(ROW)/层(L)/旋转项目(ROT)/退出(X)]<退出>:ROT<回车>

是否接受旋转阵列项目?[是(Y)/否(N)]<是>:N<回车>

按Enter键接受或[关联(AS)/基点(B)/项目(I)/项目间角度(A)/填充角度(F)/行(ROW)/层(L)/旋转项目(ROT)/退出(X)]<退出>:<回车>

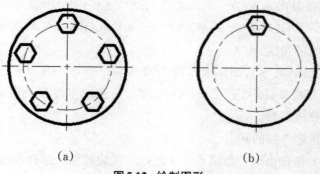

(a)   (b)

图5.12 绘制图形

5.5.3　路径阵列

路径阵列是沿路径或部分路径均匀分布对象副本,其中路径可以是直线、多段线、三维多段线、样条曲线、螺旋、圆弧、圆或椭圆。

1. 命令的执行方法

(1) 下拉菜单:"修改"→"阵列"→"路径阵列"。

(2) "修改"工具栏:单击"修改"工具栏上的"矩形阵列"按钮 ▦ 右下的小箭头,从中选择"路径阵列"按钮 ◪ 。

(3) 命令行输入:ARRAYPATH。

2. 命令提示和选项

命令:ARRAYRPATH<回车>

选择对象:选择要进行阵列复制的对象。

选择对象:继续选择要复制的对象,如果没有要复制的对象,直接按回车键。

选择路径曲线:选择作为路径的曲线。

输入沿路径显示的项目数[方向(O)/表达式(E)]<方向>:

提示中各个选项的含义说明如下:

(1) 输入沿路径显示的项目数:输入沿着路径显示的对象数目。

指定沿路径的项目之间的距离或[定数等分(D)/总距离(T)/表达式(E)]<沿路径平均定数等分(D)>:选择阵列对象之间的间距。

按 Enter 键接受或[关联(AS)/基点(B)/项目(I)/行(R)/层(L)/对齐项目(A)/Z 方向(Z)/退出(X)]<退出>:按 Enter 键接受,并退出命令,或者选择其中一个选项修改参数。

其中,"关联(AS)"为是否在阵列中将创建的项目作为关联阵列对象,即为一个整体,或作为独立对象。

基点(B):指定阵列的基点。

项目(I):编辑阵列中的项目数。

行(R):编辑阵列中的行数和行间距,以及它们之间的增量标高。

层(L):指定阵列中的层数和层间距。

对齐项目(A):指定是否以与路径的方向相切对齐每个对象。对齐相对于第一个对象的方向("方向"选项)。

Z 方向(Z):控制是否保持对象的原始 Z 方向或沿三维路径自然倾斜对象。

(2) 方向(O):控制选定对象是否将相对于路径的起始方向重新定向(旋转),然后再移动到路径的起点。选择该选项后,系统接着提示:

指定基点或[关键点(K)]<路径曲线的终点>:捕捉某个点,该点将与路径起点对齐。

指定与路径一致的方向或[两点(2P)/法线(NOR)]<当前>:指定与路径的起始方向一致的方向。

输入沿路径的项目数或[表达式(E)]:输入阵列数量。

指定沿路径的项目之间的距离或[定数等分(D)/总距离(T)/表达式(E)]＜沿路径平均定数等分(D)＞:指定阵列间距。

按Enter键接受或[关联(AS)/基点(B)/项目(I)/行(R)/层(L)/对齐项目(A)/Z方向(Z)/退出(X)]＜退出＞:按Enter键表示接受阵列设置,并退出命令,或者选择其中一个选项修改参数。

【试一试】 用"ARRAYPATH"命令,绘制如图5.13所示的图形。

图5.13　绘制图形

5.6　移　动　MOVE

该命令用于在指定的方向上按照指定距离移动图形对象。

1. 命令的执行方法

(1) 下拉菜单:"修改"→"移动"。

(2) "修改"工具栏:"移动"按钮 。

(3) 命令行输入:MOVE。

2. 命令提示和选项

命令:MOVE＜回车＞

选择对象:需要用户选择要移动的对象,按空格键退出选择对象模式。

指定基点或[位移(D)]＜位移＞:如果在此提示下指定一点,系统即把该点作为移动图形的基准点并接着提示:

指定第二点或＜使用第一个点作位移＞:在此提示下再指定一点为移至点,系统按两点间的位移矢量移动对象。如图5.14所示,要把以A点为圆心的小圆平移到B处且以B为圆心,命令序列可以为:

命令:MOVE＜回车＞

选择对象:(拾取小圆A)　如图5.14(a)所示。

选择对象:＜回车＞

指定基点或[位移(D)]＜位移＞:(捕捉圆心A)

指定第二个点或＜使用第一个点作位移＞:(捕捉圆心B)　如图5.14(b)所示。

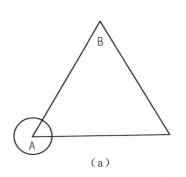
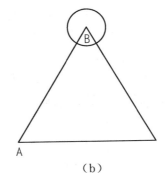

（a）   （b）

图5.14　图形移位

如果在"指定基点或[位移（D）]＜位移＞："提示下直接给出位移量,在"指定第二个点或
＜使用第一个点作位移＞："提示下按回车键,系统按给定的位移量移动对象。

5.7　旋　转　ROTATE

该命令可将选择的对象绕指定的中心点旋转指定的角度。

1. 命令的执行方法

（1）下拉菜单:"修改"→"旋转"。

（2）"修改"工具栏:"旋转"按钮 ⟳。

（3）命令行输入:ROTATE。

2. 命令提示和选项

命令:ROTATE

UCS 当前的正角方向:ANGDIR＝逆时针 ANGBASE＝0

提示中的第一行说明当前的正角度方向为逆时针方向,零角度方向与X轴正方向的夹
角为0°。

选择对象:要求用户选择要旋转的对象,按空格键选择结束后,AutoCAD继续提示:

指定基点:要求用户指定旋转对象的基准点。

指定旋转角度,或[复制（C）/参照（R）]＜0＞:

各选项的含义如下:

（1）指定旋转角度:默认选项,直接在该提示下输入一角度值,AutoCAD将对象绕基点
转动该角度,角度为正时,逆时针旋转;角度为负时,顺时针旋转。可以用拖动的方式确定旋
转角度,方法是在提示下拖动鼠标,AutoCAD会从旋转基点向光标处引出一条橡皮筋线。
该橡皮筋线方向与零角度方向的夹角即为要转动的角度,同时所选对象会按此角度动态地
转动。拖动鼠标使对象转到所需位置后,按空格键或回车键,即可实现旋转。

（2）参照（R）：选择该选项，将以参考方式旋转对象。AutoCAD接着提示：

指定参考角＜0＞：

指定新角度或[点（P）]＜0＞：

需要依次指定参考方向的角度和相对于参考方向的角度。这种旋转方式的执行过程可以理解为：系统将对象先假想绕基点旋转参考角，然后再旋转新角度。这种旋转方式的实际旋转角度等于新角度减去参考角度。

（3）复制（C）：选择该选项，被旋转对象旋转到新位置后，原来的对象仍然保留。

【例5.6】 绘制如图5.15（b）所示的图形。

（1）单击"图层"命令缩，设置如下图层：

粗实线层：线型实线、线宽0.5，其余属性默认；中心线层：线型CENTER、线宽0.25，其余默认。单击状态栏上的"显示/隐藏线宽" ✚，打开线宽显示。

（2）置中心线层为当前层，绘制相互垂直的两条点画线。置粗实线为当前层，绘制直径为80的圆，再绘制内接正五边形，如图5.15（a）所示。

（3）启动"旋转"命令，绘制右上方图形，如图5.15（b）所示。

命令：ROTATE＜回车＞

UCS当前的正角方向：ANGDIR＝逆时针 ANGBASE＝0

选择对象：（选中正五边形）

选择对象：＜回车＞

指定基点：（捕捉圆心）

指定旋转角度或[复制（C）/参照（R）]：C＜回车＞

指定旋转角度或[复制（C）/参照（R）]：30＜回车＞

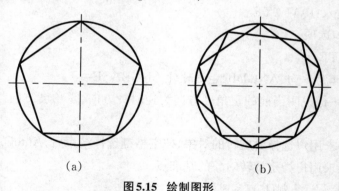

(a)　　　　　　　　　(b)

图5.15　绘制图形

5.8　缩　放　SCALE

SCALE命令可将对象按照指定的比例因子相对于指定基点进行放大或缩小。

1. 命令的执行方法

(1) 下拉菜单:"修改"→"缩放"。

(2) "修改"工具栏:"缩放"按钮司。

(3) 命令行输入:SCALE。

2. 命令提示和选项

命令:SCALE<回车>

选择对象:选择要缩放的对象。

指定基点:指定缩放的基准点。

指定比例因子或[复制(C)/参照(R)]:

两个可选项,其含义分别说明如下:

(1) 指定比例因子:默认选项,直接输入比例因子。系统根据该比例因子将对象相对于基准点进行缩放。

(2) 参照(R):将对象按参考的方式缩放。键入"R"后按回车键AutoCAD依次提示:

指定参考长度<1>:

指定新长度:需要用户依次输入参考长度的值和新的长度值。系统根据参考长度与新长度的值自动计算比例因子(比例因子等于新长度值除以参考长度值),然后进行相应的缩放。

(3) 复制(C):选择该选项,对象被放大后,原来的对象仍然保留。

【试一试】 绘制如图5.16(a)所示的图案。

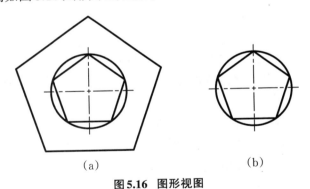

(a)　　　　　　　　　　(b)

图5.16　图形视图

(1) 用"圆"和"正多边形"命令,先绘制图案如图5.16(b)所示。

(2) 单击"缩放"命令司。

命令:SCALE <回车>

选择对象:(选中小五边形图案)

选择对象:<回车>

指定基点:(捕捉圆心)

指定比例因子或[复制(C)/参照(R)]:C<回车>

指定比例因子或[复制(C)/参照(R)]:2<回车>

5.9　拉 伸 STRETCH

该命令用于拉伸或者压缩图形对象。用STRETCH命令拉伸图形时,图形的形状发生改变。图形的选定部分被移动,但仍保持与原图形中不动部分的连接。

1. 命令的执行方法

(1) 下拉菜单:"修改"→"拉伸"。

(2) "修改"工具栏:"拉伸"按钮 📐 。

(3) 命令行输入:STRETCH。

2. 命令提示和选项

命令:STRETCH

以交叉窗口或交叉多边形选择要拉伸的对象…

选择对象:用提示中的一种方式选择对象后,系统提示:

选择对象:若没有需要选择的对象,按回车键。

指定基点或[位移(D)]<位移>:要用户指定拉伸移动的基点或位移值。执行后系统提示:

指定第二个点或<用第一个点作位移>:指定第二点后,系统将全部位于选择窗口之内的对象移动,而将与选择窗口边界相交的对象按规则拉伸或压缩。

提示:

在"选择对象:"提示下选择对象时,对于由直线、圆弧、和多段线等命令绘制的对象,若其所有部分均在选择窗口内,那么它们将被移动。如果它们只有一部分在选择窗口内,则有以下拉伸:

(1) 直线:位于窗口外的端点不动,位于窗口内的端点移动。

(2) 圆弧:与直线类似,但在圆弧改变的过程中,圆弧的弦高保持不变,同时由此来调整圆心的位置和圆弧起始角、终止角的值。

(3) 区域填充:位于窗口外的端点不动,位于窗口内的端点移动。

(4) 多段线:与直线或圆弧相似,但多段线两端的宽度、切线方向以及曲线拟合信息均不改变。

(5) 其他对象:如果其定义点位于选择窗口内,对象发生移动,否则不动。

【例5.7】 用"拉伸"命令做拉伸练习。

(1) 用"圆" 命令和"直线"命令绘制出如图5.17(a)所示的图形。

(2) 单击"拉伸"命令 📐 。

以交叉窗口或交叉多边形选择要拉伸的对象…

选择对象:(在 A 点按下鼠标的左键,并向左上方拖动到点 B 后单击,如图5.17(b)所示)

＜回车＞

　　指定基点或位移:(捕捉圆心)

　　指定位移的第二个点或＜用第一个点作位移＞:(用鼠标拖动到适当位置单击左键)

　　拉伸结果如图5.17(c)所示。

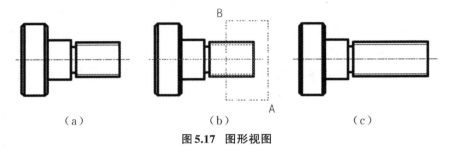

（a）　　　　　　　　　（b）　　　　　　　　　（c）

图5.17　图形视图

5.10　拉　长　LENGTHEN

该命令用于改变非封闭图形对象如线段、圆弧等的长度。

1. 命令的执行方法

(1) 下拉菜单:"修改"→"拉长"。

(2) 命令行输入:LENGTHEN。

2. 命令提示和选项

命令:LENGTHEN＜回车＞

选择对象或[增量(DE)/百分数(P)/全部(T)/动态(DY)]:

提示中各个选项的含义说明如下:

(1) 选择对象:默认选项,直接选择直线或圆弧。用户选择后,AutoCAD会显示出直线段的当前长度;圆弧则提示它的当前长度及包含角,并继续如下提示:

选择对象或[增量(DE)/百分数(P)/全部(T)/动态(DY)]:

(2) 增量(DE):以增量方式修改对象的长度。选择该选项,系统接着提示:

输入长度增量或[角度(A)]:

① 输入长度增量:直接输入增量值。正值表示加长,负值表示缩短。增量是从离选择对象的拾取点近的那一端的端点度量的。输入后并按回车键后显示如下提示:

选择要修改的对象或[放弃(U)]:用户选择要修改的直线或圆弧,或者放弃操作。

② 角度(A):根据圆弧的包含角增量来修改圆弧的长度。键入"A"并按回车键后,系统提示如下:

输入角度增量:要用户输入圆弧的角度增量。

选择要修改的对象或[放弃(U)]:在该提示下选择圆弧,该圆弧会按指定的角度增量在离拾取点近的一端变长或变短。增量为正时圆弧变长,增量为负时圆弧变短。

(3) 百分数(P):以相对原对象长度的百分比来设置增量。选择该选项后,显示如下提示:

输入长度百分数:输入拉长或者缩短的百分比。

选择要修改的对象或[放弃(U)]:用户选择要修改的对象,选中的对象在离拾取点近的一端按指定的数值变长或变短。如果百分比大于100,则拉长对象;大于0但小于100则缩短对象。百分比不能是0和负数。

(4) 全部(T):以给定直线总长度或者圆弧的新包含角来改变长度。选择该选项并按回车键,系统提示:

指定总长度或[角度(A)]:

① 指定总长度:要求输入对象的总长度。

选择要修改的对象或[放弃(U)]:选择直线或圆弧,所选对象的长度即变为输入的长度值。

② 角度:指定圆弧的新包含角度,选择该选项后,依次显示如下提示:

指定总角度:(输入角度)

选择要修改的对象或[放弃(U)]:需要用户依次指定要修改的圆弧对象。

(5) 动态(DY):动态地改变圆弧或者直线的长度。选择该选项后,系统提示如下:

选择要修改的对象或[放弃(U)]:需要用户选择要修改的对象,选择以后,屏幕出现一橡皮筋,动态显示对象的长短变化,系统同时提示:

指定新端点:确定新端点后,圆弧或直线长度发生相应改变。

5.11　修　剪　TRIM

TRIM命令用指定的边修剪所选定的对象。修剪边和被修剪的对象,可以是直线、圆、圆弧、多段线和样条曲线等。被选中的对象既可以作为修剪边,又可以作为被修剪的对象。使用修剪命令可以把图形的一部分擦除掉。

1. 命令的执行方法

(1) 下拉菜单:"修改"→"修剪"。

(2) "修改"工具栏:"修剪"按钮 。

(3) 命令行输入:TRIM。

2. 命令提示和选项

命令:TRIM

当前设置:投影＝UCS,边＝无

选择剪切边 …

选择对象或<全部选择>：

上面提示中的第二行说明当前的修剪模式；"选择对象："要求用户选择作为剪切边的图形对象。用户可以连续选择多个对象作为剪切边,直到按回车键或者空格键结束对剪切边的选择;或者按回车键系统自动将全部图元选择为剪切边,接着提示：

选择要修剪的对象,按住 Shift 键选择要延伸的对象,或

[栏选(F)/窗交(C)/投影(P)/边(E)/删除(R)/放弃(U)]：

(1) 选择要修剪的对象：默认选项,要用户选择要修剪掉的对象。用户在该提示下,将拾取框移到希望被剪切掉的对象上单击左键,系统以剪切边为界,将选中的被剪切对象上位于拾取对象的那一侧剪切掉,并继续提示：

选择要修剪的对象,按住 Shift 键选择要延伸的对象,或

[栏选(F)/窗交(C)/投影(P)/边(E)/删除(R)/放弃(U)]：

(2) 按住 Shift 键选择要延伸的对象：提供延伸功能。如果用户按下 Shift 键;同时选择与修剪边不相交的对象,修剪边将变为延伸的边界,接下来将执行延伸命令的操作。

(3) 栏选(F)：用栏选方式选择被剪裁对象。

(4) 窗交(C)：用窗口方式选择被剪裁对象。

(5) 投影(P)：要求用户指定投影模式。选择该选项,系统接着提示：

输入投影选项[无(N)/UCS(U)/视图(V)]<UCS>：

① 无(N)：按实际三维空间的相互关系修剪,而不是在平面上按投影关系修剪。

② UCS(U)：默认模式。将对象和边投影到当前 UCS 的 XY 平面上修剪。

③ 视图(V)：在当前视图平面上修剪。

(6) 边(E)：确定修剪边与待剪对象是直接相交还是延长相交。

输入隐含边延伸模式[延伸(E)/不延伸(N)]<不延伸>：

① 延伸(E)：按延伸方式实现修剪。如果修剪边太短而没有与被剪边相交,系统会假想地将修剪边延长,然后再进行修剪。

② 不延伸(N)：只按边的实际相交情况修剪。

(7) 放弃(U)：取消上一次的操作。

【例 5.8】 用"修剪"命令,绘制如图 5.18(a)所示的图形。

(1) 单击"圆"命令,绘制大小不同的两个圆。

(2) 单击"直线"命令,绘制四条直线如图 5.18(b)所示。

(3) 单击"修剪"命令。

命令：TRIM<回车>

当前设置：投影=UCS,边=无

选择剪切边 …

选择对象或<全部选择>：(拾取大圆)

选择对象：<回车>

选择要修剪的对象,按住 Shift 键选择要延伸的对象,或

[栏选(F)/窗交(C)/投影(P)/边(E)/删除(R)/放弃(U)]:(拾取四条直线在大圆内的部分)

[栏选(F)/窗交(C)/投影(P)/边(E)/删除(R)/放弃(U)]:＜回车＞　如图5.18(c)所示。

TRIM＜回车＞

当前设置:投影＝UCS,边＝无

选择剪切边…

选择对象或＜全部选择＞:＜回车＞

选择要修剪的对象,按住Shift键选择要延伸的对象,或

[栏选(F)/窗交(C)/投影(P)/边(E)/删除(R)/放弃(U)]:(单击大圆位于四对平行线内的部分)　如图5.18(d)所示。

[栏选(F)/窗交(C)/投影(P)/边(E)/删除(R)/放弃(U)]:＜回车＞

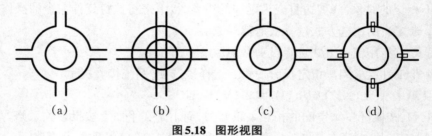

(a)　　　　　　　(b)　　　　　　　(c)　　　　　　　(d)

图5.18　图形视图

5.12　延　伸　EXTEND

该命令用于将指定的直线、圆弧和多段线延伸到指定的边界上。有效的边界线可以是直线、圆、圆弧、多段线和样条曲线等。所选择的对象既可以作为边界线,又可以作为被延伸的对象。在被延伸的对象上拾取点的位置,决定了对象要延伸的部分。用延伸命令可以使两个未相交的对象相交。

1. 命令的执行方法

(1)下拉菜单:"修改"→"延伸"。

(2)"修改"工具栏:"延伸"按钮 。

(3)命令行输入:EXTEND。

2. 命令提示和选项

命令:EXTEND＜回车＞

当前设置:投影＝UCS,边＝延伸

选择边界的边…

选择对象＜全部选择＞:要求用户指定延伸相交的边界线,选择后系统提示:

选择要延伸的对象,按住Shift键选择要修剪的对象,或

[栏选(F)/窗交(C)/投影(P)/边(E)/放弃(U)]:

各选项的含义与修剪中的相同选项的含义一致。修剪命令和延伸命令已实质上融为一体了,从上面对修剪命令的介绍可以看出,修剪命令能够完成延伸操作;同样延伸命令,也能完成修剪操作。而且两者的操作过程基本相似,要注意的是:使用延伸命令时,如果按下Shift键的同时选择对象,执行修剪命令;使用修剪命令时,如果按下Shift键的同时选择对象,则执行的是延伸命令。

例如,对图5.19(a)所示图形练习延伸命令的使用。

命令:EXTEND＜回车＞

当前设置:投影＝UCS,边＝无

选择边界的边…

选择对象或＜全部选择＞:(拾取外圆)

选择对象:＜回车＞

选择要延伸的对象,按住Shift键选择要修剪的对象,或

[栏选(F)/窗交(C)/投影(P)/边(E)/放弃(U)]:

(分别拾取正六边形内部直线的两端)

选择要延伸的对象,按住Shift键选择要修剪的对象,或

[栏选(F)/窗交(C)/投影(P)/边(E)/放弃(U)]:＜回车＞

(a)

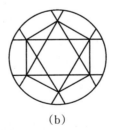
(b)

图5.19 图形视图

5.13 打断于点BREAK

该命令用于在选择的对象上选定一点,把对象在此点分解为两部分或者截断对象的某一部分。

1. 命令的执行方法

"修改"工具栏:"点打断"按钮 。

2.命令提示和选项

选择对象:选择要打断的对象。选择后系统接着提示:

指定第二个打断点或[第一点(F)]:F系统自动选择(F)选项,进入以下提示:

指定第一个打断点:要求用户确定第一个断点。

指定第二个打断点:@系统自动将第二个断点设置为"@",即两断点在同一位置。

5.14　打　断　BREAK

该命令可部分删除对象或把对象分解为两部分,与打断于点命令不同的是,它可在选定对象上的不同两点间进行打断。

1.命令的执行方法

(1)下拉菜单:"修改"→"打断"。

(2)"修改"工具栏:"打断"按钮 。

(3)命令行输入:BREAK。

2.命令提示和选项

选择对象:选择要打断的对象。选择后系统提示:

指定第二个打断点或[第一点(F)]:

(1)指定第二个打断点:系统默认把选择对象时的拾取点作为第一断点,需要用户指定第二个断点。如果直接点取对象上的另一点或者在对象的一端之外拾取一点,则系统将对象上位于两个拾取点之间的那部分对象删除。

(2)第一点(F):重新确定第一断点。键入"F"并按回车键,系统提示:

指定第一个打断点:(输入一点)<回车>

指定第二个打断点:(输入另一点)<回车>

系统将对象上位于两个断点之间的那部分对象删除。如果第一断点和第二断点重合,对象将被一分为二。

提示:

(1)用户也可以在"指定第二个打断点:"和"指定第二个打断点或[第一点(F)]:"提示下输入"@",使得第一、第二断点重合。

(2)对圆进行打断操作后,AutoCAD沿逆时针方向将圆上从第一断点到第二断点之间的那段圆弧删除掉。

例如,对图5.20(a)所示图形,练习打断命令的使用。

命令:BTEAK<回车>

选择对象:(拾取圆)

指定第二个打断点或[第一点(F)]:F<回车>

指定第一个打断点:(拾取点1)

指定第二个打断点:(拾取点2)

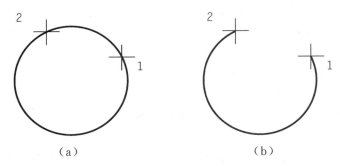

（a）　　　　　　　　　　　　　　（b）

图5.20　图形视图

5.15　合　并　JOIN

合并命令可将直线或圆弧合并成一个对象,但这些直线必须共线,圆弧必须同心。

1. 命令的执行方法

(1) 下拉菜单:"修改"→"合并"。

(2) "修改"工具栏:"合并"按钮➶。

(3) 命令行输入:JOIN。

2. 命令提示和选项

命令:JOIN

选择源对象或要一次合并的多个对象:选择作为源对象或者要一次合并的多个对象。

选择要合并的对象:选择要合并到源的对象,然后按回车键即可按照源对象的属性合并,如图5.21所示。

源对象　　　要合并的对象　　　　　　　合并的结果

图5.21　合并

5.16　倒　角　CHAMFER

该命令可在对象上绘制倒角,常用以绘制机械零件图上的倒角。

1. 命令的执行方法

(1) 下拉菜单:"修改"→"倒角"。

(2) "修改"工具栏:"倒角"按钮 ◯。

(3) 命令行输入:CHAMFER。

2. 命令提示和选项

命令:CHAMFER<回车>

("修剪"模式)当前倒角距离 1=0.0000,距离 2=0.0000

选择第一条直线或[放弃(U)/多段线(P)/距离(D)/角度(A)/修剪(T)/方式(E)/ 多个(M)]:

提示中的第一行说明当前的倒角模式。第二行提示的各个选项含义如下:

(1) 选择第一条直线:要求用户选择进行倒角的第一条直线。选择后接着提示:

选择第二条直线,或按住 Shift 键选择直线以应用角点或[距离(D)/角度(A)/方法(M)]:要求选择相邻的另一条直线,系统以当前倒角模式在两对象相交处进行倒角,或者按住 Shift 键选择以其他方式进行倒角。

(2) 多段线(P):对整条多段线的交角进行倒角。选择该项后,显示如下提示:

选择二维多段线或[距离(D)/角度(A)/方法(M)]:选择多段线后,系统对该多段线的各顶点以当前倒角模式倒角,或选择其他的倒角模式。

(3) 距离(D):设置倒角距离尺寸。选择该选项,系统依次提示:

指定第一个倒角距离:输入距离。

指定第二个倒角距离:输入距离。

选择第一条直线或[放弃(U)/多段线(P)/距离(D)/角度(A)/修剪(T)/方式(E)/多个(M)]:在该提示下继续倒角操作。

(4) 角度(A):指定倒角距离和角度。选择该选项,系统依次提示:

指定第一条直线的倒角长度:输入长度。

指定第一条直线的倒角角度:输入角度。

选择第一条直线或[放弃(U)/多段线(P)/距离(D)/角度(A)/修剪(T)/方式(E)/多个(M)]:在该提示下继续进行倒角操作。

(5) 修剪(T):是否将相应的倒角边进行修剪。选择该选项,系统接着提示:

输入修剪模式选项[修剪(T)/不修剪(N)]<修剪>:

① 修剪(T):倒角后对倒角进行修剪。

② 不修剪(N):倒角后对倒角不进行修剪。

(6) 方式(E):选择设置倒角的方法。选择该选项,系统接着提示:

输入修剪方法[距离(D)/角度(A)]:

① 距离(D):设置以两条边的倒角距离的方法来倒角。

② 角度(A):设置以一条边的距离以及相应的角度方法来倒角。

(7) 多个(M):同时对多个对象倒角。选择该选项,系统提示:

选择第一条直线或[放弃(U)/多段线(P)/距离(D)/角度(A)/修剪(T)/方式(E)/多个(M)]:在提示下连续选择多条相交对象进行倒角操作。

5.17 圆 角 FILLET

该命令可以用指定半径的圆弧连接两个图形对象。

1. 命令的执行方法

(1) 下拉菜单:"修改"→"圆角"。

(2) "修改"工具栏:"圆角"按钮⌐。

(3) 命令行输入:FILIET。

2. 命令提示和选项

命令:FILLET<回车>

当前设置:模式=修剪,半径=0.0000

选择第一个对象或[放弃(U)/多段线(P)半径(R)/修剪(T)/ 多个(M)]:

上面提示中的第一行说明当前为修剪模式,半径为0,第二行提示各个选项含义如下:

(1) 选择第一个对象:默认项。用户直接选择倒圆角的第一个对象后,系统提示:

选择第二个对象,或按住 Shift 键选择对象以应用角点或 [半径(R)]:选择第二个对象后,系统按当前设置在选定的图形间绘出圆角。

(2) 选择二维多段线或[半径(R)]:对整条多段线的交角处进行倒圆角。选择该项,AutoCAD接着提示:

选择二维多段线:选择多段线后,AutoCAD对该多段线的各顶点以当前模式圆角。

(3) 半径(R):设置圆角半径。选择该选项,系统接着依次提示:

指定圆角半径:输入半径。

选择第一条对象或[放弃(U)/多段线(P)/距离(D)/角度(A)/修剪(T)/多个(M)]:在该提示下继续完成圆角操作。

(4) 修剪(T):设置圆角的修剪模式,决定圆弧切点外的部分是否修剪掉。

输入修剪模式选项[修剪(T)/不修剪(N)]<修剪>:

① 修剪(T):修剪圆弧切点外的边。

② 不修剪(N):不进行修剪。

(5) 多个(M):同时对多个对象倒圆角。

【试一试】 绘制图5.22(a)所示的图案。

(1) 用"矩形"和"修剪"命令,先绘制如图5.22(b)所示的图形。

(2) 单击"倒角"命令。

命令:CHAMFER<回车>

（"修剪"模式）当前倒角距离1＝0.0000,距离2＝0.0000

选择第一条直线或[放弃(U)/多段线(P)/距离(D)/角度(A)/修剪(T)/方式(E)/多个(M)]:D<回车>

指定第一个倒角距离:5<回车>

指定第二个倒角距离:5<回车>

选择第一条直线或[放弃(U)/多段线(P)/距离(D)/角度(A)/修剪(T)/方式(E)/多个(M)]:P<回车>

选择二维多段线或[距离(D)/角度(A)/方法(M)]:(拾取图中最大的矩形)　如图5.22(c)所示。

FILLET<回车>

当前设置：模式＝修剪,半径＝0.0000

选择第一个对象或[放弃(U)/多段线(P)半径(R)/修剪(T)/多个(M)]:R<回车>

指定圆角半径:5<回车>

选择第一个对象或[放弃(U)/多段线(P)半径(R)/修剪(T)/多个(M)]:P<回车>

选择二维多段线:(拾取图中边框内的小矩形)

重复以上命令,将图内的直角倒为圆角,如图5.22(a)所示。

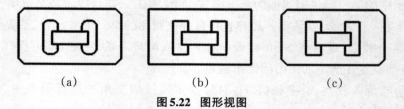

(a)　　　　　　　　(b)　　　　　　　　(c)

图5.22　图形视图

5.18　分　解　EXPLODE

EXPLODE命令用于分解一个复杂的图形对象。它可以使图块、填充图案、尺寸标注等关联对象分解为独立的单一对象。

1. 命令的执行方法

（1）下拉菜单："修改"→"分解"。

（2）"修改"工具栏："分解"按钮。

（3）命令行输入：EXPLODE。

2. 命令提示和选项

命令：EXPLODE

选择对象:要求用户选择待分解的对象。

注意:被分解的对象必须适合于分解,否则将出现错误的信息。

5.19　使用夹点编辑图形

用户可以使用夹点对选中的对象进行移动、拉伸、旋转、复制等修改,不必激活相应的修改命令。

5.19.1　夹点

当用户使用先选择对象后编辑的修改方式时,所选对象呈虚线显示,并在所选对象上出现若干蓝色小方框,这些小方框所确定的点为对象的特征点,在AutoCAD中称为夹点,如图5.23所示。

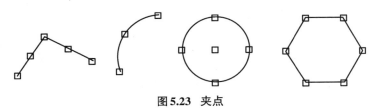

图5.23　夹点

5.19.2　设置夹点

使用夹点编辑图形必须先打开钳夹功能,方法是:打开"工具"下拉菜单,选择"选项",在打开的"选择集"选项卡中的"夹点"选项组中,选中"显示夹点"前的复选框。如图5.24所示。在该选项卡中还可以对代表特征点的小方框的颜色、大小进行设置。

5.19.3　使用夹点编辑图形

使用夹点编辑图形需选择一个夹点作为基准点,然后再选择一种修改方式。在所选对象的一个夹点上单击鼠标左键,该夹点变为红色填充状态,然后单击右键弹出快捷菜单如图5.25所示。选择要修改的命令后,依提示完成图形的修改。

【例5.9】　利用夹点编辑,绘制图5.25(a)所示的图形。

(1)用"画圆""直线"命令绘制如图5.25(b)所示图形。

(2)拾取小圆出现夹点如图5.25(b)所示。

(3)拾取小圆心处夹点后单击鼠标右键,在弹出的快捷菜单中选择"复制"如图5.25(c)

所示。系统提示:

　　拉伸(多重)

　　指定拉伸点:[基点(B)/复制(C)/放弃(U)/退出(X)]:(连续捕捉中心线圆与基准线的交点)<回车>

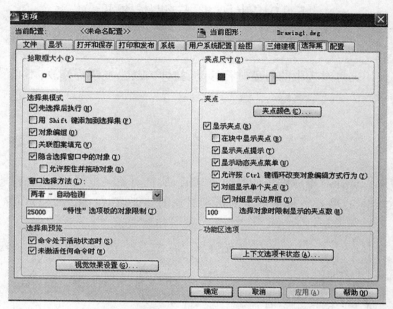

图5.24　"选项"对话框

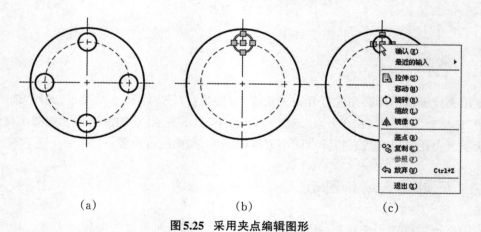

　　　　(a)　　　　　　　　　　(b)　　　　　　　　　　(c)

图5.25　采用夹点编辑图形

第6章 其他常用绘图命令

6.1 点 POINT

6.1.1 设置点的显式模式

POINT命令用于在屏幕上画一个点。点在绘图中主要作为辅助点或者标记使用。点的显示形式和大小可依据需要预先进行设置。

设置点的显示模式可操作如下：

(1) 下拉菜单："绘图"→"格式"→"点式样"。

(2) 命令行输入：DDPTYPE。

命令激活后,将显示一个如图6.1所示的"点样式"对话框,对话框中显示四行共20种点的样式。

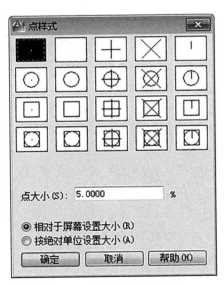

图6.1 "点样式"对话框

"点大小":用于设置点形状的大小。点的大小可以按照图形屏幕的百分比值或者直接以绘图单位来设置。采用第一种设置方式时请单击"相对屏幕设置大小"复选框,采用后一种设置方式时则单击"按绝对单位设置大小"复选框;然后在点大小框中键入相应的值。

在绘图中如果要用到点作标记,应尽量选用醒目的方式;而在绘图输出时请设置为默认的显示方式(方式值为0)。如果不想输出点,则可将其设置为空点(方式值为1)。改变方式后,点将以新的方式和大小重新显示。

6.1.2　绘制点的命令

1. 命令的执行方法

(1) 下拉菜单:"绘图"→"点"→"单点/多点"。

(2) 命令行输入:POINT。

2. 命令的提示与选项

命令:POINT<回车>

当前点的模式:PDMODE=0 PDSIZE=2

指定点:(输入点的位置)<回车>　在指定的位置画出一个点。

(1) 如果要绘制多个点则可执行如下操作:

① 下拉菜单:"绘图"→"点"→"多点"。

② "绘图"工具栏:"点"按钮 ·。

当前点的模式:PDMODE=0 PDSIZE=2

指定点:(输入点的位置)<回车>

指定点:(输入点的位置)<回车>　在指定的位置画出一点后,系统继续提示:

指定点:(输入点的位置)<回车>　输入位置后即画出一点并继续提示:

指定点:用户可继续画点或按回车键结束命令。

(2) 利用画点的"定数等分"命令可在选定的对象上绘制出等分点,用于绘图作业时的分段。

① 下拉菜单:"绘图"→"点"→"定数等分"。

② 命令行输入:DIVIDE。

【例6.1】　如图6.2所示,把一段圆弧六等分。

(1) 用画圆弧命令绘制一段弧。

(2) 下拉菜单:"绘图"→"格式"→"点式样",在"点样式"对话框中,设置点显示形式为⊗。

(3) 单击"点"命令 ·。

命令:DIVIDE<回车>

选择要定数等分的对象:(选择圆弧)<回车>

输入线段数目或[块(B)]:6<回车>　绘出图形如图6.2所示。

图 6.2　圆弧等分

【例 6.2】　绘制如图 6.3(a)所示的棘轮视图。

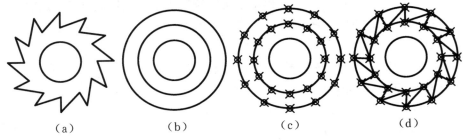

（a）　　　　　　（b）　　　　　　（c）　　　　　　（d）

图 6.3　棘轮视图

（1）用"圆"命令绘制三个半径不等的同心圆,如图 6.3(b)所示。

（2）将外圈的两个圆 12 等分,如图 6.3(c)所示。

① 下拉菜单:"绘图"→"格式"→"点式样",在"点样式"对话框中,设置点显示形式为⊗。

② 命令:DIVIDE＜回车＞

选择要定数等分的对象:(选择最外圈圆)

输入线段数目或[块(B)]:12＜回车＞

命令:DIVIDE＜回车＞

选择要定数等分的对象:(中间的圆)

输入线段数目或[块(B)]:12＜回车＞

（3）打开"草图设置"对话框中的"对象捕捉"选项卡,选中"节点"。并用"直线"命令依次连接两圆上的 12 个等分点,如图 6.3(d)所示。

（4）删除外圈的两圆。

6.2　填充圆环的命令 DONUT

DONUT 命令用于绘制填充圆环。圆环可以有任意的内径和外径。内径为 0 的圆环是一个实心圆;如果内径与外径相等,则填充圆环就是一个普通圆。圆环填充与否,可以通过 FILL 命令来控制。

1. 命令的执行方法

（1）下拉菜单:"绘图"→"圆环"。

（2）命令行输入：DONUT。

2. 命令的提示与选项

命令：DONUT＜回车＞

指定圆环的内径：60＜回车＞

指定圆环的外径：90＜回车＞

指定圆环的中心点：(输入一点)＜回车＞　画出如图6.4(a)所示的填充圆环。

指定圆环的中心点：＜回车＞　在提示下可继续输入中心点绘制圆环，或按回车键结束命令。能否填充由命令"FILL"控制。

命令：FILL

输入模式[开(ON)/关(OFF)]开：OFF＜回车＞

命令：DONUT＜回车＞

指定圆环的内径：60＜回车＞

指定圆环的外径：90＜回车＞

指定圆环的中心点：(输入一点)＜回车＞

指定圆环的中心点：＜回车＞　画出如图6.4(b)所示的未填充的圆环。

命令：DONUT

指定圆环的内径：0＜回车＞

指定圆环的外径：90＜回车＞

指定圆环的中心点：(输入一点)＜回车＞

指定圆环的中心点：＜回车＞　画出如图6.4(c)所示的实心圆。

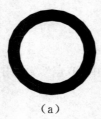　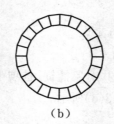　

（a）　　　　　　　　（b）　　　　　　　　（c）

图6.4　填充圆形的绘制

6.3　多线段 MLINE

MLINE命令用于绘制多线段。多线段是由数目和间距可以调整的多条平行线组成的图形对象，常用于绘制建筑物的墙体、电子线路等平行线对象。

1. 命令的执行方法

（1）下拉菜单："绘图"→"多线"。

(2) 命令行输入：MLINE。

2. 命令的提示与选项

命令：MLINE

当前设置：对正＝上，比例＝20.0000，样式＝STANDARD

指定起点或[对正(J)/比例(S)/样式(ST)]：

(1) 指定起点：默认选项，指定多线的起点。输入起点后系统继续提示：

指定下一点：(输入一点)＜回车＞ 画出第一条当前样式的多线。

指定下一点或[放弃(U)]：(输入一点)＜回车＞ 画出第二条两条多线。

指定下一点或[闭合(C)/放弃(U)]：选择"闭合(C)"，将使下一段多线与起点相连，并对所有多线段之间的接头进行圆弧过渡，然后结束该命令。选择"放弃(U)"，将删除最后画的一条多线，然后提示：

指定下一点：

(2) 对正(J)：指定多线元素与指定点之间的对齐方式。选择该选项系统提示如下：

输入对正类型[上(T)/无(Z)/下(B)]＜上＞：

① 上(T)：使多线元素相对选定点所确定的基线以最大偏移画出。从每条线段的起点向终点看，该多线的其他元素均在该基线右侧。如图6.5(a)所示。

② 无(Z)：使选定点所确定的基线为多线的中线，多线的中线将随光标移动。如图6.5(b)所示。

③ 下(B)：表示从左向右绘制多线时，多线的其他元素均在该基线左侧。如图6.5(c)所示。

(3) 比例(S)：用于确定多线元素偏移量的放大系数。最终在屏幕上画出的多线元素之间的距离，决定于在多线样式库中设置的偏移量和该放大系数的积。

(4) 样式(ST)：此选项用于在多线库中选择多线的样式。系统提示：

输入多线样式名称(?)：要求用户输入已有的样式名，也可输入"?"显示所有多线的样式。

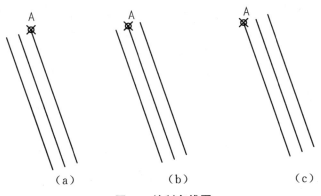

图6.5 绘制多线图

多线的样式可由用户根据需要进行定义。打开"格式"下拉菜单，选择"多线样式"，将弹出如图6.6所示的"多线样式"对话框。该对话框中显示了当前多线的样式。通过"新建"按钮可定义新的样式,"修改"用于对当前多线样式进行修改。单击"新建"按钮,弹出的对话框如图6.7所示,输入新样式名后单击"继续",弹出如图6.8所示的"新建多线样式"对话框。利用该对话框可以进行添加、减少多线,设置多线间的偏移距离,改变多线的颜色、线型及封口形式等操作。

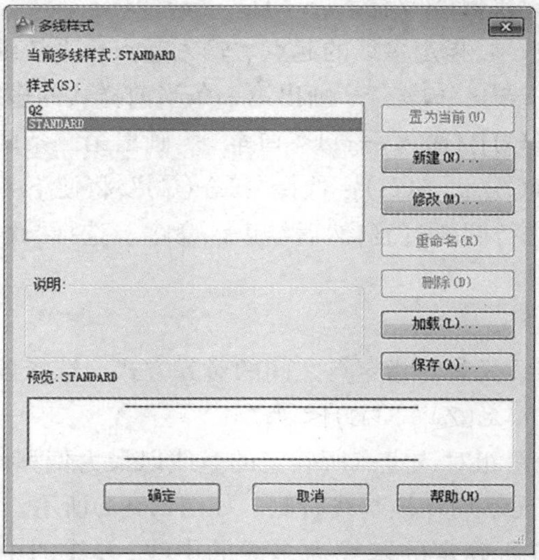

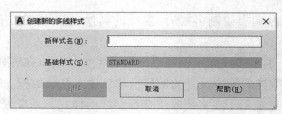

图6.6 "多线样式"对话框

图6.7 "创建新的多线样式"对话框

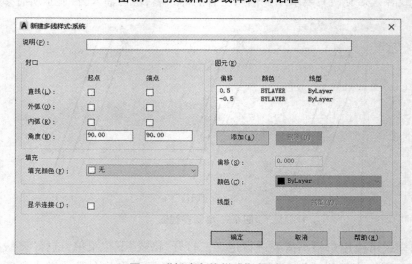

图6.8 "新建多线样式"对话框

【例 6.3】　绘制如图 6.9 所示的房屋平面图,墙体厚 240。

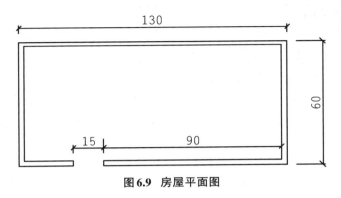

图 6.9　房屋平面图

(1) 先定义多线样式。

打开"格式"下拉菜单,选择"多线样式";在打开的"多线样式"对话框中单击"新建",输入新样式名后单击继续。在打开的"新建多线样式"对话框中(图 6.8),设置图元偏移量为 120 和 −120,封口的起点和终点均选直线,确认后退出。

(2) 下拉菜单:"绘图"→"多线",画墙体轮廓。

命令:MLINE

当前设置:对正＝上,比例＝20.0000,样式＝STANDARD

指定起点或[对正(J)/比例(S)/样式(ST)]:S<回车>

指定多线比例:0.01<回车>

指定起点或[对正(J)/比例(S)/样式(ST)]:(在屏幕上拾取一点为门洞右前点)

指定下一点:@90,0<回车>

指定下一点或[放弃(U)]:@0,60<回车>

指定下一点或[放弃(U)]:@−130,0<回车>

指定下一点或[放弃(U)]:@0,−60<回车>

指定下一点或[放弃(U)]:@25,0<回车>

指定下一点或[放弃(U)]:<回车>

6.4　修订云线 REVCLOUD

修订云线是由连续圆弧组成的多线段而构成的云线形对象,主要作为对象标记使用。用户可以从头开始创建云线,也可以将闭合对象(如圆、椭圆、封闭的多段线等)转换为修订云线。

1. 命令的执行方法

(1) 下拉菜单:"绘图"→"修订云线"。

(2)"绘图"工具栏:"修订云线"按钮 ❀。

2. 命令的提示与选项

命令:REVCLOUD<回车>

最小弧长2.0000　最大弧长2.0000　样式:普通

指定起点或[弧长(A)/对象(O)/样式(S)]:<对象>

(1)指定起点:指定起点,并拖动鼠标指定云线路径。

(2)弧长(A):指定组成云线的圆弧的弧长范围,选择该项,系统继续提示:

指定最小弧长<2.0000>:

指定最大弧长<2.0000>:

(3)对象(O):将封闭对象转换为云线。封闭对象包括圆、椭圆、矩形和多边形等。

【例6.4】 绘制如图6.10所示的云海图案。

图6.10 云海图案

该图案由三条云线组成。

命令:REVCLOUD<回车>

最小弧长15　最大弧长15　样式:普通

指定起点或[弧长(A)/对象(O)/样式(S)]<对象>:(移动鼠标在适当位置拾取一点)

沿云线方向移动十字光标…(移动光标画出合适的云线)<回车>

反转方向[是(Y)/否(N)]<否>:<回车>　画出第一条云线。

用同样的方法画另外两条云线。

【例6.5】 修订云线操作:绘制如图6.11(b)所示的图案。

(1)先画两个同心圆如图6.11(a)所示。

(2)单击"修订云线"命令 ❀。

命令:REVCLOUD<回车>

最小弧长2.0000　最大弧长2.0000　样式:普通

指定起点或[弧长(A)/对象(O)/样式(S)]:O<回车>

选择对象:(选择外圆)<回车>

反转方向[是(Y)/否(N)]<否>:<回车>　外圆变为如图6.11(b)所示形状。

(3)按回车键再次启动"修订云线"命令。

命令:REVCLOUD<回车>

最小弧长2.0000　最大弧长2.0000　样式:普通

指定起点或[弧长(A)/对象(O)/样式(S)]:O<回车>

选择对象:(选择内圆)<回车>

反转方向[是(Y)/否(N)]<否>:Y<回车>　内圆变为如图6.11(b)所示的形状。

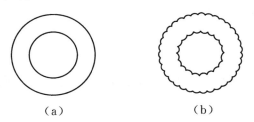

（a）　　　　　　　（b）

图6.11 云线修订

6.5 射 线 RAY

射线是从指定点向一个方向无限延伸的直线。

1. 命令的执行方法

(1) 下拉菜单:"绘图"→"射线"。

(2) 命令行输入:RAY。

2. 命令的提示与选项

RAY命令执行时,命令行显示如下提示:

命令:RAY

指定起点:要求确定射线的起点。

指定通过点:要求确定射线的通过点。

指定通过点:用户可连续指定射线通过点,画出不同方向的射线。直到按回车键结束命令。

6.6 图 案 填 充

　　进行平面艺术设计,图案填充是为了增强图形的表面效果;工程制图中,进行图案填充主要是为了表达物体的材料类别。比如机械制图、建筑制图中,因为表达的需要,常常假想把机器零部件或建筑物剖切开,剖切后断面(假想的剖切面和形体的接触面)的投影按国标规定应画出剖面符号,以帮助区分剖面区域与非剖面区域,或区分形体中的不同组成部分,表示构成一个物体的材料类别。工程制图中绘制剖面符号就是图案填充。

1. 命令的执行方式

(1) 工具栏:"绘图"→"图案填充"▨▾。

(2) 下拉菜单:"绘图"→"图案填充..."。

(3) 命令行输入:Bhatch。

2. 操作说明

命令执行后,系统弹出"图案填充创建"选项卡,如图6.12所示。

图6.12 图案填充的"图案填充创建"选项卡

下面介绍选项卡中主要项的功能。

(1)"边界"选项组。

填充区域边界的定义要注意以下几点:

·边界只能是直线、圆、圆弧和二维多义线等组成。

·边界必须在当前屏幕上全部可见。

·填充边界如果不封闭,则边界轮廓的间隙必须在允许的范围内。

·位于填充区域内的封闭区域称为"岛",如图6.13所示。岛内是否填充可以根据需要确定。

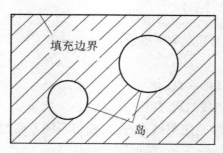

图6.13 填充边界与岛

① "添加:拾取点"按钮▨:根据围绕指定点所构成封闭区域的现有对象来确定边界。单击该按钮,AutoCAD临时切换到绘图屏幕,并提示:

拾取内部点或[选择对象(S)/设置(T)]:

此时在希望填充的封闭区域内任意拾取一点,AutoCAD会自动确定出包围该点的封闭填充边界,同时以虚线形式显示这些边界(如果设置了允许间隙,实际的填充边界则可以不封闭,见后面的介绍)。指定了填充边界后按回车键,AutoCAD返回到"图案填充和渐变色"对话框。图6.14列出了拾取点的操作过程。

还可以通过"选择对象(S)"选项来选择作为填充边界的对象;通过"设置(T)"弹出"图案填充和渐变色"设置选项卡,如图6.15所示。习惯经典操作界面的用户,可以通过此选项卡设置图案特性。

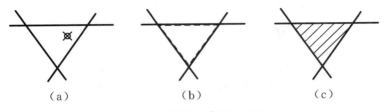

（a）　　　　　　　　　（b）　　　　　　　　　（c）

图6.14　拾取点的操作过程

图6.15　"图案填充和渐变色"设置选项卡

②"选择对象"按钮 ：根据构成封闭区域的选定对象来确定边界。单击该按钮，AutoCAD提示：

选择对象或[拾取内部点(K)/设置(T)]：

此时可以直接选择作为填充边界的对象，还可以通过"拾取内部点(K)"选项以拾取点的方式确定对象，通过"设置(T)"弹出"图案填充和渐变色"设置选项卡。确定了填充边界后按回车键，AutoCAD完成图案填充，并关闭"图案填充创建"选项卡。

注意：所拾取的对象必须首尾相连形成一个封闭的图形，如果所选择的对象有部分重叠或交叉，填充后将出现意想不到的效果，如图6.16所示。因此，建议用户优先选用"添加拾取点"的方式。

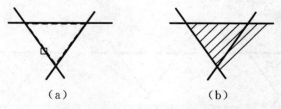

图6.16　拾取对象不是首尾相连时的填充效果

③ "删除"按钮 ：从已确定的填充边界中废除某些边界对象。单击该按钮，Auto-CAD临时切换到绘图屏幕，并提示：

选择对象或[添加边界(A)]:

此时可选择要删除的对象，也可以通过"添加边界(A)"选项确定新边界。删除或添加填充边界后按回车键，AutoCAD完成图案填充，并关闭"图案填充创建"选项卡。

④ "重新创建边界"按钮：围绕选定的填充图案或填充对象创建多段线或面域，并使其与填充的图案对象相关联(可选)。单击该按钮，AutoCAD提示：

输入边界对象的类型[面域(R)/多段线(P)]＜多段线＞:

从提示中执行某一选项后，AutoCAD继续提示：

要重新关联图案填充与新边界吗？[是(Y)/否(N)]＜N＞:

此提示询问用户是否将新边界与填充的图案建立关联，从中选择即可。

(2) "图案"。

点击图案右侧 按钮，查看系统预定义的全部图案。

机械制图中，金属材料的剖面符号是间隔相等且与水平方向成45°角的一组平行线，可选择名为"ANSI 31"的图案。

(3) "特性"选项组。

① 图案填充类型 图案 ：有实体、渐变色、图案和用户自定义四个选项，切换不同的选项，"图案"界面上显示相对应的图案。

② 图案填充颜色 使用当前项 ：更改图案的颜色。

③ 背景色 无 ：更改图案背景色。

④ 图案填充透明度 图案填充透明度 0 ：更改图案填充透明度。

⑤ 角度(G) 角度 0 ：下拉列表框。可以指定所选图案，相对于当前用户坐标系X轴的旋转角度。用户可以在文本框中输入角度，该框对所有类型图案都有效。

对于"ANSI 31"图案来说，系统已经预定义平行线和X轴正向成45°角，所以在图6.17所示的装配体中填充剖面线时，零件2的剖面线的旋转角应在角度下拉列表框中输入"90"，而不是"135"。

⑥ 比例(S) 1 ：下拉列表框。设置图案填充时的缩放比例系数，选择"用户定义"图案类型时无效。每种图案定义时的初始比例为1，用户可以根据需要放大或缩小，从而使图案在整个图形中显得比较协调。图6.18中，(b)图显然比较协调。

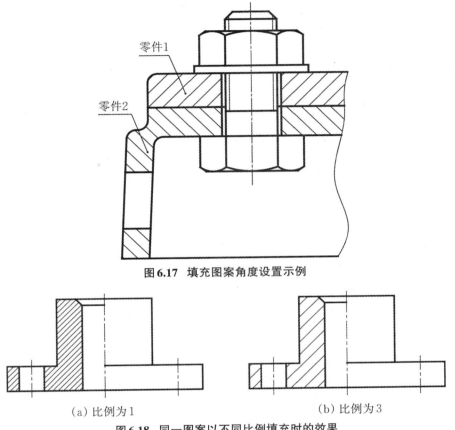

图 6.17　填充图案角度设置示例

（a）比例为 1

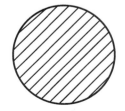

（b）比例为 3

图 6.18　同一图案以不同比例填充时的效果

（4）"原点"选项组。

用于确定生成填充图案时的起始位置。因为某些图案填充（如砖块图案）需要与图案填充边界上的一点对齐。在默认情况下，所有图案填充的原点都对应于当前的 UCS 原点。

（5）"选项"选项组。

用于控制几个常用的图案填充设置。

① "关联"复选框。控制所填充的图案与填充边界是否建立关联关系。一旦建立了关联，当通过编辑命令修改填充边界后，对应的填充图案会给予更新以与边界相适应。图 6.19 列出了关联填充和不关联填充两种设置的效果。

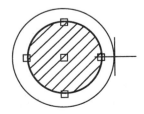

（a）编辑填充边界　　　（b）关联填充编辑后的效果　　（c）不关联填充编辑后的效果

图 6.19　关联填充与不关联填充

②"注释性":指根据视口比例自动调整填充图案比例。

③"特性匹配":控制图案填充原点的位置,下拉有"使用当前原点"和"用源图案填充原点"两个选项。

"使用当前原点":表示将使用当前的图案填充原点设置进行填充。

"用源图案填充原点":表示将使用源图案填充的图案填充原点进行填充。

④"外部孤岛监测":AutoCAD对孤岛的填充方式有"普通""外部""忽略""无"四种选择,位于"外部孤岛检测"下拉菜单的四个图像框形象地说明了它们的填充效果。填充图案时,将位于填充区域内的封闭区域称为孤岛。当以拾取点的方式确定填充边界后,Auto-CAD会自动确定出包围该点的封闭填充边界,同时还会自动确定出对应的孤岛边界。

3. 渐变色

通过图案填充命令按钮的下拉菜单可以切换为渐变色命令按钮。单击"渐变色"命令,弹出的"图案填充创建"选项卡,如图6.20所示。

图6.20　渐变色的"图案填充创建"选项卡

通过特性设置生成渐变色的两种颜色,选择图案设置渐变色效果,"居中"按钮用于指定是否采用对称形式的渐变配置,其他设置与图案填充选项卡执行方法相同。

【例6.6】　综合举例:对图6.21所示的图形进行图案填充。

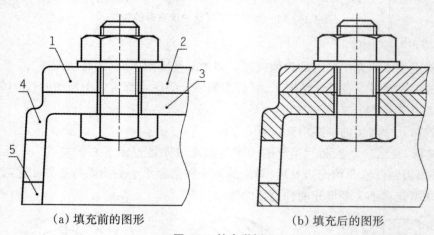

(a) 填充前的图形　　　　　　　　　　　(b) 填充后的图形

图6.21　综合举例

(1)单击"绘图"工具栏"图案填充"图标,打开"图案填充创建"选项卡。

(2)在"图案填充"选项卡的"图案"中定义填充图案为"ANSI 31"。

(3)单击"添加:拾取点"按钮,在作图屏幕上拾取图6.21中的1点和2点,按回车键或空格键,结束填充。

(4)再次单击"图案填充"按钮,重复前两个步骤,并将"角度"定义为90。

(5) 单击"添加:拾取点"按钮,在作图屏幕上拾取图6.21中的3点、4点和5点,按回车或空格键,结束填充。图6.21(b)为填充后的效果。

6.7　面　　域

圆、椭圆、多边形都是封闭图形,也可以由圆弧、直线、二维多段线、椭圆弧及样条曲线等对象构成封闭图形。但是,所有这些都只包含边的信息而没有面,因此它们又被称为线框模型。面域是二维实体模型,它不但包含边的信息,还有边界内的信息,如孔、槽等。AutoCAD能把上述封闭图形创建成面域。面域创建后,可以计算其工程属性,如面积、重心和转动惯量等,也可以利用面域生成三维实体模型。

在AutoCAD中绘制完成封闭图形后,可选择Region和Boundary命令创建面域。在这里只介绍用Region命令创建面域。

1. 命令的执行方式

(1) 工具栏:"绘图"→"面域"。

(2) 下拉菜单:"绘图"→"面域"。

(3) 命令行输入:Region。

2. 操作说明

命令执行后,系统提示:

选择对象:选择一个或多个用于转换为面域的封闭图形,选择完成后按回车键确认。

如选取有效,系统将该有效选取转换为面域,并在命令行提示检测到了多少个环以及创建了多少个面域。

在创建面域时应注意以下几点:

(1) 自相交或端点不连接的对象不能转换为面域,如图6.22所示。

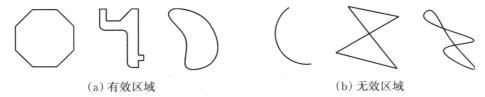

(a) 有效区域　　　　　　　　　　　　(b) 无效区域

图6.22　有效和无效的面域选取示例

(2) 面域通常以线框的形式显示,可以对面域进行着色或渲染操作。

(3) 可以对面域进行诸如复制、移动等编辑操作,也可以对面域进行分解操作,将面域的各个环转换成相应的线、圆等对象。

(4) 如果系统变量DELOBJ值为1(缺省值),AutoCAD在定义了面域后将删除原始对象;如果系统变量DELOBJ值为0,则不删除原始对象。

第7章 尺寸标注

尺寸标注是工程制图必不可少的工作。工程图纸中图形的作用是表达物体的形状,物体各部分的真实大小和它们之间的相对位置只能通过尺寸确定。

对于机械行业来说,零件在加工过程中,尺寸的误差以及零件表面的形状和表面间的相对位置的误差,是由尺寸公差以及形状公差和位置公差来限制的。尺寸和公差是制造零件、装配、安装及检验的重要依据。因此,一张完整的机械图样不仅要标注尺寸,还要标注公差。AutoCAD 提供了完整的尺寸和公差标注功能,同时还可以对其进行编辑和修改。

7.1 尺寸标注的基本知识

1. 尺寸的组成

一个完整的尺寸包括尺寸线、尺寸界线、尺寸线终端和尺寸文本四个要素。通常,AutoCAD 将构成一个尺寸的四要素以块的形式存放在图形文件中,因此,一个尺寸是一个对象。图 7.1 列出了一个典型尺寸各要素的名称。

(1) 尺寸线。尺寸线是表示尺寸标注的方向和长度的线段。除角度型尺寸标注的尺寸线是弧线段外,如图 7.2 所示,其他类型尺寸标注的尺寸线均是直线段。

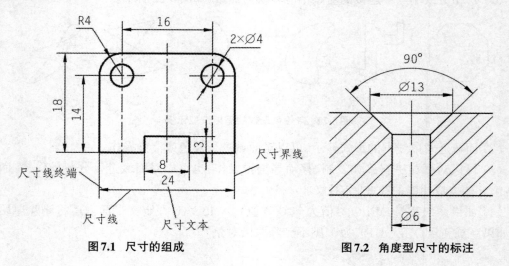

图 7.1 尺寸的组成   图 7.2 角度型尺寸的标注

（2）尺寸界线。尺寸界线是从被标注对象边界到尺寸线的直线，它界定了尺寸线的起始与终止范围。圆弧型尺寸的标注通常不使用尺寸界线，而是将尺寸线直接标注在弧上。

（3）尺寸线终端。尺寸线终端是添加在尺寸线两端的终结符号。在我国的国家标准中，规定可以用箭头、细斜线和圆点等。机械图样中一般用箭头，而在建筑图样中一般用短斜线。AutoCAD对尺寸线终端提供了多种形式。

（4）尺寸文本。尺寸文本是一个字符串，用于表示被标注对象的长度或者角度。尺寸文本中除了包含基本尺寸数字外，还可以含有前缀（如直径符号）、后缀（如尺寸公差）等，如图7.3所示。

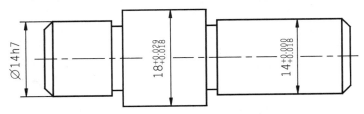

图7.3 尺寸文本含有前缀和后缀

2. 尺寸的类型

AutoCAD提供三种基本的尺寸类型：长度型、圆弧型和角度型。

（1）长度型尺寸。长度型尺寸用来表示直线的长度或者被测对象的距离。按尺寸线方向的不同，长度型尺寸标注又可分为：水平型、垂直型、对齐型、旋转型、坐标型、基线型和连续型。

（2）圆弧型尺寸。圆弧型尺寸分为半径型和直径型两种，分别用于标注圆和圆弧的半径和直径。

（3）角度型尺寸。角度型尺寸用于标注两条直线之间的夹角。此时，尺寸线为弧线。

图7.4列举了几种主要类型尺寸的标注法。

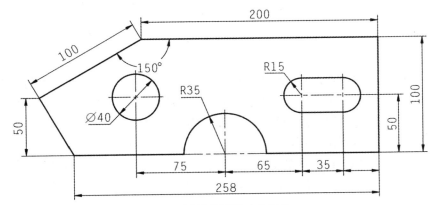

图7.4 不同类型尺寸的标注

3. 尺寸标注命令的执行方式

执行尺寸标注命令的方式主要有两种：

（1）使用"标注"工具栏标注尺寸，如图7.5所示。

（2）利用"标注"下拉菜单标注尺寸，如图7.6所示。

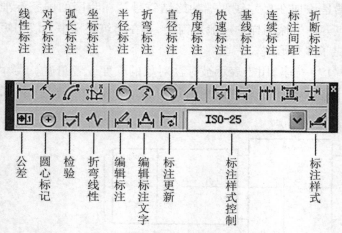

图7.5　使用工具栏标注尺寸　　　　　　图7.6　使用菜单标注尺寸

4. 尺寸标注的步骤

一般来说，在对所绘制的图形进行尺寸标注之前，应做下面一些工作：

（1）为尺寸标注创建一个独立的图层，使之与图形的其他信息分开。

（2）为尺寸文本建立专门的文本类型。按照我国对机械制图中尺寸数字的要求，字体文件可以选取"Gbenor.shx"（斜体）。

（3）为各种类型的尺寸创建正确的尺寸样式。

（4）标注尺寸时，应先设置好对象捕捉模式，以便利用对象捕捉快速、准确地拾取定义点。

7.2　设置尺寸标注的样式

由于AutoCAD尺寸标注的缺省设置通常不能满足用户的需要，因此，在标注尺寸时，首先要针对不同的尺寸类型设置多种标注样式。AutoCAD提供了"标注样式管理器"这一工具，可创建新的尺寸标注样式及管理、修改已有的尺寸标注样式。这样，通过对"标注样式管理器"的操作，就可以直观地实现对尺寸标注样式的设置和修改。

所有的尺寸标注都是在当前的标注样式下进行的。如果在进行尺寸标注之前没有设置或者应用样式，则系统将采用默认样式。

7.2.1 管理尺寸标注样式

1. 命令的执行方式

(1) 从"标注"或"样式"工具栏上单击"标注样式..."图标 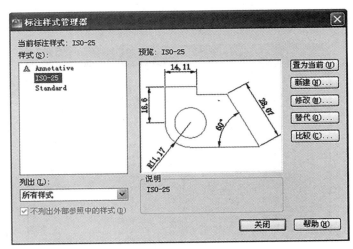。

(2) 打开"格式"下拉菜单,选择"标注样式..."选项。

(3) 从命令行输入Dimstyle并按回车键。

命令执行后,弹出如图7.7所示的"标注样式管理器"对话框。利用该对话框可以完成对尺寸标注样式的设置工作。

图7.7 "标注样式管理器"对话框

2. "标注样式管理器"对话框

"标注样式管理器"对话框是创建新的标注样式及管理已有标注样式的工具。对话框包括以下一些说明区和命令按钮。

(1) **当前标注样式**:显示当前尺寸标注样式名。系统将把该标注样式用于当前的尺寸标注中,直到用户改变当前标注样式。

(2) **样式(S)**:列表框。显示当前已建立的尺寸标注样式。当前样式的名字以高亮显示。在该列表框中单击鼠标右键,弹出快捷菜单,可在其中进行指定当前样式、重命名或删除样式等操作。

(3) **预览**:窗口。显示在列表框中选中样式标注的图形效果,"说明"区中内容为选中样式的说明。

(4) **列出(L)**:下拉列表框。提供了控制标注样式显示的过滤条件。有两种过滤条件:显示所有样式和显示所有正在使用的样式。

(5) **☑不列出外部参照中的样式(D)** 复选框。控制是否显示在外部参照图形中的标注样式。仅在图形中引入了外部参照时才有效。

(6) 置为当前(U) 按钮。单击该按钮,将"样式"列表框中选定的样式置为当前样式。

(7) 新建(N)... 按钮。建立一个新的尺寸标注样式,具体操作详见7.2.2节。

(8) 修改(M)... 按钮。修改已定义尺寸标注样式。单击后,弹出"修改标注样式"对话框,该对话框中各选项的功能和7.2.2节"新建标注样式"对话框相同。

(9) 替代(O)... 按钮。设置临时的尺寸标注样式,用来替代当前尺寸标注样式中的相应设置,这些临时设置不能存储,不会改变当前尺寸标注样式中的设置。单击后,弹出"替代当前样式"对话框,该对话框中各选项的功能和7.2.2节"新建标注样式"对话框相同。

(10) 比较(C)... 按钮。单击后,弹出"比较标注样式"对话框,如图7.8所示,用以比较两个标注样式之间的差别或查看一个样式的特性。

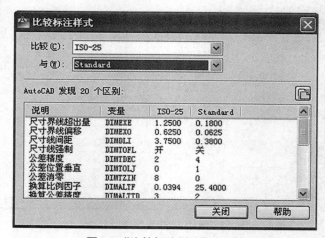

图7.8 "比较标注样式"对话框

7.2.2 创建新的标注样式

在如图7.7所示的"标注样式管理器"对话框中单击 新建(N)... 按钮,弹出"创建新标注样式"对话框,如图7.9所示,用以设置新的标注样式。对话框中的选项包括:

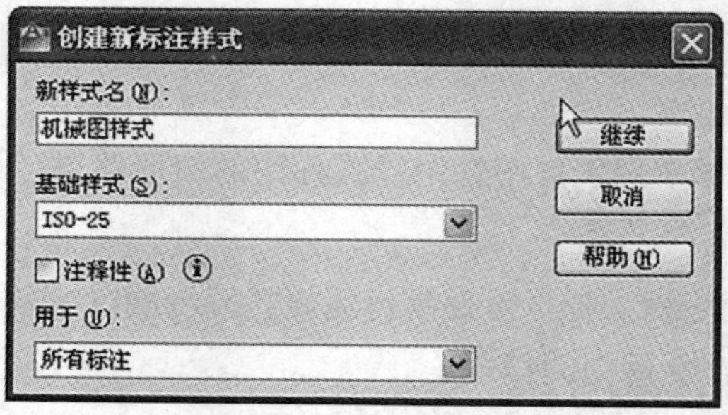

图7.9 "创建新标注样式"对话框

(1)"新样式名"编辑框。输入新创建的尺寸标注样式的名称。

(2)"基础样式"下拉列表框。选择新创建的标注样式将以哪个已有的样式为样板,即新样式以哪个已有样式为基础进行修改。

(3)"注释性"复选框。勾选"注释性"复选框,这样在基础样式的基础上创建了具有注释性的标注样式。

(4)"用于"下拉列表框。指定新创建的标注样式将应用于哪些类型的尺寸标注,也就是说,用户可以为不同类型的尺寸标注创建该类型专用的样式。在下拉列表中有7个选项可供选择:所有标注、线性标注、角度标注、半径标注、直径标注、坐标标注、引线与公差。

利用该下拉列表框,可选择是创建全局尺寸标注样式还是特定尺寸标注子样式。若选择了所有标注,将创建全局尺寸标注样式,该样式涵盖了所有类型尺寸标注样式。选择了列表框中的其他选项,将创建特定尺寸标注子样式。子样式仅适用于某一种类型的尺寸,是从属于全局尺寸标注样式的,即在全局尺寸标注样式的基础上对部分参数做了修改。例如,当标注直径尺寸时,如果当前样式是全局尺寸标注样式,那么系统将搜索在该全局样式下是否有直径标注子样式。如果有,将按照该子样式中设置的模式来标注尺寸;如果没有,将按全局尺寸标注样式所设置的模式来标注尺寸。

(5)"继续"按钮。单击后关闭"创建新标注样式"对话框并显示"新建标注样式"对话框。如图7.10所示。

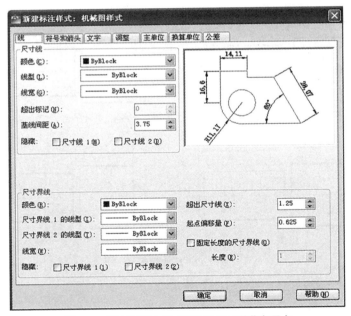

图7.10 "新建标注样式"对话框:"线"选项卡

"新建标注样式"对话框包括"线""符号与箭头""文字""调整""主单位""换算单位""公差"七个选项卡,下面分别介绍这些选项卡的作用。

1."线"选项卡

该选项卡用于设置尺寸线和尺寸界线的格式和属性。图7.10所示为与"线"选项卡对应的对话框。"线"选项卡包括"尺寸线""尺寸界线"选项组和预览窗口。

（1）"尺寸线"选项组。

用于设置尺寸线的样式。

① **颜色(C)**:、**线型(L)**:和**线宽(G)**:下拉列表框。显示或设置尺寸线的颜色、线型和线宽。默认选项为"随块",建议设置为"随层"以便于图层控制。

② **超出标记(N)**:文本框。指定尺寸线延伸到尺寸界线以外的长度,如图7.11所示。只有尺寸线终端选用斜线或建筑用斜线时,该选项才有效。

③ **基线间距(A)**:文本框。当选择基线型尺寸标注时,该选项用于控制相邻两个尺寸线间的距离,如图7.11所示。基线型尺寸各尺寸线的间距要均匀,间隔应大于5 mm,一般设为8 mm,以便注写尺寸文本。

④ 与**隐藏**:项对应的两个复选框。设置是否显示第一尺寸线和第二尺寸线。选中☐**尺寸线 1(M)**复选框,不显示第一尺寸线;选中☐**尺寸线 2**复选框,不显示第二尺寸线(一般不选)。其标注效果如图7.11所示。

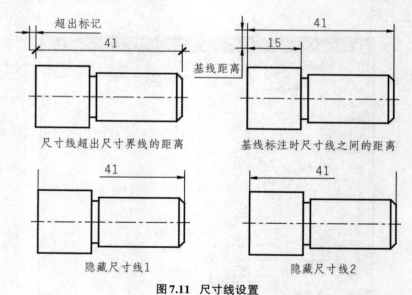

图7.11 尺寸线设置

（2）"尺寸界线"选项组。

用于设置尺寸界线的样式。

① **颜色(R)**:、**尺寸界线 1 的线型**、**尺寸界线 2 的线型**和**线宽(W)**:下拉列表框。显示或设置尺寸界线的颜色、两条尺寸界线的线型以及线宽。默认选项为"随块",一般建议设置为"随层"以便于图层控制。

② **超出尺寸线(X)**:文本框。控制尺寸界线超出尺寸线的长度,如图7.12所示。可设置为

2~3 mm。

③ **起点偏移量 (F)**：文本框。设置尺寸界线的起点到用户指定尺寸界线起点之间的距离。机械制图中这个偏移量设为0，建筑制图设为2 mm。其标注效果如图7.12所示。

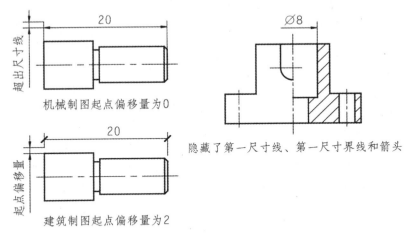

图7.12 尺寸界线设置

④ **☑固定长度的尺寸界线 (O)** 复选框。使所标注的尺寸采用相同长度的尺寸界线。如果采用这种标注方式，可通过 **长度 (E)**：文本框指定尺寸界线的长度。

⑤ 与 **隐藏** 项对应的两个复选框。选择是否显示第一尺寸界线和第二尺寸界线。选中 **☐尺寸界线 1(1)** 复选框，表示不显示第一尺寸界线；选中 **☐尺寸界线 2(2)** 复选框，表示不显示第二尺寸界线。如图7.12所示。

2．"符号和箭头"选项卡

该选项卡用于设置尺寸线终端的形状及尺寸、圆心标记、弧长符号、半径折弯标注方面的格式。图7.13为对应的对话框。

下面介绍选项卡中主要选项的功能。

(1)"箭头"选项组。

用于确定尺寸线两端的箭头样式。

① **第一个 (T)**：下拉列表框。设置尺寸线第一端点的终端形式。下拉列表中列出了各种形式，如箭头、斜线、点等，可以满足各种工程制图的需要。机械制图用实心箭头，建筑制图用斜线。如果在表中找不到所需要的形式，可以自定义。

② **第二个 (D)**：下拉列表框。设置尺寸线第二端点的终端形式。AutoCAD 允许尺寸线两端的终端形式不同，但工程制图中这种情况很少见。第一端点的终端形式选择后，系统默认第二端点与之相同。

③ **引线 (L)**：下拉列表框。引线标注时，设置指引线的终端形式。一般选择"无"，如图7.14所示。

④ **箭头大小 (I)**：文本框。设置尺寸线终端的大小。建议设为3。

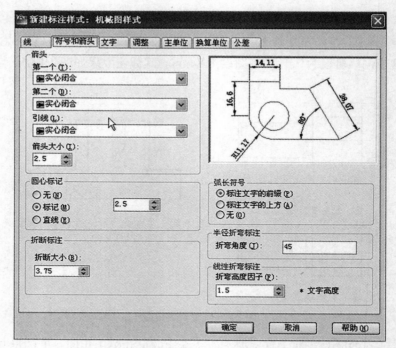

图7.13 "新建标注样式"对话框:"符号和箭头"选项卡

(2)"圆心标记"选项组。

用于确定当对圆或圆弧执行圆心标记操作时,圆心标记的类型和大小。

① ○**无(N)**、◎**标记(M)**、○**直线(E)** 单选按钮。设置圆心标记的形式,有"无""标记""直线"三种方式供用户选择。图7.15列出了圆心标记的设置效果。

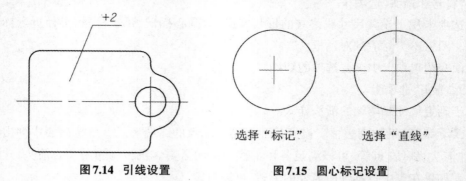

图7.14 引线设置　　　　　　　　**图7.15 圆心标记设置**

② 大小文本框。设置圆心标记的大小。

(3)"折断大小"选项。

用于控制折断标注的宽度。

(4)"弧长符号"选项组。

用于为圆弧标注长度时,控制圆弧符号的显示。其中,◎**标注文字的前缀(P)** 表示将弧长符号放在标注文字前面,○**标注文字的上方(A)** 表示将弧长符号放在标注文字上方,○**无(O)** 表示不显示弧长符号。如图7.16所示。

（a）弧长符号在标注文字前面 　（b）弧长符号在标注文字上方 　（c）无弧长符号

图7.16　弧长标注示例

（5）"半径折弯标注"选项组。

折弯半径标注通常用在所标注圆弧的中心点位于较远位置时。**折弯角度(J)**：文本框确定连接半径标注的尺寸界线与尺寸线之间的横向直线的角度。如图7.17所示。

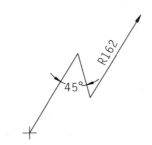

图7.17　折弯半径标注示例

3."文字"选项卡

该选项卡用于设置尺寸文字的外观、位置以及对齐方式。图7.18(b)所示为对应的对话框。

下面介绍选项卡中主要选项的功能。

（1）"文字外观"选项组。

① **文字样式(Y)**：下拉列表框。显示和设置尺寸文字的当前字体样式。如果当前图形文件中已定义的字体样式均不适合于尺寸文字，可在不退出本选项卡的情况下，单击右边的"文字样式"按钮，打开"文字样式"对话框，如图7.18(a)所示，新建一个字体样式，或对已定义的字体样式做适当的修改。

② **文字颜色(C)**：下拉列表框。设置尺寸文字的颜色。

③ **填充颜色(L)**：下拉列表框。设置尺寸文字底纹的颜色。

④ **文字高度(T)**：文本框。设置尺寸文字的字高，一般设置为3.5。只有在"文字样式"对话框的"高度"框设置为0时，这里的设置才起作用。

⑤ **分数高度比例(H)**：文本框。设置尺寸文字中的分数相对于其他尺寸文字的缩放比例，AutoCAD将该比例值与尺寸文字高度的乘积作为所标记分数的高度（只有在"主单位"选项卡中选择了"分数"作为单位格式时，此选项才有效）。

⑥ **☐绘制文字边框(F)** 复选框。选中该复选框，即在尺寸文本四周加一矩形框。

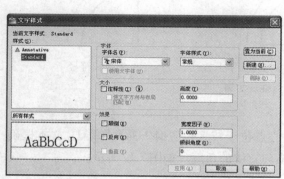

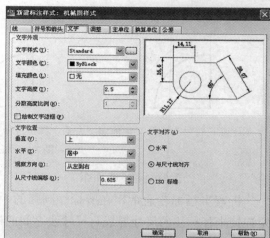

(a) "文字样式" 对话框　　　　　　　　　(b) "新建标注样式" 对话框:"文字" 选项卡

图7.18

(2) "文字位置" 选项组。

① **垂直(V)**:下拉列表框。设置尺寸文字相对于尺寸线在垂直方向的位置。下拉列表中共有5个选项:

· 居中。尺寸文字位于尺寸线(中断处)的正中位置。

· 上。尺寸文字位于尺寸线的上方。

· 外部。尺寸文字位于尺寸线的外侧,即远离标注对象的一侧。

· JIS。符合JIS(Japanese Industrial Standards)标准,即日本国标准。

· 下。尺寸文字位于尺寸线的下方。

图7.19列出了上述5种设置的效果。一般选择 "上" 选项。

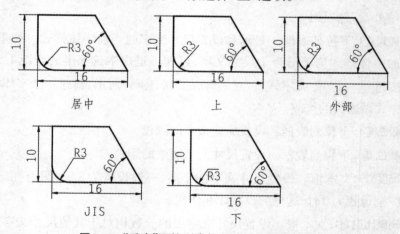

图7.19 "垂直" 下拉列表框各选项的设置效果

② **水平(Z)**:下拉列表框。设置尺寸文字相对于尺寸线在水平方向的位置。下拉列表中共有5个选项:

·居中。尺寸文字位于尺寸线的正中位置。

·第一条尺寸界线。尺寸文字靠近第一条尺寸界线,文字与尺寸界线的距离是两倍的箭头大小。

·第二条尺寸界线。尺寸文字靠近第二条尺寸界线,文字与尺寸界线的距离是两倍的箭头大小。

·第一条尺寸界线上方。尺寸文字沿第一条尺寸界线放置。

·第二条尺寸界线上方。尺寸文字沿第二条尺寸界线放置。

图7.20列出了上述5种设置的效果。一般选择"居中"选项。

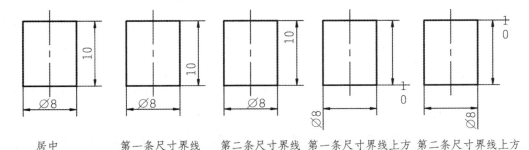

居中　　　　　第一条尺寸界线　第二条尺寸界线　第一条尺寸界线上方 第二条尺寸界线上方

图7.20 "水平"下拉列表框各选项的设置效果

③ **观察方向 (D)**:包括"从左到右"和"从右到左"两个选项。

④ **从尺寸线偏移 (O)**:文本框。设置尺寸文字到尺寸线的距离。如图7.21所示,通常设为1。

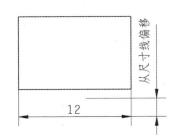

图7.21 尺寸文字与尺寸线的距离

(3)"文字对齐"选项组。

设置位于尺寸界线之内或位于尺寸界线之外的尺寸文字的标注方向。

① **○水平** 单选按钮。选择该按钮,文字无论是位于尺寸界线之内还是位于尺寸界线之外,都将沿水平方向标注。一般角度型尺寸标注选择此选项。

② **◉与尺寸线对齐** 单选按钮。选择该按钮,文字无论是位于尺寸界线之内还是位于尺寸界线之外,都将沿尺寸线方向标注,即和尺寸线相平行。一般长度型尺寸标注选择此选项。

③ **○ISO 标准** 单选按钮。选择该按钮,位于尺寸界线之内文字将沿尺寸线方向标注,

位于尺寸界线之外的文字将沿水平方向标注。一般圆弧型尺寸标注选择此选项。

图7.22列出了上述3种设置的效果。

水平　　　　　　　　与尺寸线对齐　　　　　　ISO标准

图7.22　尺寸文本不同放置方向的效果

4. "调整"选项卡

该选项卡用于设置尺寸文字、尺寸线、尺寸线终端、指引线等的相对排列位置及其他一些特征。图7.23所示为对应的对话框。

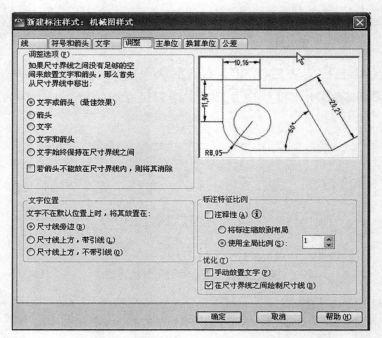

图7.23　"新建标注样式"对话框:"调整"选项卡

下面介绍选项卡中主要选项的功能。

(1)"调整选项"选项组。

如果尺寸界线间的距离足够大,系统始终将尺寸文字和箭头放在尺寸界线间。如果尺寸界线距离较近,系统将根据在"调整选项"区的设置来确定尺寸文字和箭头是放置在尺寸界线内部还是外部。

① ⊙**文字或箭头 (最佳效果)** 单选按钮。选择该按钮,系统将自动以最合适的方式在尺寸文字和箭头之间选择其一放置在尺寸界线之内。如果两者中间一个也放不下,则将它们都放在尺寸界线之外。

② ○**箭头** 单选按钮。选择该按钮,将优先将箭头从尺寸界线移出。

③ ○**文字** 单选按钮。选择该按钮,将优先将尺寸文字从尺寸界线移出。

④ ⊙**文字和箭头** 单选按钮。选择该按钮,将尺寸文字与箭头捆绑在一起放置。即当空间不允许同时放下文字和箭头时,则将箭头和文字都放置在两尺寸界线之外。

⑤ ○**文字始终保持在尺寸界线之间** 单选按钮。选择该按钮,将始终把尺寸文字放置在尺寸界线之间。

⑥ □**若不能放在尺寸界线内,则消除箭头** 复选框。选择该复选取框,当空间不够时,将隐藏箭头。

【说明】 在图7.24所示的直径尺寸中,将标注文字写在轮廓外侧,会有比较清晰的读图效果,而箭头方向最好是指向测量的表面。对于轴径标注,希望箭头在圆轮廓的外侧,因此,"文字和箭头"都要移出;对于孔径标注,希望箭头在圆轮廓的内侧,因此仅移出"文字"。

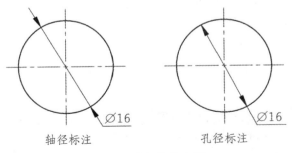

轴径标注　　　　　孔径标注

图7.24　直径标注实例

(2)"文字位置"选项组。

设置当尺寸文字从默认位置移动后,它的放置位置。

① ⊙**尺寸线旁边 (B)** 单选框。选中该单选框,尺寸文字标注在尺寸界线之外时标注在尺寸线旁边,如图7.25(a)所示。

② ○**尺寸线上方,带引线 (L)** 单选框。选中该单选框,尺寸文字标注在尺寸界线之外时标注在尺寸线之上,并带有引线,如图7.25(b)所示。

③ ○**尺寸线上方,不带引线 (O)** 单选框。选中该单选框,尺寸文字标注在尺寸界线之外时标注在尺寸线之上,但不带引线,如图7.25(c)所示。

(3)"标注特征比例"选项组。

设置尺寸标注的缩放系数。

① ○**将标注缩放到布局** 单选框。选中该按钮,在上述微调框中显示的是当前模型空间和

图纸空间的比例。该比例只在图纸空间有效。

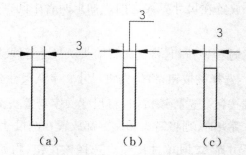

图7.25　尺寸文本的三种位置

② ⊙ **使用全局比例(S)**：单选框。设置所有尺寸标注的比例系数,该缩放系数不会影响尺寸标注的测量值。选中该按钮,可根据需要在其右侧微调框比例值。为了保证输出的图形与尺寸大小相匹配,可将该比例值设置为图形输出比例的倒数。

(4)"优化"选项组。

① ☐ **手动放置文字(P)**复选框。选中该框,标注时手工确定尺寸文字的放置位置。一般标注圆弧型尺寸选中该框。

② ☑ **在尺寸界线之间绘制尺寸线(D)**复选框。选中该框,当尺寸箭头放在尺寸界线外时,也会在尺寸界线之间绘制尺寸线。

5."主单位"选项卡

该选项卡用于设置主单位的格式、精度以及尺寸文字的前缀和后缀。图7.26所示为对应的对话框。

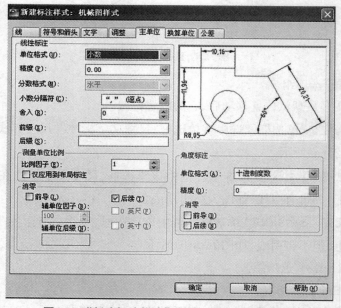

图7.26　"新建标注样式"对话框:"主单位"选项卡

下面介绍选项卡中主要项的功能。

(1)"线性标注"选项组。

用于设置线性标注单位的格式和精度。

① **单位格式(U)**：下拉列表框。设置尺寸单位的格式，下拉列表中有6个选项供用户选择：

· 科学。表示科学计数法。

· 小数。表示十进制计数，公制单位，该项为默认选项，一般选择此项。

· 工程。表示使用工程单位，数值单位为英尺、英寸，英寸用小数表示。

· 建筑。表示使用建筑单位，数值单位为英尺、英寸，英寸用分数表示。

· 分数。表示使用分数单位，小数部分用分数表示。

· Windows桌面。十进制格式，使用控制面板"区域设置"选项卡中小数分隔符和数字分组符的设置。

② **精度(P)**：下拉列表框。设置尺寸单位的精度。比如采用十进制计数时，利用该框确定保留多少位小数，此时下拉列表中有1~8位小数供选择。

③ **分数格式(M)**：下拉列表框。设置分数的格式。只有在"单位格式"中选择"分数"时该框才有效。下拉列表中有"水平""对角""非堆叠"3个选项供选择。

④ **小数分隔符(C)**：下拉列表框。设置小数分隔符。只有在"单位格式"中选择"小数"时该框才有效。下拉列表中有圆点(.)、逗点(,)、空格( )3个选项供选择。

⑤ **舍入(R)**：文本框。设置舍入精度。比如，尺寸测量值为5.0549，设置舍入值为0.0010，则尺寸文本标注为5.0550。

⑥ **前缀(X)**：文本框。设置标注尺寸的前缀，如直径符号或半径符号。此框中输入的前缀符号将替换任何默认的前缀符号。

⑦ **后缀(S)**：文本框。设置标注尺寸的后缀，如公差。

⑧ "测量单位比例"子选项组。

· **比例因子(E)**：文本框。设置尺寸测量时的比例系数。

· □**仅应用到布局标注** 复选框。选中该框，"比例因子"框中的比例只用在布局尺寸中。

⑨ "消零"子选项组。

· ☑**前导(L)** 复选框。选中后，忽略小数点前的0，如将以".500"替代"0.500"。

· ☑**后续(T)** 复选框。选中后，忽略小数点后的0，如将以"0.5"替代"0.500"。

· ☑**0 英尺(F)** 复选框。选中后忽略英尺位置的0，如以1/2″替代0′1/2″。

· ☑**0 英寸(I)** 复选框。选中后忽略英寸位置的0，如以1′替代1′0″。

(2)"角度标注"选项组。

设置角度尺寸的格式和精度。

① **单位格式(A)**：下拉列表框。设置角度尺寸的单位格式。下拉列表中有十进制、度/

分/秒制、百分度制、弧度制供选择,一般选择十进制。

② **精度(0)**:下拉列表框。设置角度尺寸的精度。

③ "消零"子选项组。操作和"线性标注"选项组相同。

6. "换算单位"选项卡

该选项卡用于确定是否使用换算单位以及换算单位的格式,图7.27所示为对应的对话框。工程设计中,包括我国在内的大部分国家采用公制单位,也有一些国家采用英制单位。为了便于技术交流与合作,可以在设置了主单位后再设置换算单位。"换算单位"的通常用法是:在公制单位尺寸处各添加英制尺寸标注。在尺寸文本中,换算单位显示在方括号[ ]中。角度型尺寸标注不能应用换算单位。

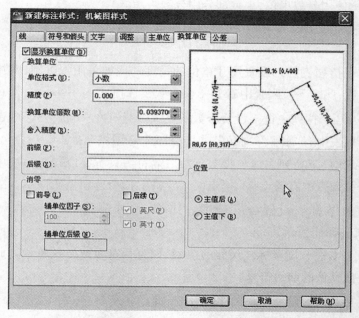

图7.27 "新建标注样式"对话框:"换算单位"选项卡

在"换算单位"选项卡中,有一部分选项与"主单位"选项卡中的选项完全相同,对这部分内容不再重复介绍。其他选项有:

(1) ☑**显示换算单位(0)** 复选框。

如果选择了该复选框,则在进行尺寸标注时,将同时标注出按替代单位测量的相应值。并且只有选择了该复选框,此选项卡其他选项的内容才能进行设置。

(2) "换算单位"选项组。

该区中的大部分选项内容与"主单位"选项卡中的选项完全相同。其中,

换算单位倍数(M):文本框用于设置尺寸标注主单位与替代单位之间的换算关系。例如,主单位采用公制,换算单位采用英制,因为1英寸=25.4毫米,则换算关系式为:1毫米/1英寸≈0.039370。

（3）"位置"选项组。

该区2个按钮用于设置替代值在标注时的位置。如果选择 ⊙**主值后 (A)** 单选按钮,将替代换算值放置在主单位值之后;如果选择 ○**主值下 (B)** 单选按钮,将替代值放置在主单位值之下。

图7.28给出换算单位的应用实例。

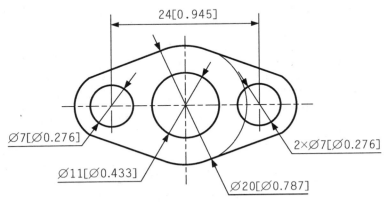

图7.28　换算单位应用实例

7. "公差"选项卡

"公差"选项卡用于公差标注时的格式及显示。这一部分内容将在7.3.10节详细介绍。

7.2.3 尺寸标注样式设置实例

创建符合国家标准名为"机械图样式"和"标注尺寸公差"的尺寸标注样式。

前面介绍了设置尺寸标注样式的主要内容,这里通过举例,使读者能综合运用所介绍的内容,设置出符合工程制图要求的尺寸标注样式。操作步骤如下:

（1）创建全局尺寸标注样式。

全局样式涵盖了长度型、圆弧型、角度型等所有尺寸类型,设置一些对所有尺寸类型都通用的公共尺寸变量。

① 单击"标注"工具栏上的"标注样式"图标,弹出如图7.7所示的"标注样式管理器"对话框。

② 单击"新建"按钮,弹出"创建新标注样式"对话框,如图7.9所示。在"新样式名"文本框中输入所建尺寸标注样式名称"机械图样式",其余使用缺省项。单击"继续"按钮,弹出"新建标注样式:机械图样式"对话框。

③ 在该对话框的"线"选项卡上进行如图7.29所示的设置。

· "尺寸线"选项组:**基线间距 (A)**:设为"8"。

· "尺寸界线"选项组:**超出尺寸线 (X)**:设为"2",**起点偏移量 (F)**:设为"0"。

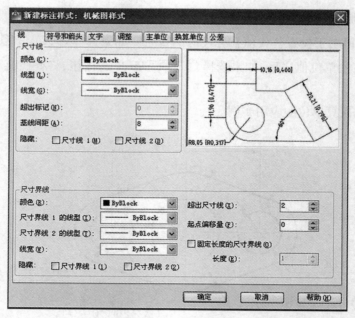

图7.29 "线"选项卡

④ 在"符号与箭头"选项卡上进行如图7.30所示的设置。

·"箭头"选项组：**箭头大小(I)**：设为"3.5"，其余使用缺省值。

·"圆心标记"选项组：大小设为"3.5"，其余使用缺省值。

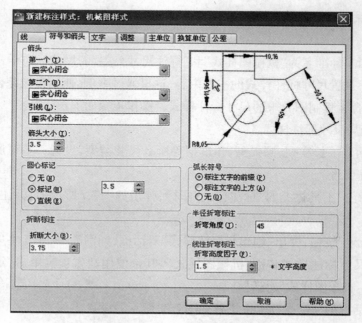

图7.30 "符号和箭头"选项卡

⑤ 在"文字"选项卡上进行如图7.31所示的设置。

· "文字外观"选项组：**文字样式(Y)**：选择4.8节"4. 应用举例"中设置的"工程字"样式，**文字高度(T)**：设为"3.5"。

· "文字位置"选项组：**从尺寸线偏移(O)**设为"1"，其余使用缺省值。

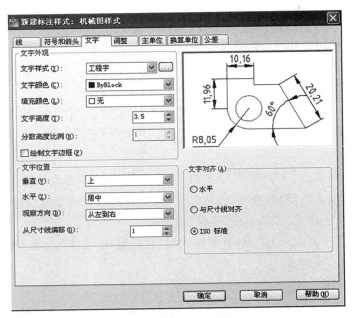

图7.31 "文字"选项卡

⑥ 在"主单位"选项卡上进行如图7.32所示的设置。

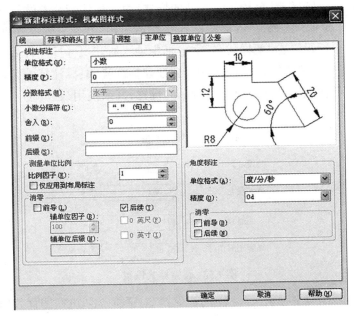

图7.32 "主单位"选项卡

· "线性标注"选项组: **精度(P)**: 设为"0", **小数分隔符(C)**: 设为"'.'(句点)"。

· "角度标注"选项组: **单位格式(A)**: 设为"度/分/秒", **精度(O)**: 设为"0d"。

全部设置完毕后,单击"确定"按钮,回到"标注样式管理器"对话框。

(2) 创建特定尺寸标注子样式。

子样式是在父样式——全局样式下设置的,从属于全局样式,是对某一类型的尺寸而言的,针对该类型尺寸对尺寸变量的特殊要求进行一些设置,如图7.7所示,是在"机械图样式"父样式下的4个子样式。

① 创建"半径"子样式。

在如图7.7所示"标注样式管理器"对话框中选左侧"样式"框中的"机械图样式",然后单击右侧的"新建"按钮,弹出"新建标注样式:机械图样式:半径"对话框,在该对话框中进行如下设置:

· 在"文字"选项卡的"文字对齐"选项组中,选中 ○**ISO 标准** 单选按钮。

· 在"调整"选项卡的"调整选项"选项组中,选中 ◉**文字和箭头** 单选按钮。

② 创建"直径"子样式。与"半径"子样式相同。

③ 创建"角度"子样式。与"半径"子样式类似,只是在"文字"选项卡的"文字对齐"选项组中,选中 ○**水平** 单选按钮。

④ 创建"线性"子样式。

· 在"文字"选项卡的"文字对齐"选项组中,选中 **与尺寸线对齐** 单选按钮。

· 在"调整"选项卡的"调整选项"选项组中,选中 ◉**文字或箭头 (最佳效果)** 单选按钮。

(3) 设置带尺寸公差参数的样式。

该样式是与"机械图样式"全局样式并列的样式,用于标注带公差的尺寸。

点击图7.7中"样式"框中的"机械图样式",然后单击"新建"按钮,弹出"创建新标注样式"对话框,如图7.9所示。在"新样式名"文本框中输入所建尺寸标注样式名称"标注尺寸公差",其余使用缺省项。单击"继续"按钮,弹出"新建标注样式:标注尺寸公差"对话框。在对话框中选中"公差"选项卡,进行如图7.33所示的设置,其余使用缺省值。

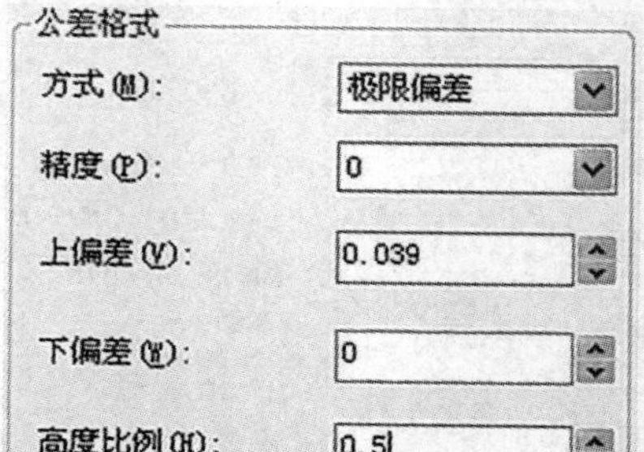

图7.33 公差格式设置

设置完成后回到图7.7所示"标注样式管理器"对话框,将"机械图样式"置为当前样式后退出。

7.3 各种尺寸标注方法

7.1节已经介绍了在进行尺寸标注前应做的准备工作,即:创建独立的图层和文字样式;针对不同类型的尺寸设置尺寸标注样式;设置好对象捕捉的模式。

完成上述工作就可以进行尺寸标注了。AutoCAD的尺寸标注采用半自动方式,所谓的半自动,是指既有自动测量又有交互操作。尺寸的大小是系统自动测量的;所标注尺寸对象的选择,尺寸线位置的确定是手工来指定的。其可通过两种方式来完成:① 选择要标注尺寸的对象,然后指定尺寸线的位置;② 指定尺寸界线的两个端点,并确定尺寸线的位置。下面开始介绍各种类型尺寸的标注方法。

7.3.1 长度型尺寸标注

1. 线性标注

(1) 命令的执行方式。

① 工具栏:"标注"→"线性标注"▯。

② 下拉菜单:"标注"→"线性"。

③ 命令行输入:Dimlinear。

(2) 操作说明。

命令执行后,系统提示:

指定第一条尺寸界线原点或<选择对象>:该提示有两个选项,可以直接指定一点作为第一条尺寸界线的起始点,或者按回车键则执行"选择对象"选项。下面对两种情况分别进行介绍。

① 确定第一条尺寸界线的起始点。

指定第一点后,系统继续提示:

指定第二条尺寸界线原点:指定第二点后,又提示:

指定尺寸线位置或[多行文字(M)/文字(T)/角度(A)/水平(H)/垂直(V)/旋转(R)]:可以直接在屏幕上指定一点以确定尺寸线的位置,随后系统以测量值为默认值标注尺寸文字;或者选择执行方括号内的某个选项,执行方法是输入各选项圆括号内的字母并按回车键。各选项的功能如下:

(a) 多行文字(M)。通过对话框输入文字。

输入"M"并按回车键,系统弹出"在位文字编辑器"对话框,用户可在该对话框中以多行文字的方式键入新的尺寸文本。对话框中原有的尖括号表示原来的测量值,所以如果要保留原来的测量值,则不要删除该尖括号;如果要用新值代替原来的值,则必须删除该尖括号。

(b) 文字(T)。通过命令行输入文字。

输入"T"并按回车键,系统将提示:

输入标注文字<***>:要求用户确定和修改尺寸文字,如直接按回车键,则接受测量值;否则输入修改后的尺寸文本。括号内的数值为尺寸文本的测量值。

(c) 角度(A)。指定尺寸文本的旋转角度。

输入"A"并按回车键后,系统提示:

指定标注文字的角度:注意这里要旋转的仅仅是尺寸文本,不是整个尺寸。

(d) 水平(H)。强制进行水平型尺寸标注。

(e) 垂直(V)。强制进行垂直型尺寸标注。

(f) 旋转(R)。确定尺寸的旋转角度。这里旋转的是整个尺寸。

如果执行上述某个选项后,系统继续提示:

指定尺寸线位置或[多行文字(M)/文字(T)/角度(A)/水平(H)/垂直(V)/旋转(R)]:指定尺寸线的位置或者继续执行某个选项。

② 直接按回车键。

如果在"指定第一条尺寸界线原点或<选择对象>:"提示下直接按回车键,系统提示:

选择标注对象:

指定尺寸线位置或[多行文字(M)/文字(T)/角度(A)/水平(H)/垂直(V)/旋转(R)]:

(3) 应用举例。

标注图7.34中的尺寸。

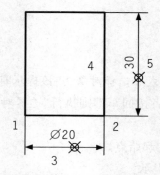

图7.34 长度型尺寸标注示例

① 标注圆柱直径。

单击"标注"工具栏"线性标注"图标,系统提示:

指定第一条尺寸界线原点或<选择对象>:选取1点。

指定第二条尺寸界线原点:选取2点。

指定尺寸线位置或[多行文字(M)/文字(T)/角度(A)/水平(H)/垂直(V)/旋转(R)]: T

输入标注文字<20>: %%c20

指定尺寸线位置或[多行文字(M)/文字(T)/角度(A)/水平(H)/垂直(V)/旋转(R)]:选取3点。

② 标注圆柱高。

单击"标注"工具栏"线性标注"图标,系统提示:

指定第一条尺寸界线原点或<选择对象>:<回车>

选择标注对象:点取4点,以选择4点所在的直线。

指定尺寸线位置或[多行文字(M)/文字(T)/角度(A)/水平(H)/垂直(V)/旋转(R)]:选取5点。

2. 对齐标注

(1) 命令的执行方式。

① 工具栏:"标注"→"对齐标注"。

② 下拉菜单:"标注"→"对齐"。

③ 命令行输入:Dimaligned。

(2) 操作说明。

命令执行后,系统提示:

指定第一条尺寸界线原点或<选择对象>:和长度型尺寸相同,有两个选项。

指定尺寸界线的两个端点或直接回车选择要标注的对象后,系统继续提示:

指定尺寸线位置或[多行文字(M)/文字(T)/角度(A)]:指定一点做尺寸线的位置,方括号内的选项含义和线性标注相同,这里不再重复。

(3) 应用举例。

标注图7.35中直线AB的尺寸。

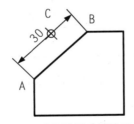

图7.35 对齐型尺寸标注示例

单击"标注"工具栏"对齐标注"图标,系统提示:

指定第一条尺寸界线原点或<选择对象>:选取A点。

指定第二条尺寸界线原点:选取B点。

指定尺寸线位置或[多行文字(M)/文字(T)/角度(A)]:选取C点。

7.3.2 圆弧型尺寸标注

1. 标注半径尺寸

(1) 命令的执行方式。

① 工具栏:"标注"→"半径"。

② 下拉菜单:"标注"→"半径"。

③ 命令行输入:Dimradius。

（2）操作说明。

命令执行后,系统提示:

选择圆弧或圆:选择要标注的圆弧。

指定尺寸线位置或[多行文字(M)/文字(T)/角度(A)]:指定一点确定尺寸线位置,或选择"多行文字""文字""角度"选项来设置尺寸文字及尺寸文字的倾斜角度。

2. 标注直径尺寸

（1）命令的执行方式。

① 工具栏:"标注"→"直径" ⊘。

② 下拉菜单:"标注"→"直径"。

③ 命令行输入:Dimdiameter。

（2）操作说明。

与标注半径尺寸的操作过程相同。

3. 应用举例

标注图 7.36 中的尺寸。

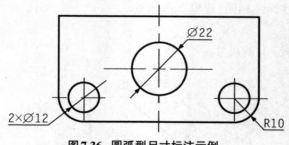

图7.36　圆弧型尺寸标注示例

（1）标注半径尺寸。

单击"标注"工具栏的"半径"图标,系统提示:

选择圆弧或圆:选择右下角的圆弧。

指定尺寸线位置或[多行文字(M)/文字(T)/角度(A)]:选取一点确定尺寸线位置。

（2）标注直径尺寸。

单击"标注"工具栏的"直径"图标,系统提示:

选择圆弧或圆:选择左下角的小圆。

指定尺寸线位置或[多行文字(M)/文字(T)/角度(A)]:T　按回车键。

输入标注文字<3>:2*%%c12　按回车键。

指定尺寸线位置或[多行文字(M)/文字(T)/角度(A)]:选取一点确定尺寸线位置。

按回车键,重复执行直径标注命令,标注中间的圆。

4. 标注弧长

(1) 命令的执行方式。

① 工具栏:"标注"→"弧长" ⌒。

② 下拉菜单:"标注"→"弧长"。

③ 命令行输入:Dimarc。

(2) 操作说明。

命令执行后,系统提示:

选择弧线段或多段线弧线段:选择要标注的圆弧。

指定弧长标注位置或[多行文字(M)/文字(T)/角度(A)/部分(P)/引线(L)]:指定一点确定弧长标注位置,方括号内前三个选项与线性标注相同,下面介绍"部分"和"引线"选项。

① 部分(P)。标注部分圆弧的弧长。执行该选项,系统提示:

指定圆弧长度标注的第一个点:

指定圆弧长度标注的第二个点:

② 引线(L)。添加引线对象(箭头)。执行该选项,系统提示:

指定弧长标注位置或[多行文字(M)/文字(T)/角度(A)/部分(P)/无引线(N)]:此时可执行"无引线"选项,以取消引线对象。

仅当圆弧(或弧线段)大于90°时才会显示此选项。引线是按径向绘制的,指向所标注圆弧的圆心。另外,弧长符号的放置位置可通过如图7.13所示的"符号和箭头"选项卡设置。弧长的标注效果如图7.37所示。

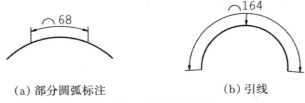

(a) 部分圆弧标注　　　　　(b) 引线

图7.37 弧长标注示例

5. 标注折弯半径

(1) 命令的执行方式。

① 工具栏:"标注"→"折弯" ⌒。

② 下拉菜单:"标注"→"折弯"。

③ 命令行输入:Dimjogged。

(2) 操作说明。

命令执行后,系统提示:

选择圆弧或圆:选择要标注的圆弧或圆。

指定图示中心位置:指定折弯半径标注的新中心点,以替代圆弧或圆的实际中心点。指定一个点后,系统提示:

标注文字 = **** 显示所测量的选定对象半径。

指定尺寸线位置或[多行文字(M)/文字(T)/角度(A)]:选择尺寸的位置或选择"多行文字""文字""角度"选项来设置尺寸文字及尺寸文字的倾斜角度。

指定折弯位置:指定折弯位置。折弯角度可通过图7.13所示的"符号和箭头"选项卡设置。

折弯半径标注效果如图7.38所示。

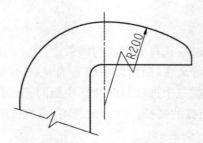

图7.38　折弯半径标注示例

7.3.3　角度型尺寸标注

1. 命令的执行方式

(1) 工具栏:"标注"→"角度标注"△。

(2) 下拉菜单:"标注"→"角度"。

(3) 命令行输入:Dimangular。

2. 操作说明

命令执行后,系统提示:

选择圆弧、圆、直线或<指定顶点>:可选择要标注的圆、圆弧、角的一边或直接按回车键后选择三点来标注角度。

(1) 选择圆弧。标注圆弧的圆心角。选择圆弧后,系统继续提示:

指定标注弧线位置或[多行文字(M)/文字(T)/角度(A)]:选择一点确定尺寸线的位置,或者选择方括号内的可选项,各选项的含义与操作与前面介绍相同。

(2) 选择圆。以圆心作为角的顶点,以圆周上指定的两点作为角的两个端点,来标注角度。在圆周上点取一点(该点将作为角的第一个端点)后,系统提示:

指定角的第二个端点:在圆周上选择一点作为要标注角度的圆弧的第二个端点。

指定标注弧线位置或[多行文字(M)/文字(T)/角度(A)]:操作同上。

(3) 选择直线。标注两条直线的夹角。选择第一条直线后,系统提示:

选择第二条直线:选择角的另一边。

指定标注弧线位置或[多行文字(M)/文字(T)/角度(A)]:操作同上。

(4) 直接按回车键。选择三点标注角度,按回车键后系统提示:

指定角的顶点:

指定角的第一个端点：

指定角的第二个端点：

指定标注弧线位置或[多行文字(M)/文字(T)/角度(A)]：操作同上。

图7.39列出上述4个选项的执行结果。

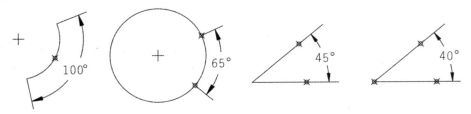

图7.39 标注角度型尺寸的4种方式

3. 应用举例

标注图7.40中的尺寸。

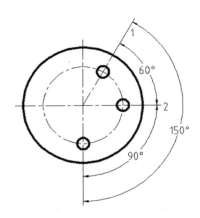

图7.40 角度型尺寸标注示例

单击"标注"工具栏的"角度标注"图标，系统提示：

选择圆弧、圆、直线或<指定顶点>：选择直线1。

选择第二条直线：选择直线2。

指定标注弧线位置或[多行文字(M)/文字(T)/角度(A)]：选取一点作为尺寸线的位置。

按回车键，重复执行角度标注命令。其余2个角度尺寸的标注与上述类似，不再重复。

7.3.4 基线标注

1. 命令的执行方式

(1) 工具栏："标注"→"基线标注" ⊨ 。

(2) 下拉菜单："标注"→"基线"。

(3) 命令行输入：Dimbaseline。

2. 操作说明

使用基线型尺寸标注命令之前,应明确以下几点:

(1) 标注基线型尺寸要求事先标注出一个尺寸,而且该尺寸还必须是线性尺寸、角度尺寸或坐标尺寸的某一类型。

(2) 系统默认把已标尺寸的第一条尺寸界线作为基准,后面所标尺寸把该尺寸界线作为公共的第一尺寸界线。

(3) 基线型尺寸的尺寸线间隔相同,距离是在如图7.10所示的"新建标注样式"对话框中的"基线间距"文本框中设置的。

命令执行后,系统提示:

指定第二条尺寸界线原点或[放弃(U)/选择(S)]<选择>:第一条尺寸界线和已标尺寸共用,指定一点作为第二条尺寸界线,即可进行标注,此后,系统反复出现提示,可进行多次基线标注。

方括号内有两个选项:

① 放弃(U)。输入"U"并按回车键,表示取消上一次的基线标注。

② 选择(S)。直接按回车键则执行该选项,系统继续提示:

选择基准标注:选择已标注的某一尺寸作为基准,选取后继续提示:

指定第二条尺寸界线原点或[放弃(U)/选择(S)]<选择>:

3. 应用举例

标注图7.41中的尺寸。

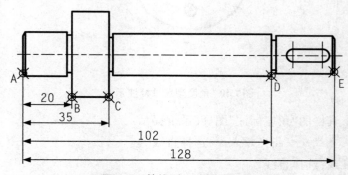

图7.41 基线型尺寸标注示例

(1) 标注长度型尺寸20。

单击"标注"工具栏"线性标注"图标,系统提示:

指定第一条尺寸界线原点或<选择对象>:选取A点

指定第二条尺寸界线原点:选取B点。

指定尺寸线位置或[多行文字(M)/文字(T)/角度(A)/水平(H)/垂直(V)/旋转(R)]:指定尺寸线位置。

(2) 标注基线型尺寸35、102、128。

单击"标注"工具栏"基线标注"图标,系统提示:

指定第二条尺寸界线原点或[放弃(U)/选择(S)]<选择>:选取C点。
指定第二条尺寸界线原点或[放弃(U)/选择(S)]<选择>:选取D点。
指定第二条尺寸界线原点或[放弃(U)/选择(S)]<选择>:选取E点。

7.3.5 连续标注

1. 命令的执行方式

(1) 工具栏:"标注"→"连续" 。

(2) 下拉菜单:"标注"→"连续"。

(3) 命令行输入:Dimcontinue。

2. 操作说明

连续型尺寸标注和基线型尺寸标注的操作过程是类似的,故不赘述。两者的区别是:连续型尺寸标注的基准是动态的,这些尺寸首尾相连(除第一个和最后一个尺寸外),前一个尺寸的第二尺寸界线就是后一个尺寸的第一尺寸界线。

3. 应用举例

标注图7.42中的尺寸。操作过程与基线型尺寸标注类似。

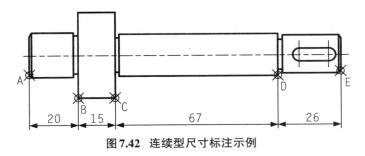

图7.42 连续型尺寸标注示例

7.3.6 快速标注尺寸

利用前面几节介绍的尺寸标注命令,对于一系列相邻或相近的实体目标的同一类尺寸,只能逐一进行标注,比较麻烦。为此,从AutoCAD 2000开始,增加了快速标注命令,可以一次选择多个同一类型的几何对象,同时标注这几个尺寸。特别是可以快速标注出多个基线尺寸、连续尺寸,以及快速地、一次性地标注多个圆或圆弧对象。

1. 命令的执行方式

(1) 工具栏:"标注"→"快速标注" 。

(2) 下拉菜单:"标注"→"快速标注"。

(3) 命令行输入:Qdim。

2. 操作说明

命令执行后,系统提示:

选择要标注的几何图形:选择要标注的单个或多个对象。

指定尺寸线位置或[连续(C)/并列(S)/基线(B)/坐标(O)/半径(R)/直径(D)/基准点(P)/编辑(E)/设置(T)]＜基线＞:指定尺寸线位置或选择其中一个选项,如果按回车键则选择缺省选项。

各选项说明如下:

(1) 连续(C)。选择几何图形中的多个对象,一次性地标注一系列连续尺寸。

(2) 并列(S)。选择几何图形中的多个对象,一次性地标注一系列交错排列的尺寸。

(3) 基线(B)。选择几何图形中的多个对象,一次性地标注一系列基线尺寸。

(4) 坐标(O)。选择几何图形中的多个点,一次性地标注一系列坐标尺寸。

(5) 半径(R)/直径(D)。选择这两个选项,可以一次性选择图形中需要标注尺寸的多个圆或圆弧,系统将快速地同时标注所选的全部圆或圆弧的半径或直径尺寸。

(6) 基准点(P)。设置可用于基线标注和坐标标注的新基准点。

(7) 编辑(E)。选择该选项,可增加标注点或将已有的标注点删除。

(8) 设置(T)。设置关联标注的优先级,有端点和交点两个选项。

7.3.7　标注间距

标注间距可以自动调整平行的线性标注和角度标注之间的间距,或根据指定的间距值进行调整。也可以通过使用间距值 0 使一系列线性标注或角度标注的尺寸线齐平。由于能够调整尺寸线的间距或对齐尺寸线,因而无须重新创建标注或使用夹点逐条对齐并重新定位尺寸线。

1. 命令的执行方式

(1) 工具栏:"标注"→"标注间距" [工]。

(2) 下拉菜单:"标注"→"标注间距"。

(3) 命令行输入:Dimspace。

2. 操作说明

命令执行后,系统提示:

选择基准标注:选择作为基准的尺寸。

选择要产生间距的标注:选择需设置间距的一个或多个尺寸。

输入值或[自动(A)]＜自动＞:输入间距。

3. 应用举例

如图 7.43 所示。

选择基准标注:选择尺寸15。

选择要产生间距的标注:选择尺寸30、45。

输入值或[自动(A)]＜自动＞:输入值8。

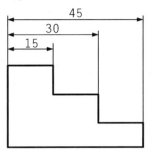 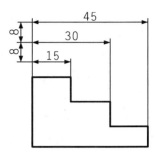

图 7.43 修改标注间距示例

7.3.8 标注打断

标注打断是指在标注和尺寸界线与其他对象的相交处打断或恢复标注和尺寸界线。

1. 命令的执行方式

（1）工具栏："标注"→"标注打断"。

（2）下拉菜单："标注"→"标注打断"。

（3）命令行输入：Dimbreak。

2. 操作说明

命令执行后，系统提示：

选择要添加/删除折断的标注或[多个(M)]：选择对象。

选择要折断标注的对象或[自动(A)/手动(M)/删除(R)]＜自动＞：选择与标注相交或与选定标注的尺寸界线相交的对象。

按回车键结束命令。

3. 应用举例

如图 7.44 所示。

选择要添加/删除折断的标注或[多个(M)]：选择 47。

选择要折断标注的对象或[自动(A)/手动(M)/删除(R)]＜自动＞：选择尺寸 38。

选择要折断标注的对象：＜回车＞

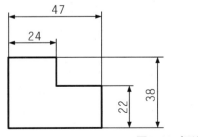 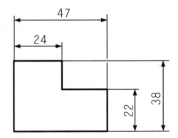

图 7.44 标注打断示例

7.3.9　圆心标记

圆心标记是指创建圆或圆弧的圆心标记或中心线。

1. 命令的执行方式

（1）工具栏："标注"→"圆心标记" ⊙ 。

（2）下拉菜单："标注"→"圆心标记"。

（3）命令行输入：Dimcenter。

2. 操作说明

命令执行后，系统提示：

选择圆弧或圆：在提示下选择圆弧或圆即可。

圆心标记是十字还是中心线由"标注样式管理器"对话框的"符号和箭头"选项卡中的"圆心标记"来设定。如图7.45所示。

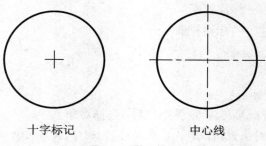

十字标记　　　　　中心线

图7.45　圆心标记

7.3.10　真关联标注

1. 尺寸标注的关联性

标注的尺寸与被标注的对象发生联系，组成了一个标注结合体，这种性质称为尺寸标注的关联性。例如，一个图形完成尺寸标注后，使用编辑命令修改图形时，通常用窗口方式选中目标，修改后的尺寸线长度及尺寸文本发生变化，其余标注形式均无变化。图7.46表明图形做拉伸编辑，其关联尺寸随之改变的情况。

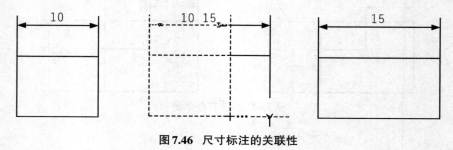

图7.46　尺寸标注的关联性

2. 真关联标注

真关联尺寸标注包含两方面的含义:图形驱动关联尺寸标注和转换空间标注。

(1) 使用图形驱动尺寸标注,可以使尺寸附着到对象上,或把特性附着到对象上。重新加载图形或进行简单的编辑操作可自动更新关联的尺寸,即尺寸标注能够根据标注的图形对象的变化而自动调整它们的位置、方向、尺寸值。这样图形的变化将在尺寸标注中立即得到显现。

(2) 使用转换空间标注,可以在图纸空间直接标注模型空间的图形。在图纸空间上修改模型空间几何图形、修改布局视口位置或平移和缩放操作时,图纸空间标注都将维持其关联性。

对于新建立的图形,系统默认使用真关联性尺寸标注,这种性质是由系统变量DIMASSOC来控制的,此时DIMASSOC的值为2。利用DIMDISASSOCIATE命令可从选定的标注中删除关联性;利用DIMREASSOCIATE命令可将选定的标注与几何对象建立关联;利用DIMREGEN命令可更新所有关联标注的位置。

7.3.11 标注带公差的尺寸

标注带公差的尺寸可通过两种途径来实现。

1. 通过设置尺寸标注样式中的尺寸公差参数,使标注的尺寸文本直接带有公差项目

尺寸公差参数是在"新建标注样式"对话框的"公差"选项卡中设置的,如图7.47所示。该选项卡的部分功能同前面介绍的类似,下面仅介绍"公差格式"区中各选项的功能,这些选项主要用于设置尺寸公差的标注方式、公差文本的字高以及尺寸文本相对于基本尺寸文本的对齐方式。

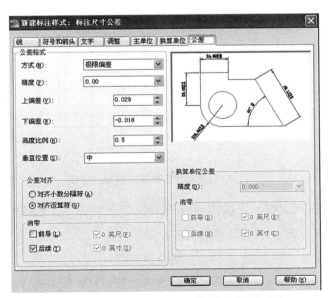

图7.47 "新建标注样式"对话框:"公差"选项卡

（1）**方式(M)**：下拉列表框。设置尺寸公差形式。下拉列表中有5种类型供选择，如图7.48所示。

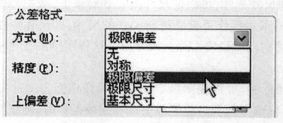

图7.48　公差标注方式

① 无。标注基本尺寸，即尺寸文本后面不带任何尺寸公差。

② 对称。标注对称公差，即上、下偏差的绝对值相等。

③ 极限偏差。公差以不相等的正负偏差形式标出。

④ 极限尺寸。标注极限尺寸，即最大极限尺寸和最小极限尺寸并排放在尺寸文本后面。

⑤ 基本尺寸。标注基本尺寸，即在基本尺寸文本外面加上一个框。

图7.49列出了5种方式的标注示例。

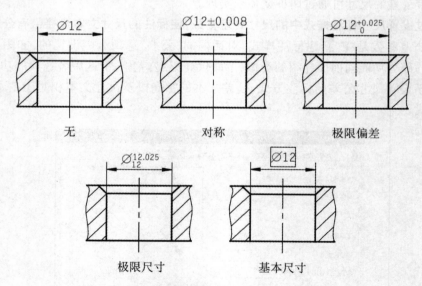

图7.49　公差标注5种方式的标注示例

（2）**精度(P)**：下拉列表框。设置公差精度，即标注公差值的小数位数。

（3）**上偏差(V)**：文本框。设置公差的上偏差值。

（4）**下偏差(W)**：文本框。设置公差的下偏差值。

【说明】 系统会自动给上、下偏差文本框内加上"正""负"号。若上偏差为−0.001，则在文本框中应输入−0.001；若下偏差为−0.001，则应输入0.001；若下偏差为0.001，则应输入－0.001。

（5）**高度比例 (H)**：文本框。设置公差数字相对于尺寸数字的高度比例。如果在"方式"下拉列表框中选择"极限偏差"和"极限尺寸"选项，则高度比例可设为0.5。

（6）**垂直位置 (S)**：下拉列表框。设置公差数字与尺寸数字的相对位置关系。列表框中有三个选项：

① 下。使公差数字与尺寸数字在底部对齐。

② 中。使公差数字与尺寸数字以中线为基准对齐。

③ 上。使公差数字与尺寸数字在顶端对齐。

设置好公差参数后，把所设置的尺寸标注样式置为当前样式，进行尺寸标注时，就可以标注带公差的尺寸了。但是，由于公差是由尺寸标注样式设置的，因此，一个公差尺寸，必须设置一种标注样式，操作起来比较烦琐。

在实际应用中，可以用下面的方法解决这个问题：设置一种带公差标注样式，进行尺寸标注。然后选定这个尺寸对象，单击"标准"工具栏的"特性"图标，打开"特性"选项板"，如图7.50所示，在其中修改公差的格式以达到设计要求。

图7.50 使用"特性"选项板修改公差格式

2. 标注尺寸过程中，使用"在位文字编辑器"修改尺寸文字，使尺寸文字带有公差值

下面通过一个实例来说明这种方法。以标注图7.49中极限偏差为例。

（1）在"标注"工具栏单击"线性"图标，响应下列提示：

指定第一条尺寸界线原点或<选择对象>:指定每一条尺寸界线的端点。

指定第二条尺寸界线原点:指定第二条尺寸界线的端点。

指定尺寸线位置或[多行文字(M)/文字(T)/角度(A)/水平(H)/垂直(V)/旋转(R)]:
输入"M"并按回车键,打开"在位文字编辑器",如图7.51所示。

(2) 在"在位文字编辑器"窗口中,在测量值前输入直径的控制码"%%c",在其后输入含有堆积控制码的字符串"+0.025^ 0"(深颜色背景的数字即为自动测量值)。如果要更改此值,按Delete键。选中字符串"+0.025^ 0",单击堆积按钮"a/b",然后右击鼠标,在快捷菜单中选择"堆叠特性"选项,弹出"堆叠特性"对话框,如图7.51所示,在该框中设置公差的格式。设置完成后,依次退出"堆叠特性"对话框和"在位文字编辑器"窗口。

图7.51　使用"在位文字编辑器"设置公差格式

(3) 在"指定尺寸线位置或[多行文字(M)/文字(T)/角度(A)/水平(H)/垂直(V)/旋转(R)]:"提示下,指定尺寸线位置。即完成标注。与第一种方法比较,这种方法更加灵活方便。

7.4　形位公差标注

7.4.1　形位公差的基本知识

零件加工后,实际形状和位置相对于理想状态和位置产生一定的误差。为了满足零件的互换性和使用性能要求,国家标准《机械制图》对零件制定了形状和位置公差,简称形位公差。形状公差是指单一实际要素的形状所允许的变动全量,位置公差是指关联实际要素的位置对基准所允许的变动全量。

表7.1列出了国家标准规定的各种形位公差符号及其含义,表7.2列出了与形位公差有关的材料控制符号和含义。

表7.1 形位公差符号及含义

分类	符号	含义	分类	符号	含义
形状公差	—	直线度	位置公差	⊥	垂直度
	▱	平面度		∠	倾斜度
	○	圆度		◎	同轴度
	⌀	圆柱度		=	对称度
	⌒	线轮廓度		⊕	位置度
	⌓	面轮廓度		↗	圆跳动
				↗↗	全跳动
				//	平行度

表7.2 材料符号及其含义

符号	含义
Ⓜ	材料的一般中等状态
Ⓛ	材料的最大状态
Ⓢ	材料的最小状态

图7.52是标注形位公差时一般使用的标注形式,它通常是由指引线、形位公差符号、形位公差框、形位公差值和基准代号等组成。

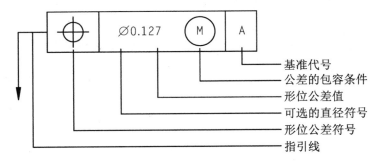

图7.52 形位公差的标注样式

7.4.2 标注形位公差

1. 命令的执行方式

(1)工具栏:"标注"→"公差" 。

(2)下拉菜单:"标注"→"公差"。

(3)命令行输入:Tolerance。

2. 操作说明

命令执行后,弹出如图7.53所示的"形位公差"对话框。对话框中各选项功能介绍如下:

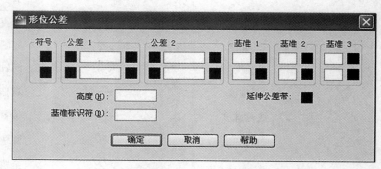

图7.53 "形位公差"对话框

(1)"符号"区。

选取形位公差的符号。单击区内的小黑块,弹出如图7.54所示的"特征符号"对话框,在其中选取形位公差符号后,返回"形位公差"对话框。

(2)"公差"区。

设置形位公差的公差值。AutoCAD允许设置两个公差值(公差1和公差2)。公差值在中间的文本框内手动输入;点击文本框左边的小黑块,将自动添加直径符号"∅";点击右边的小黑块,弹出如图7.55所示的"附加符号"对话框,用来设置形位公差的材料条件。

图7.54 "特征符号"对话框

图7.55 "附加符号"对话框

(3)"基准"区。

设置形位公差的基准。AutoCAD允许设置3个基准(基准1、基准2、基准3)。左边的文本框用于手动输入基准的字母;点击右边的小黑块,弹出"附加符号"对话框。

(4)"高度(H)"文本框。

用于在形位公差框架中创建投影公差区。

(5)"基准标识符(D)"文本框。

用于创建由此处设置的参考字符组成的基准识别符号。

(6)"延伸公差带"小黑块。

单击后,可在块中显示Ⓟ符号。

7.5 编 辑 尺 寸

对于图形中已经标注好的尺寸,用户仍可以进行修改编辑。比如可以使用基本编辑命令对尺寸标注进行移动、拷贝、删除、旋转和拉伸等通常的编辑操作。除此之外,还可以使用专门的尺寸标注编辑命令,对尺寸标注进行修改、改变特性等编辑工作。

7.5.1 用 Dimedit 命令编辑尺寸标注

使用该命令可以修改尺寸文字的位置、方向、文本数值、旋转角度和倾斜尺寸界线。

1. 命令的执行方式

(1)工具栏:"标注"→"编辑标注",如图7.56所示。

(2)命令行输入:Dimedit。

图7.56 "标注"工具栏"编辑标注"选项

2. 操作说明

命令执行后,系统提示:

输入标注编辑类型[默认(H)/新建(N)/旋转(R)/倾斜(O)]<默认>:从方括号内选择执行一种编辑类型。各选项的含义如下:

(1)默认(H)。将尺寸文字按"标注样式"所定义的默认位置、方向重新放置。

(2)新建(N)。修改所选择尺寸标注的文本。执行该选项将显示"多行文字编辑器"对话框,用户可在该对话框中修改尺寸数值。

(3)旋转(R)。旋转所选择的尺寸文本。

(4)倾斜(O)。编辑长度型尺寸标注,使其尺寸界线倾斜一个角度,不再与尺寸垂直。执行后系统提示:

选择对象:同上。

输入倾斜角度(按ENTER表示无):输入尺寸界线的倾斜角。

3. 应用举例

将图7.57(a)中的尺寸修改为图7.57(b)所示的效果。

单击"标注"工具栏的"编辑标注"图标。系统提示:

输入标注编辑类型[默认(H)/新建(N)/旋转(R)/倾斜(O)]<默认>:输入"O"并按回

车键。

　　选择对象：选择图7.57(a)中的尺寸，按回车键。

　　输入倾斜角度（按ENTER表示无）：输入尺寸界线的倾斜角"60"，按回车键。

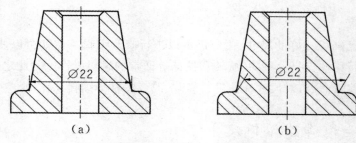

（a）　　　　　　　　　　　　　　　　（b）

图7.57　利用"编辑标注"命令修改尺寸

7.5.2　用Ddedit命令修改尺寸和公差

Ddedit命令不仅可以用来编辑所标注的文字，而且还可以编辑尺寸公差、形位公差。

1. 命令的执行方式

（1）工具栏："文字"→"编辑文字"，如图7.58所示。

图7.58　"文字"工具栏"编辑文字"选项

（2）下拉菜单："修改"→"对象"→"文字"→"编辑"。

（3）命令行输入：Ddedit。

2. 操作说明

命令执行后，系统提示：

选择注释对象或[放弃(U)]：在此提示下，如果选择的是尺寸或公差，系统弹出"在位文字编辑器"，可在其中对尺寸或公差进行修改；如果选择的是形位公差，系统弹出如图7.53所示的"形位公差"对话框，在对话框中显示出所标注形位公差的对应项，通过其修改即可。

7.5.3　用Dimtedit修改尺寸文字的位置

1. 命令的执行方式

（1）工具栏："标注"→"编辑标注文字"，如图7.59所示。

（2）下拉菜单："标注"→"对齐尺寸"。

（3）命令行输入：Dimtedit。

图7.59 "标注"工具栏"编辑标注文字"选项

2. 操作说明

命令执行后,系统提示:

选择标注:选择要修改的尺寸。

为标注文字指定新位置或[左对齐(L)/右对齐(R)/居中(C)/默认(H)/角度(A)]:在默认情况下,用户可以移动鼠标直接指定尺寸文本的新位置。或者选择中括号中的某一选项,各选项含义如下:

(1)左对齐(L)/右对齐(R)。更改尺寸文本沿尺寸线左对齐/右对齐,仅适用于长度型、圆弧型尺寸。

(2)居中(C)。将尺寸文本放置在尺寸线的中间位置。

(3)默认(H)。移动尺寸文本到默认位置。

(4)角度(A)。将尺寸文本旋转一个角度。

7.5.4 用Diminspect命令将标注转换为检验标注

检验标注用于指定应检查制造的部件的频率,以确保标注值和部件公差处于指定范围内。

1. 命令的执行方式

(1)工具栏:"标注"→"检验",如图7.60所示。

(2)下拉菜单:"标注"→"检验"。

(3)命令行输入:Diminspect。

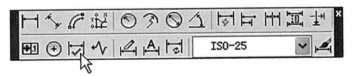

图7.60 "标注"工具栏"检验"选项

2. 操作说明

命令执行后,弹出图7.61所示的"检验标注"对话框。

对话框中各选项功能介绍如下:

(1)"选择标注"。指定应在其中添加或删除检验标注的对象。

(2)"形状"。控制围绕检验标注的标签、标注值和检验率绘制的边框的形状。

①"圆形"。使用两端点上的半圆创建边框,并通过垂直线分隔边框内的字段。

②"角度"。使用在两端点上形成90°角的直线创建边框,并通过垂直线分隔边框内的字段。

③"无"。指定不围绕值绘制任何边框,并且不通过垂直线分隔字段。

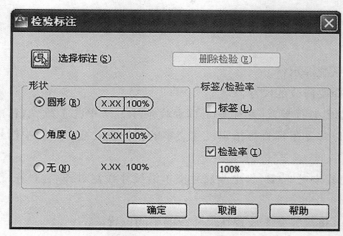

图7.61 "检验标注"对话框

(3)"标签/检验率"。为检验标注指定标签文字和检验率。

①"标签"。指定标签文字。选择"标签"复选框后,将在检验标注最左侧部分中显示标签。

②"检验率"。指定检验部件的频率。值以百分比表示,有效范围为0~100%。选择"检验率"复选框后,将在检验标注的最右侧部分中显示检验率。

3. 应用举例

命令执行后,把"检验标注"对话框设置成图7.62,将得到如图7.63所示的标注。

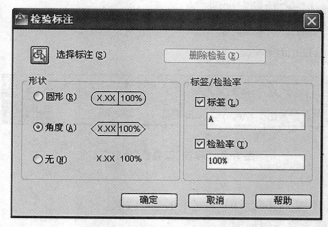

图7.62 设置"检验标注"对话框

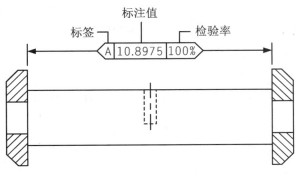

图7.63 检验标注示例

7.5.5 用 Dimjogline 命令添加或删除折弯线

折弯线性用于在线性标注或对齐标注中添加或删除折弯线。

1. 命令的执行方式

（1）工具栏："标注"→"折弯线性"，如图7.64所示。

（2）下拉菜单："标注"→"折弯线性"。

（3）命令行输入：Dimjogline。

图7.64 "标注"工具栏"折弯线性"选项

2. 操作说明

命令执行后，系统提示：

选择要添加折弯的标注或[删除(R)]：

（1）选择要添加折弯的标注：指定要向其添加折弯的线性标注或对齐标注。

（2）删除(R)：指定要从中删除折弯的线性标注或对齐标注。

执行后系统提示：

指定折弯位置（或按ENTER键）：

用户可自行指定折弯的位置。或按Enter键可在标注文字与第一条尺寸界线之间的中点处放置折弯，或在基于标注文字位置的尺寸线的中点处放置折弯。

7.5.6 利用夹点和"特性"命令修改尺寸标注

1. 夹点编辑

夹点编辑是编辑尺寸标注最快捷、最简单的方法。利用夹点编辑尺寸，可以改变尺寸线和尺寸文本的位置,还可以复制尺寸标注。下面以图7.65为例,介绍利用夹点编辑尺寸的方法。

（1）点取图7.65(a)中的直径尺寸⌀25,显示出夹点。

（2）点取尺寸文本处的夹点。

（3）移动鼠标至图7.65(a)中十字交叉丝所在的位置,单击鼠标左键,即得到7.65(b)图所示的结果。

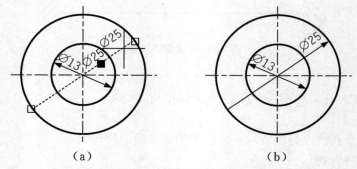

图7.65　利用"编辑标注"命令修改尺寸

2. 使用"特性"选项板

编辑尺寸最直观、最方便的方法是利用"特性"选项板,在"特性"选项板中可以改变对象的颜色、图层、线型、标注样式等。

7.6　其他符号的标注

7.6.1　锥度与斜度的标注

锥度和斜度的标注可以先输入符号,然后在尺寸线层画指引线来标注,数值可用多行文字来输入。机械制图国家标准规定:标注锥度符号时,锥度符号的尖端应与圆锥的锥度方向一致;标注斜度符号时,斜度符号斜边的斜向应与斜度的方向一致。

在多行文字编辑器中,选择字体"gdt",输入小写"y",可调用锥度符号;输入小写字母"a",可调用斜度符号。效果如图7.66所示。

锥度和斜度的符号也可以自己绘制,但应符合比例关系,如图7.67所示。

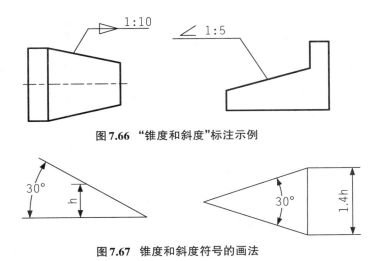

图7.66 "锥度和斜度"标注示例

图7.67 锥度和斜度符号的画法

7.6.2 深度、埋头孔及沉孔的标注

深度、埋头孔及沉孔的标注,可先在尺寸线层画指引线,然后输入符号来标注。在多行文字编辑器中,选择字体"gdt",输入小写"x",可调用深度符号;输入小写"w",可调用埋头孔符号;输入小写"v",可调用沉孔符号。效果如图7.68所示。

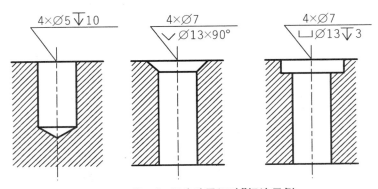

图7.68 "深度、埋头孔及沉孔"标注示例

7.6.3 表面结构符号的标注

表面结构符号用来表达零件的表面情况,包括表面粗糙度及加工方法等。由于表面结构符号涵盖的内容很多,符号不易固定,所以AutoCAD中没有固定的符号,要自己绘制。

绘制表面结构符号时应以美观和便于读图为主。可将表面符号做成块(本书在第8章中介绍),存于模板文件中,以备调用。

最常用的基本符号及粗糙度值:基本符号的大小应根据图幅和使用字体的字号来确定。

一张图样上,表面结构符号大小一致。

表面结构图形符号的绘制如图7.69所示,表面粗糙度符号的尺寸如表7.3所示。常用的表面结构要求标注示例如图7.70所示。

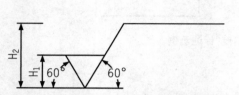

图7.69 "表面粗糙度绘制"标注示例   图7.70 "表面粗糙度"标注示例

表7.3 表面粗糙度符号的尺寸

数字和字母高度h	2.5	3.5	5	7	10	14	20
高度 H_1	3.5	5	7	10	14	20	28
高度 H_2	7.5	10.5	15	21	30	42	60
符号线宽	0.25	0.35	0.5	0.7	1	1.4	2

7.7 综 合 举 例

标注图7.71中的尺寸。

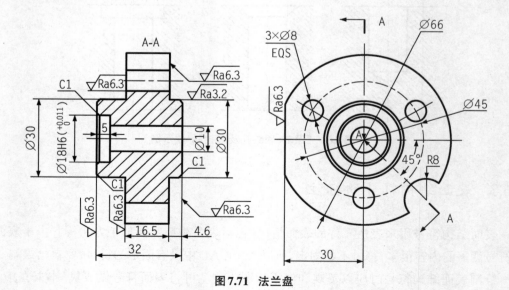

图7.71 法兰盘

1. 标注的准备工作

(1) 创建一个名为"尺寸与形位公差"的图层,如果已经创建,则置该层为当前层。

(2) 创建一个名为"工程字"的文字样式,设置方法参见本书4.8节"4.应用举例"。

(3) 参照7.2.3节创建名为"机械图样式"的尺寸标注样式。

(4) 按下状态栏的"对象捕捉"按钮,并设置好常用的对象捕捉模式。

2. 进行尺寸标注

进行尺寸标注,可以按两种顺序:一是按照长度型、圆弧型、角度型和引线型等顺序标注;二是按照工程制图中对尺寸的分类进行标注,即先注定形尺寸,再注定位尺寸,最后注整体尺寸。下面按照第一种顺序进行标注。标注之前,利用"标注"工具栏,将"机械"样式置为当前样式。

(1) 用直线命令标注尺寸。主视图中包括:5、16.5、4.6、32、∅30、∅10、左视图中的30。

(2) 标注圆弧型尺寸。全部注在左视图:3×∅8、∅45、∅66、R8。

(3) 标注角度型尺寸。左视图中的45°。

(4) 标注带公差的尺寸。标注主视图中带尺寸公差的尺寸,可按本书7.3.10节介绍的第二种方法,使用"线性标注",在"指定尺寸线位置或[多行文字(M)/文字(T)/角度(A)/水平(H)/垂直(V)/旋转(R)]:"提示下执行"多行文字"选项,通过"在位文字编辑器"修改尺寸文字,使其带有公差值。

习　题

1. 一个完整的尺寸包括哪几个要素?

2. AutoCAD提供了哪几种尺寸类型?

3. 什么是真关联标注?

4. 说说尺寸编辑的方法有几种,应如何根据具体情况使用?

5. 为什么要进行尺寸公差和形位公差标注? 应如何标注?

6. 练习本章中的所有举例。

第8章 块 与 属 性

绘图时,常常需要重复使用一些图形。如果每个图形都要重新绘制,就会浪费大量的时间和存储空间。如果把一些经常要重复使用的图形定义为一个整体,在实际绘图时将其插入到图形中不同的位置,这样既提高了绘图效率又节省了存储空间。使用 AutoCAD 绘图,通过块和属性就可以实现这些功能。

8.1 块的特性与用途

8.1.1 块的特性

块(Block)是由多个对象组成的集合并具有块名。用户在使用块时将它作为单一的整体来处理。块具有以下特性:

(1) 块包含一组对象和一个插入点,可以随时将块作为单个对象插到当前图形中任意指定的位置,而且在插入时可以指定不同的缩放系数和旋转角度。

(2) 块既可以包括图形,也可以包括文本。块中的文本称为属性。

(3) 组成块的各个对象可以有各自的图层、线型、线宽和颜色。

(4) 块的嵌套。一个图块中可以包含别的图块,称为嵌套。上一级块中可以包含下一级块,并且嵌套深度不限,唯一的限制是不允许循环引用。

(5) 块的分解。块可以通过使用 EXPLORE 命令对其进行分解。分解后的块又变成了原先组成块的多个独立对象,此时块的内容可以被修改,然后再重新定义。对块重新定义后,原先图形中所有引用该块的部分就会用新块自动更新。

(6) 块的处理。虽然块是由多个图形对象组成的,但它可作为单个对象来处理。所有的图形编辑与查询命令都适用于块。

8.1.2 块的用途

基于块的上述特性,绘图时使用块主要起到以下作用:

（1）用来建立图形符号库。用户可以利用块来建立图形符号库（图库），通过对图库的分类营造一个专业化的绘图环境。例如，在机械设计绘图中，可以将螺栓、螺钉、螺母等螺纹紧固件，滚动轴承、齿轮、皮带轮等传动件，以及其他一些常用、专用零件等图形构造成块，保存在磁盘上，就建立了图形库。绘图时，把块从库中调出，插到需要的地方，即把绘图变成拼图。这样避免了大量的重复工作，提高了绘图的效率。如图8.1所示对话框显示的是AutoCAD利用块为用户建立的"螺纹紧固件"图形符号库。

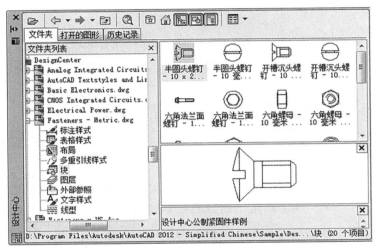

图8.1 "螺纹紧固件"图形符号库

（2）节省存储空间。每个块在图形文件中只存储一次，在多次插入时，计算机只保存插入信息（即块名、插入点坐标、缩放比例等），不需要把整个块重复存储，从而节省存储空间。块的定义越复杂，相同块的引用次数越多，块的优越性越明显。

（3）便于图形修改。一张工程图往往需要进行多次修改。如果需要修改图形中引用了块，只要再定义一次该块，则图中插入的所有该块均会自动地进行相应的修改。

（4）可以加入属性。在设计时，有些图形要求带有文本信息，如图8.2(a)、图8.2(b)所示机械制图中表面粗糙度代号的评定参数，建筑制图中标高符号的标高值等。AutoCAD允许为块建立属性，即加入文本信息。这些信息可以在每次插入块时改变，插入后可以控制其是否显示，或提取出来传到数据库中。

（a）表面粗糙度块　　　　　（b）标高块

图8.2 加入属性的块

8.2　创建块和插入块

8.2.1　定义块

在进行块定义时,组成块的对象必须在屏幕上是可见的,即块定义所包含的对象必须已经被画出。块的定义方法有很多,但定义的块只能在存储该块的图形中使用。

1. 命令的执行方法

(1) 从"绘图"工具栏上单击"创建块"图标,如图8.3所示。

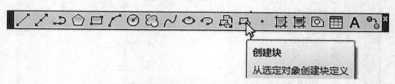

图8.3　用"绘图"工具栏激活"创建块"选项

(2) 打开"绘图"下拉菜单,选择其中"块"选项下的"创建…"命令。

(3) 从命令行输入Block或Bmake并按回车键。

命令执行后,将显示"块定义"对话框,如图8.4所示。

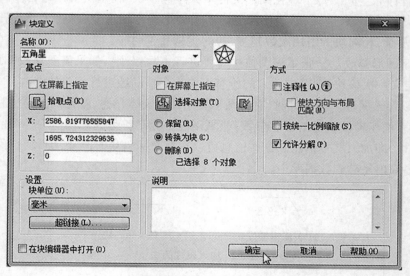

图8.4　"块定义"对话框

2. "块定义"对话框中各选项的功能

(1) "名称"下拉列表框。在该框中输入新建块的块名。块名可以包括汉字、字母、数字和特殊字符"＄""-""_"等,不区分大小写,但最多不能超过255个字符。块名及其定义将保存在当前图形中。

（2）"基点"选项组。指定块的插入点。所指定的插入点也是块在插入过程中旋转或缩放的基准点。理论上，可以选择任意一点作为插入点。但实际应用中，应根据块的具体结构，考虑到块在图形中的插入应用来选择基点。例如，图8.2（a）中表面粗糙度块的插入点应设置在三角形下方的顶点。在"基点"选项组，AutoCAD提供了两种指定插入点的方法：

① 直接在屏幕上指定一个点。单击"拾取点"按钮，对话框暂时消失，返回作图屏幕，用户可用十字光标在屏幕上拾取插入点（可以使用点的捕捉功能），并单击鼠标右键返回。绘图中常用这种方法。

② 在X、Y、Z文本框中直接输入插入点坐标值，AutoCAD默认的插入点是坐标系原点。

（3）"对象"选项组。指定块定义所包含的对象及控制块定义后对象的显示方式。包括以下选项：

① "选择对象"按钮。选择组成块的对象。单击此按钮，系统临时切换到绘图屏幕，并提示："选择对象："，在此提示下选择组成块的对象后按回车键，返回如图8.4所示"块定义"对话框，同时在"名称"文本框右侧显示出由所选对象构成的块的预览图标，并在"对象"选项组的最后一行显示出"已选定n个对象"。

② "快速选择"按钮。用于快速选择满足指定条件的对象。单击此按钮，系统弹出"快速选择"对话框，用户可通过它确定选择对象的过滤条件，并快速选择满足条件的对象。

③ 保留（R）单选按钮。选择该选项，系统将在创建块定义后，在图形中保留组成块的图形对象。

④ 转换为块（C）单选按钮。选择该选项，系统将在创建块定义后，同时把在图形中选中的组块图形对象也转换成块，插到原来的位置上。

⑤ 删除（D）单选按钮。选择该选项，系统将在创建块定义后，在图形中删除组成块的原始图形对象。

（4）"设置"选项组。指定块的设置。包括以下选项：

① 块单位（U）下拉列表框。指定插入块时的插入单位，通过对应的下拉列表选择即可。

② 超链接（L）...按钮。通过"插入超链接"对话框使某个超链接与块定义相关联。

（5）"方式"选项组。设置成块对象显示方式。

① 注释性复选框。可以将对象设置成注释对象。

② 按统一比例缩放（S）复选框。指定插入块时是按统一的比例缩放，还是沿各坐标轴方向采用不同的缩放比例。

③ 允许分解（P）复选框。指定插入块后是否可以将其分解。

（6）说明（E）：文本框。可在框内输入与块定义相关的描述信息，这些信息将在设计中心控制板的说明区显示出来。

（7）在块编辑器中打开（O）复选框。确定定义块后，是否立即在块编辑器中打开当前的块定义。如果打开了块定义，可对块定义进行编辑（8.2.4节将介绍如何利用块编辑器修改块）。

3. 应用举例

分别将如图8.5、图8.6所示的螺栓头和螺母垫圈定义为块。

【分析】 绘制螺栓连接时,通常是将螺栓、螺母、垫圈各部分的尺寸通过螺纹规格d进行比例折算后,按比例画法绘制的。而螺栓的公称长度L与两块被连接零件的厚度有关,被连接零件的厚度是个变量,不能与d构成比例关系,故不能将螺栓连接做成一个块,只能将其分成几部分分别做成块。

操作步骤如下:

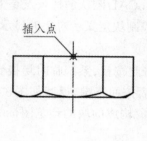

图8.5 "螺栓头"块

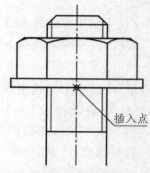

图8.6 "螺母垫圈"块

(1) 新建一个图形文件,画出如图8.5所示的图形,此时d的大小规定为1个单位。

(2) 执行块定义命令,弹出如图8.4所示"块定义"对话框。

(3) 在对话框的 **名称** 下拉列表框内输入"螺栓头"。

(4) 点取"基点"选项组"拾取点"按钮▣,选择图8.5中注明的插入点作为基点。

(5) 点取"对象"选项组"选择对象"按钮▣,在作图屏幕选择螺栓头图形。

(6) 点取"块定义"对话框的"确定"按钮,即可将所选对象定义为块。

(7) 图8.6所示的"螺母垫圈"块的定义与此类似,请读者自己完成。

8.2.2 存储块

用BLOCK命令定义的块是内部块,从属于定义块时所在的图形,只能在当前图形文件中使用。要使块能插到其他图形文件中,必须用"WBLOCK"命令把当前图形文件中的块以独立图形文件(扩展名为.dwg)的形式保存在磁盘上。用"WBLOCK"命令也可以直接把当前图形文件中的一组对象作为独立图形文件的形式保存起来,而不用先把这组对象定义为块。

1. "WBLOCK"命令的执行方法

"WBLOCK"只能在命令行执行,在命令行输入 W 或 Wblock 并按回车键。

"WBLOCK"命令执行后,将弹出"写块"对话框,如图8.7所示。

2. "写块"对话框各选项的功能

"写块"对话框主要有"源"和"目标"两个选项组。

图8.7 "写块"对话框

(1)"源"选项组。指定要写入图形文件的块或对象以及插入点。所包含的选项为：

① ⊙块(B)：单选按钮。如果当前图形文件中尚未定义过块，该按钮和右侧的名称下拉列表框不可用。如果已定义过块，选择该按钮，并从名称下拉列表中选择一个块名，将该块保存为图形文件。

② ○整个图形(E)单选按钮。将当前图形作为一个块写入图形文件。

③ ○对象(O)单选按钮。选中该按钮，利用"基点"区和"对象"区在绘图区选择图形对象并指定插入点。这种方法把所选图形对象直接定义为块并进行块存储，省去了块定义这一步骤。

④"基点"和"对象"子选项组。指定块的插入点和选取块的对象，操作方法与"块定义"相同。只有选中"对象"单选按钮后，这两个子选项组才可用。

(2)"目标"选项组。指定要输出文件的名称、存储路径和插入单位。包含三个选项：

① 文件名和路径(F)：编辑框。指定块或对象要输出到的图形文件的名称和存储路径。

②"浏览"按钮 …。单击该按钮，弹出"浏览图形文件"对话框，在此框中选择存储文件的路径。

③ 插入单位(U)：下拉列表框。指定新文件作为块被插入时的单位。

3. 应用举例

将8.2.1中用"Block"命令定义的两个块分别以文件"螺栓头.dwg"和"螺母垫圈.dwg"保存起来。

操作步骤如下：

(1)在"命令："提示符下，输入"Wblock"命令，弹出如图8.7所示的"写块"对话框。

(2)在"源"区选中⊙块(B)：单选框，单击其右边的下拉箭头，在下拉列表中选择"螺栓头"。

(3)在"目标"区确定块存储后的文件名、存储位置，以及该图形文件作为块被插入时的单位。

（4）单击"确定"按钮,操作完成。

（5）"螺母垫圈"块的存储操作与此类似。

8.2.3 插入块

块定义后,就可将块作为单个对象插到图形中指定的位置,在插入的同时还可以改变所插入图形的比例与旋转角度。可通过以下几种方法来插入块。

1. 使用 INSERT 命令插入块

（1）INSERT命令的执行方法。

① 从"绘图"工具栏上单击"插入块"按钮,如图8.8所示。

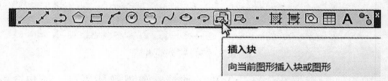

图8.8　用"绘图"工具栏激活"插入块"选项

② 打开"插入"下拉菜单,单击执行"块 ..."选项。

③ 从命令行输入Insert或I并按回车键。

命令执行后,系统将弹出"插入"对话框,如图8.9所示。

图8.9　"插入"对话框

（2）"插入"对话框各选项的功能。

① **名称(N)**:下拉列表框。指定所插入块或图形的名称。可以直接输入名称,或通过下拉列表框选择块,也可以单击 **浏览(B)...** 按钮,从弹出的"选择图形文件"对话框中选择图形文件。所选块或图形文件的名称和路径将在 **路径**:后面自动显示出来。

② "插入点"选项组。指定块的插入点。可以直接在X、Y、Z编辑框中输入坐标值,若选

择 ☑ **在屏幕上指定 (S)** 复选框,X、Y、Z编辑框变灰,则在退出"插入"对话框后,直接从作图屏幕上点取一点作为插入点。

③ "比例"选项组。指定块插入时的缩放比例。可以直接在X、Y、Z编辑框中输入比例值,默认比例均为1。三个方向的比例系数可等可不等,可正可负,若选取负值,则插入的图形为原图形的镜像图形。如果在定义块时选择了"按统一比例缩放",那么只需要指定沿X轴方向的缩放比例。

若选取 ☑ **在屏幕上指定 (E)** 复选框,要求在作图屏幕上指定缩放比例。可以在命令行输入比例值,也可以在绘图区拾取两点来确定比例,第二点的方向决定了比例因子的大小和正负。

若选取 ☑ **统一比例 (U)** 复选框,Y、Z编辑框变灰,可在X编辑框中输入比例值,并强制在三个方向采用这个相同的比例。

④ "旋转"选项组。指定块插入时的旋转角度。可直接在"角度"编辑框中键入角度值,默认值为0。也可以选中 ☑ **在屏幕上指定 (C)** 复选框,用鼠标在图形屏幕上拾取一点来指定旋转角度。系统将自动测量该点和插入点的连线与X轴正向的夹角,并以此角度作为块插入时的旋转角度。

⑤ "块单位"文本框。显示有关块单位的信息。

⑥ ☑ **分解 (D)** 复选框。确定是将块作为单一整体来插入,还是分解成离散对象来插入。选择该框,只能指定一个X方向上的缩放比例因子,强制各方向等比例缩放。

2. 使用 MINSERT 命令插入块

使用MINSERT命令可以将块以矩形阵列的方式插到图形中。该命令相当于"Insert"和"Array"命令的组合,但不能实现环形阵列。

MINSERT命令只能在命令行执行。

命令: Minsert

输入块名或[?]:

指定插入点或[基点(B)/比例(S)/X/Y/Z/旋转(R)]:

输入X比例因子,指定对角点,或[角点(C)/XYZ]<1>:

输入Y比例因子或 <使用X比例因子>:

指定旋转角度 <0>:

输入行数(———) <1>:

输入列数(|||) <1>:

输入行间距或指定单位单元 (———):

指定列间距(|||):

用MINSERT命令阵列插入的多个块作为一个整体,不能用"EXPLODE"分解,或单独编辑其中的一个块。但块的阵列插入节省存储空间,因为它不重复存储具体块的信息,而只存储块插入的行数、列数、行间距、列间距等信息。

3. 使用设计中心插入块

使用AutoCAD的设计中心可以方便地从设计中心的列表区将块插到当前的图形中,这种方法将在8.6.3节加以介绍。

4. 应用举例

将8.2.2节中存储的"螺栓头"和"螺母垫圈"块插到图8.10中的装配图中。

操作步骤如下：

(1) 新建一个图形文件，绘制图8.10中的被连接零件。

(2) 执行"Insert"命令，弹出图8.9所示的"插入"对话框。

(3) 单击 **名称(N)**：下拉列表框右边的箭头，在下拉列表中选取要插入的"螺栓头"块。

(4) 在"比例"选项组的X、Y、Z编辑框中输入比例，注意X和Y方向的比例因子应输入螺纹规格d值。对话框中的其余选项选用如图8.9所示的默认值。

(5) 单击"确定"按钮，返回作图屏幕。当命令行提示："指定插入点或[比例(S)/X/Y/Z/旋转(R)/预览比例(PS)/PX/PY/PZ/预览旋转(PR)]:"时，在作图区选定块的插入点。

(6) 继续执行块插入命令，将"螺母垫圈"块插到图形中。

(7) 当所需图形定位后，将相应的线段稍作编辑即可。

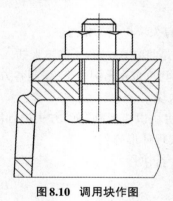

图8.10 调用块作图

8.3 块 的 属 性

属性是从属于块的文字信息，是块的组成部分。本节介绍如何为块定义属性、属性的编辑以及属性提取。

8.3.1 属性的特点

属性不同于一般的文本信息，一般文本是使用TEXT或MTEXT命令来生成的，而属性是用ATTDEF命令定义的。与一般文本相比，属性具有如下特点。

(1) 属性从属于块。类似于绘制块的图形信息，属性在它们被包含进块定义之前也必须先生成。块定义后,属性成为块的一部分,当用ERASE命令擦去块时,属性也被擦去;旋转、移动块,属性也随着被旋转和移动。同时,用户也可生成一个仅包含属性的块。

（2）一个块允许有多个属性,但属性必须对应于一个块。

（3）属性包括属性标记和属性值,属性记录的信息可以在图中显示或隐藏。

（4）属性值可以是固定的常量,也可以是在每次插入时能够加以改变的变量。

（5）属性值可以从图形数据库中提取出来,输出成表格或数据库格式的文件,进而做成零件表或材料库等。

8.3.2 属性的定义

将属性添加到图形中的过程,称为属性的定义。

1. 属性定义的执行方法

（1）打开"绘图"下拉菜单,选择其中"块"选项下的"定义属性..."命令。

（2）从命令行键入Attdef后按回车键。

命令执行后,系统将弹出"属性定义"对话框,如图8.11所示。

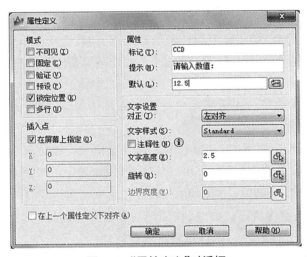

图8.11 "属性定义"对话框

2. "属性定义"对话框

（1）"模式"选项组。用于设置属性的模式。

① "不可见"复选框。选中该框,块定义和插入后属性不可见。

② "固定"复选框。选中该框,属性值为一固定的文本。属性在块插入时不会提示用户输入属性值,且不能被修改,除非重新定义块。

③ "验证"复选框。选中该框,在插入块时,用户输入属性值后将再次给出校验提示,要求用户确认所输入的属性值是否正确。

④ "预设"复选框。选中该框,在定义属性时指定一个初始默认值,插入时不会提示用

户输入属性值。与固定复选框的区别是:选中本复选框,属性插入后可编辑。

⑤"锁定位置"复选框。选中该框,锁定块参照中属性的位置。解锁后,属性可以相对于使用夹点编辑的块的其他部分移动,并且可以调整多行文字属性的大小。在动态块中,由于属性的位置包括在动作的选择集中,因此必须将其锁定。

⑥"多行"复选框。选中该框,指定属性值可以包含多行文字。

(2)"属性"选项组。

①"标记"文本框。输入属性标记,其可为除空格和惊叹号之外的任何字符,不能空缺。

②"提示"文本框。定义插入带属性的块时,系统显示的提示信息。当一个块有多个属性,在定义属性时要在该框中给出提示信息,以便块插入时引导用户输入属性值。如果空缺,系统将把属性标记作为属性提示。

③"默认"文本框。定义属性文字的默认初始值,可以为空。

要注意区分属性标记和属性值。比如,定义表面粗糙度图块时,可以把"表面粗糙度"定义为属性标记,而具体的评定参数值"6.3""12.5"就是属性值。标记仅在定义属性时出现,块定义和插入后,将显示属性值。

④"插入字段"按钮 。单击后系统弹出"字段"对话框,通过该框可以选择字段作为属性值。

(3)"插入点"选项组。用于确定属性值的插入点,即属性文字排列的参考点。

①"在屏幕上指定"复选框。选择该复选框,在作图屏幕上选取属性的插入点。

②X、Y、Z文本框。可直接输入插入点的X、Y、Z坐标。

(4)"文字设置"选项组。用于确定属性文字的具体格式,如对齐方式、文字样式、文字高度和文字旋转角度等。

(5)"在上一个属性定义下对齐"复选框。该复选框只有在定义多个属性时才有效。选中该框,"插入点"与"文字设置"选项组均以灰颜色显示,表示不可用。目前定义的属性将采用前一属性的文字样式、字高以及旋转角度,放置在前一个属性定义的正下方。

属性定义完成后,使用块定义命令,将图形对象及定义的属性文字一并选中,就建立了一个带属性的块。块定义完成后,就可以将带属性的块插到图形中。

3. 应用举例

试定义如图8.12所示的机械制图中的表面粗糙度块,并将该块插到图8.13中。

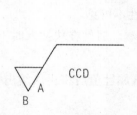

图8.12　表面粗糙度符号

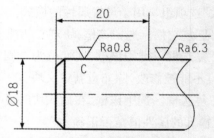

图8.13　插入表面粗糙度块

（1）画出如图8.12所示表面粗糙度符号。

（2）定义属性。

命令激活后，在如图8.11所示"属性定义"对话框中，将"标记"文本框定义为"CCD"，将"提示"文本框定义为"请输入表面粗糙度评定参数值："，将"默认"文本框定义为"Ra6.3"，将"插入点"定义为A点，将"文字样式"定义为国标规定的样式，将"高度"值定义为2.5。单击"确定"按钮退出。

（3）创建块。

命令激活后，在"块定义"对话框中，将块名定义为"表面粗糙度"，将基点定为B点，选取图形对象和属性后，单击"确定"按钮退出。

（4）插入块。

① 绘制图8.13中的图形，执行"插入块"命令，弹出"插入"对话框。

② 在"名称"下拉列表框中，选择要插入的块名"表面粗糙度"，选中"插入点"区的"在屏幕上指定"复选框，单击"确定"按钮，退出对话框。

③ 在命令行提示"指定插入点或［基点（B）/比例（S）/X/Y/Z/旋转（R）］："时，拾取C点。

④ 在命令行提示"请输入表面粗糙度评定参数值：<Ra6.3>："时，输入"Ra0.8"后按回车键。

⑤ 另一个表面粗糙度的标注与此类似。

8.3.3 编辑块的属性

当块定义和插入后，可以使用"Eattedit"命令更改该块中的属性特性和属性值。

1. 命令的执行方式

（1）从"修改Ⅱ"工具栏上单击"编辑属性..."图标，如图8.14所示。

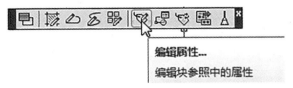

图8.14 从"修改Ⅱ"工具栏激活"编辑属性..."选项

（2）打开"修改"下拉菜单，选择"对象\属性\单个..."命令。

（3）从命令行输入Eattedit并按回车键。

命令执行后，系统弹出"增强属性编辑器"对话框，如图8.15所示。

2. "增强属性编辑器"对话框

（1）"块""标记"文本框。显示所选中块的名称和块属性的标记。

（2）"选择块"按钮。单击后，可在作图屏幕选取块。

（3）"属性"选项卡。如图8.15所示，用于修改属性值。在列表框中，显示所选块中的所有属性的标记、提示、属性值。选中要修改的属性，可在其下面的"值"文本框中修改选中属性的值。

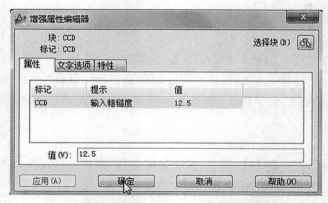

图8.15 "增强属性编辑器"对话框:"属性"选项卡

(4)"文字选项"选项卡。如图8.16所示,用于修改属性文本的格式,包括文字样式、对齐方式等。

图8.16 "增强属性编辑器"对话框:"文字选项"选项卡

(5)"特性"选项卡。如图8.17所示,用于修改属性文本所在的图层、线型、线宽、颜色及打印样式等。

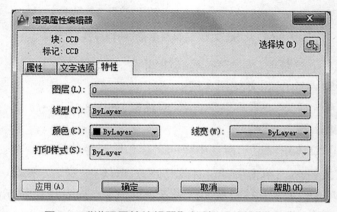

图8.17 "增强属性编辑器"对话框:"特性"选项卡

8.3.4 块属性管理器

块属性管理器用来管理当前图形中块的属性,可以在块中编辑属性定义、从块中删除属性以及更改插入块时系统提示用户属性值的顺序。

1. 命令的执行方式

(1) 从"修改Ⅱ"工具栏上单击"块属性管理器…"图标,如图8.18所示。

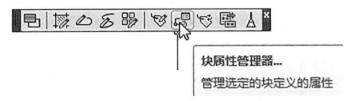

图8.18 用"修改Ⅱ"工具栏激活"块属性管理器…"选项

(2) 打开"修改"下拉菜单,选择"对象\属性\块属性管理器…"命令。

(3) 从命令行输入Battman并按回车键。

命令执行后,系统弹出"块属性管理器"对话框,如图8.19所示。

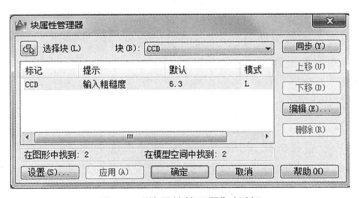

图8.19 "块属性管理器"对话框

8.4 深入使用块

8.4.1 块与图层

块可以是由绘制在若干层上的对象组成,每一层上的对象均具有相同的线型、颜色和线宽等属性信息,块定义时,这些信息将随对象本身一起存储在块中。当插入这样的块时,

AutoCAD有如下约定。

1. 原来某层上的图形不继续画在相应的层上

（1）若块中图层与插入图形文件中图层同名，则绘制在同名层上，并按图中该层的线型、颜色、线宽绘制。

（2）若插入块的图形文件中不包含块的图层，则插入时该图层上的图形元素还在原图层上绘制，系统自动为当前图形增加相应的层。

2. 0层

0层是一个特殊层，块插入后原来位于0层上的对象被绘制在当前层上，并按当前层的颜色、线型、线宽绘制。建议用户在创建块时定义0层为当前层。

3. 多个位于不同图层

如果插入的块由多个位于不同图层上的图形对象组成，那么冻结某一图层对象所在图层后，此图层上属于块上的图形对象就会变得不可见。而当冻结插入块的当前层时，不论块中各图形对象处于哪一层，整个块都变得不可见。

8.4.2　块的更新

当图形中多次引入了一个相同的块，比如机械设计中，一张装配图有多处螺栓连接，这些螺栓连接中的螺栓都是作为块引入的，如果需要编辑图形中这些相同的螺栓块，该怎么办呢？显然单个地编辑它们将很费时费力，此时可以对块进行重新定义，来改变图中一个块的所有引用。我们称为块的更新。

1. 更新内部块

用"Block"命令定义的块，只能在当前图形中使用，可以称为内部块。更新内部块的操作步骤如下：

（1）选中图形中已存在的块，调用"Explode"命令将这个块分解为独立对象。

（2）调用相应的编辑修改命令，处理分解后块的各个对象。

（3）重新调用"Block"命令，以被修改的块相同的名字定义块。系统将警告"图形中此块已经存在，是否重新定义"，选取"确认"按钮，即可完成块的重新定义。当前图形中所有对该块的引用自动更新。

2. 更新外部块

用"Wblock"存储的块是一个独立的图形文件，可以称为外部块。外部块的编辑修改完全使用图形文件修改的方法，打开该文件，修改后保存。打开所有调用过该外部块且需要更新的图形文件，重新插入外部块，系统将警告"图形中此块已经存在，是否重新定义"，选取"确认"按钮，即可完成对外部块的更新。

8.5 外 部 参 照

块和属性是 AutoCAD 的高级应用技巧,使用块可以大大地提高工作效率,节省存储空间。通过块的重新定义,实现对图形中所有相同块的更新;因为每个块在图形文件中只存储一次,在多次插入时,计算机只保存插入信息(即块名、插入点坐标、缩放比例等),不需要把整个块重复存储,从而节省存储空间。

用"Wblock"命令建的块是一后缀名为 .dwg 的图形文件,也许读者会问,是否所有的图形文件(即使不是用"Wblock"命令建立的)都可以用"Insert"命令插入? 回答是肯定的,当用块插入命令插入一个图形文件时,AutoCAD 处理过程是:先把该文件作为块定义,且以图形名作为块名拷贝到当前文件中,然后再插到图形中。如果插入了 10 次,则该块在图形文件中将有 10 个备份,就占用很大的存储空间。如果修改了原图形,块不会跟着更新。

要解决上述问题,可采用外部参照。所谓外部参照是指一幅图形中对另一幅图形的引用。外部参照不同于块,块的数据存储在当前图形中。而外部参照的数据存储在一个外部图形中,当前图形数据库中仅存放外部文件的一个引用,并且会随着原图形的修改而自动更新。

外部参照是将当前图形之外的图形链接进来,所以它与块的作用不同。外部参照更适用于正在进行的项目分工合作,如机械中的装配图,建筑中和各种专业图互相之间的参照。

8.5.1 "外部参照"选项板

1. 打开"外部参照"选项板的方法

(1) 在"参照"工具栏上单击"外部参照"图标,如图 8.20 所示。

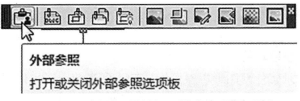

图 8.20 用"参照"工具栏打开"外部参照"选项板

(2) 打开"插入"下拉菜单,选择其中"外部参照(N)..."命令。

(3) 从命令行输入 XREF 或 XR 并按回车键。

命令执行后,系统将弹出"外部参照"选项板,如图 8.21 所示。

图 8.21 "外部参照"选项板

2."外部参照"选项板说明

"外部参照"选项板用于组织、显示和管理参照文件,例如 DWG 文件(外部参照)、DWF、DWFx、PDF 或 DGN 参考底图以及光栅图像。

只有 DWG、DWF、DWFx、PDF 和光栅图像文件可以从"外部参照"选项板中直接打开。

"外部参照"选项板包含若干按钮,分为两个窗格。上部的窗格称为"文件参照"窗格,可以以列表或树状结构显示文件参照。快捷菜单和功能键提供了使用文件的选项。下部的窗格称为"详细信息/预览"窗格,可以显示选定文件参照的特性,还可以显示选定文件参照的缩略图预览。

8.5.2 附着外部参照

1. 使用附着外部参照功能

附着外部参照就是将外部图形以参照形式插入到当前图形文件中。点击"外部参照"选项板左上角处的"附着"按钮 ,系统弹出"选择参照文件"对话框。在该对话框中选择好参照文件之后,单击"打开"按钮,系统弹出如图 8.22 所示的"附着外部参照"对话框。在该对话框中进行相关设置后,点击"确定"按钮,即可将所选定的图形附着在当前图形中。

2."附着外部参照"对话框中主要选项功能说明

① "名称"下拉列表框中显示的是已选定要进行附着的图形文件名。如果想再选择别的文件作为参照文件,则需要单击"浏览"按钮,在弹出的"选择参照文件"对话框中选择要附

着的文件即可。

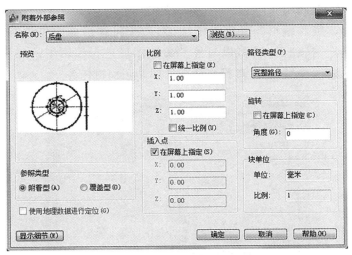

图 8.22 "附着外部参照"对话框

② "路径类型"下拉列表框用于选择设置外部参照的路径。可选择完整(绝对)路径、外部参照文件的相对路径或"无路径"。选择"无路径"时,外部参照文件必须与当前图形文件位于同一个文件夹中。

③ "参照类型"用于选定外部参照的类型。附着型的外部参照可显示嵌套参照中的嵌套内容;覆盖型外部参照则不显示嵌套参照中的嵌套内容。

8.5.3 编辑外部参照

AutoCAD 2012 新增了在位编辑外部参照功能,允许在当前图形中修改外部参照。在当前图形中选择要编辑的外部参照或块参照,修改其对象,然后保存对参照图形的修改。这样在进行相关图形的较小改动时,就不需要在图形之间进行切换。

1. 激活编辑外部参照功能

以下 3 种方法可以激活编辑外部参照功能:

(1) 在"参照编辑"工具栏上单击"在位编辑参照"图标,如图 8.23 所示。

图 8.23 "参照编辑"工具栏

(2) 选中要编辑的参照图形后右击鼠标,在弹出的快捷菜单上选择"在位编辑外部参照"。

（3）从命令行键入REFEDIT并按回车键。

2. 使用编辑外部参照功能

命令执行后,选定要编辑的外部参考图形,系统将弹出如图8.24所示的"参照编辑"对话框。点击"确定"按钮后,就可以对外部参照图形进行编辑了。编辑完成后,可使用REFCLOSE命令或"参照编辑"工具栏来结束外部参照编辑任务。

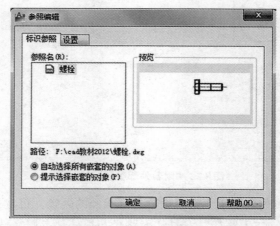

图8.24　"参照编辑"对话框

8.6　设　计　中　心

设计中心是AutoCAD中各种设计资源的集成管理工具。利用设计中心,既可方便浏览和查找图形文件,定位和管理块、外部参照、光栅图像等不同的资源文件,也可通过简单的拖放操作,将位于本地计算机、局域网和互联网上的图形文件中的块、图层、外部参照、线型、字体、文字样式、尺寸标注样式等粘贴到当前作图区,是提高图形管理和图形设计效率的重要手段。特别是对于异地设计的多个工程师来说,通过设计中心可以分享设计内容、利用已有成果,使设计资源得到充分利用和共享。

8.6.1　启动设计中心

可以用以下4种方法启动设计中心:

（1）从"标准"工具栏上单击"设计中心"图标▦。

（2）打开"工具"下拉菜单,选择其中的"选项板"下的"设计中心"命令。

（3）从命令行输入Adcenter并按回车键。

（4）使用快捷键:Ctrl+2。

命令执行后,弹出设计中心窗口,第一次启动时为浮动状态,如图8.25所示。可单击窗口左侧的标题栏并拖动其至其他位置,当将其拖至AutoCAD窗口右侧或左侧的固定区域时,窗口将由浮动状态变为停靠状态。

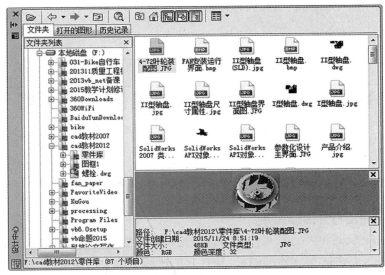

图8.25 设计中心窗口

8.6.2 设计中心窗口的结构

设计中心窗口除标题栏、工具栏、选项卡、状态栏以外,窗口左边为树状图,右边为内容显示区,如图8.25所示。

1. 选项卡

设计中心有3个选项卡:"文件夹""打开的图形""历史记录"。

(1)"文件夹"选项卡。显示计算机或网络驱动器(包括"我的电脑"和"网上邻居")中文件和文件夹的层次结构。第一次启动设计中心时,它默认打开的选项卡为"文件夹"。

(2)"打开的图形"选项卡。显示在当前环境中打开的所有图形,其中包括最小化了的图形。此时,选择某个文件,就可以在右边的内容显示区中显示该图形的有关设置,如标注样式、布局、块、图层、外部参照等。

(3)"历史记录"选项卡。显示最近访问过的文件,包括这些文件的具体路径。双击列表中的某个图形文件,可以在"文件夹"选项卡中的树状图中定位此图形文件,并将其内容加载到内容显示区。

2. 树状图

显示设计中心资源的树状层次。单击对象前的加号(＋)或减号(－)号可以显示或隐藏下一层的内容,双击对象也可以显示下一层的内容。单击工具栏的"树状图切换"按钮，可以显示或隐藏树状图。

3. 内容显示区

显示树状图中当前选定资源的内容,内容显示区包括列表区、预览区和说明区。

4. 工具栏

工具栏主要用于控制树状图和内容显示区信息的浏览与显示,如图8.26所示。

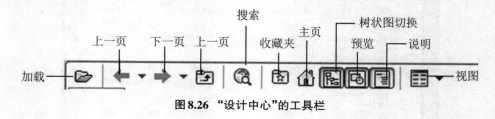

图8.26　"设计中心"的工具栏

8.6.3　设计中心的功能

1. 利用设计中心打开图形文件

在AutoCAD的设计中心里,可以很方便地把所选图形文件打开,有两种方法:

(1)在列表区右击图形文件的图标,从打开的快捷菜单中选择执行"在应用程序窗口中打开"选项,即可打开该文件,如图8.27所示。

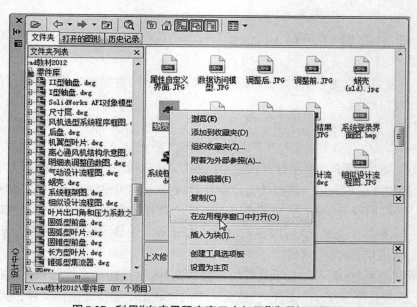

图8.27　利用"在应用程序窗口中打开"选项打开图形

(2)从列表区中找到需要打开的图形文件的图标,左键拖动图标到AutoCAD主窗口中除作图区以外的任何地方(如工具栏区或状态栏区),松开鼠标后,即可打开该文件。

2. 查找内容

单击工具栏中"搜索"按钮🔍,系统弹出如图8.28所示的对话框。通过该对话框,可以快速查找指定的内容,如图形、块、图层等。"搜索"对话框提供了不同的查找条件,包括最后的修改日期;并且能够查找块的定义、说明文字等。"搜索"对话框的操作和 Windows 的查找操作类似,本书不再赘述。

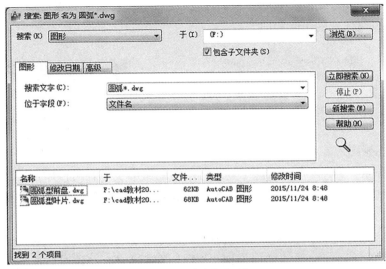

图 8.28 "搜索"对话框

在查找到需要的内容后,可以将该内容加载到设计中心。有两种方法可以实现:

(1) 从"搜索"对话框的查找结果列表中,选择项目并将其拖放到设计中心的树状图或内容显示区。

(2) 在查找结果列表中右击需要加载的项目,从打开的快捷菜单中选择"加载到内容区"选项。

3. 向图形添加内容

使用设计中心,可以从设计中心的列表区,将需要的对象(图形、块、图层、文字样式、尺寸标注样式等)添加到当前图形文件中。

(1) 将图形文件作为块插到当前图形文件中。

通过设计中心,有两种方法可以将图形文件作为块插入到当前图形文件中。

① 在设计中心的列表区找到要插入的图形文件并选中,用鼠标左键将图形文件拖放到作图区,松开左键,然后可以在命令行完成插入过程,插入步骤与块插入时的步骤相同。

② 在设计中心的列表区找到要插入的图形文件并选中,用鼠标右键将图形文件拖放到作图区,松开右键,系统弹出快捷菜单,如图 8.29 所示,选择执行"插入为块…"选项,系统又弹出"插入块"对话框,以下的操作过程与块插入的步骤相同。

(2) 插入块。

8.2 节中曾提到用设计中心插入块,可以通过两种方法实现:

① 在设计中心的列表区选中要插入的块,用鼠标左键将其拖放到作图区,释放左键即可。利用此方法插入块时,系统将对图块进行自动缩放。在插入过程中,系统比较图形和插

入图块的单位,并根据在"图形单位"对话框中设置的"设计中心块的图形单位"对其进行换算,依据两者之间的比例插入块。换算过程是系统自动完成的。

　　② 在设计中心的列表区选中要插入的块,用鼠标右键将块拖放到作图区,松开右键,系统弹出快捷菜单,如图8.30所示,选择执行"插入块…"选项,系统又弹出"插入块"对话框,以下的操作过程与块插入的步骤相同。

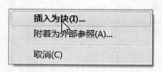

图8.29　快捷菜单

图8.30　快捷菜单

　　(3) 插入光栅图像。

　　利用设计中心,可以将光栅图像(图形文件)插到图形中。有两种插入方法:

　　① 在设计中心的列表区选中要插入的光栅图像,用鼠标左键将其拖放到作图区,释放左键,然后根据命令行的提示输入插入点、缩放比例因子、旋转角度。

　　② 与上述类似,用鼠标右键将其拖放到作图区,释放右键,在弹出的快捷菜单中,选中并执行"附着图像…"选项,系统弹出类似于"插入"的对话框,在该对话框中定义插入点、缩放比例和旋转角度后,单击"确定"即可。

　　(4) 插入外部参照。

　　在设计中心的列表区找到要插入的图形文件并选中,用鼠标右键将图形文件拖放到作图区,松开右键,系统弹出快捷菜单,如图8.29所示,选择执行"附着为外部参照…"选项,系统又弹出"外部参照"对话框,以下的操作过程与块插入的步骤相同。

　　(5) 在图形之间复制图层、线型、文字样式、尺寸样式和布局。在设计中心的列表区选中要插入的图层、线型等对象,用鼠标左键将其拖放到作图区,释放左键即可。但要注意要复制的对象和当前图形中的对象不能重名。

习　　题

1. 什么是块? 它有哪些特性与用途?

2. 什么是属性? 属性有哪些主要特点?

3. Block命令和Wblock命令有什么区别和联系?

4. 属性编辑有几种方法?

5. 谈谈块、图形文件和外部参照的区别。

6. 定义如图8.31(a)所示的基准符号块,并将其插到图8.31(b)中。

提示:h为字高,A点为基准符号块的插入点。

7. 将标题栏定义为带属性的块,如图8.32所示。

提示:标题栏内带括号的文本为属性,要用属性定义命令完成。其余的用文本标注命令书写。

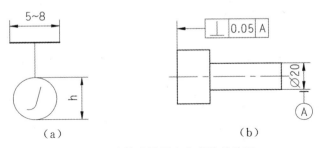

（a） （b）

图8.31 将基准符号定义成块并绘图

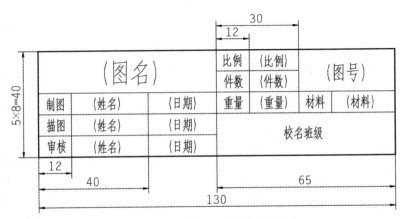

图8.32 将标题栏定义成带属性的块

第9章 三维实体造型

9.1 创建三维模型

传统的工程设计图纸只能表现二维图形,即使是三维轴测图也是设计人员利用轴测图画法把三维模型绘制在二维图纸上,本质上仍然是二维的。

现在在计算机上,能够通过计算机辅助设计软件真实地创建出和现实生活中一样的模型,这些模型对工业设计有着重要的意义。可以在具体生产、制造、施工前通过其三维模型仔细地研究其特性,例如进行力学分析,运动机构的干涉检查等。及时发现设计时的问题,并加以改进和优化,最大限度地降低设计失误带来的损失。

AutoCAD中有三类三维模型:三维线框模型、三维曲面模型和三维实体模型。

1. 三维线框模型

三维线框模型是由三维直线和曲线命令创建的轮廓模型,没有面和体的特征,是三维对象的骨架。用户可以在三维空间的任何位置,利用二维对象来创建线框模型,如图9.1所示。

2. 三维曲面模型

三维曲面模型是由曲面命令创建的没有厚度的表面模型,具有面的特征,是使用多边形网格定义镶嵌面,由于网格面是微小平面,所以网格表面是近似的曲面。曲面不透明,而且能挡住视线,如图9.2所示。

3. 三维实体模型

三维实体模型是由实体命令创建的具有线、面、体特征的实体模型,是最方便、最易使用的一种三维建模方法。AutoCAD为用户提供了八种基本三维实体模型,包括平面立体(多段体、长方体、楔体、棱锥面)和曲面立体(圆柱体、圆锥体、圆球、圆环)等。具有体的特征,表示整个对象的体积。AutoCAD还提供了丰富的实体编辑和修改命令,各实体之间可以进行多种布尔运算命令,从而可以创建出复杂形状的三维实体模型,如图9.3所示。

AutoCAD 2012的三维设计能力比前面的版本有着质的飞跃,提供了便于创建三维对象的工作空间,配合动态输入,让简单三维模型更接近参数化,并且增加了动态UCS等工具,让AutoCAD三维建模变得更加简单容易。本章重点介绍创建和编辑三维实体模型。

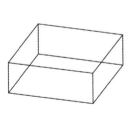

图9.1 三维线框模型　　图9.2 三维曲面模型　　图9.3 三维实体模型

9.1.1 设置三维环境

AutoCAD 2012专门为三维建模设置了三维的工作空间,需要使用时,可以有多种方式进入三维建模工作空间。

(1)单击状态栏上的切换工作空间图标⚙️,在系统弹出的如图9.4所示的菜单栏中选择"三维建模"命令。

(2)单击快速访问工具栏中的工作空间下拉列表框,选择"三维建模"命令,如图9.5所示。

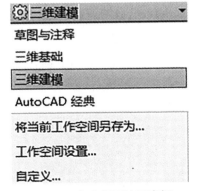

图9.4 菜单栏　　　　　　　图9.5 工作空间下拉列表框

(3)新建图形时使用"acadiso3D"样板图。

进入"三维建模"工作空间后,整个工作界面成为专门为三维建模设置的环境。如图9.6所示。中间空白处为三维建模绘图区域,功能区内是三维建模常用的一些工具选项板,由左到右分别是"常用"选项卡、"实体"选项卡、"曲面"选项卡、"网格"选项卡、"渲染"选项卡、"参数化"选项卡等。每个选项卡包含一组面板,通过切换选项卡,可以选择不同功能的面板,使用非常方便。

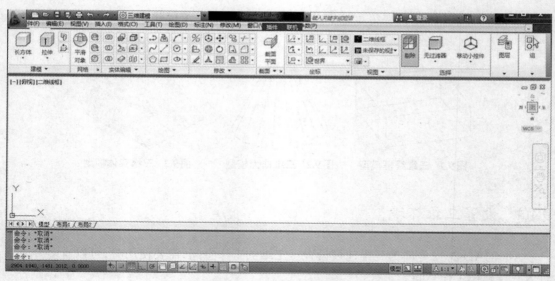

图9.6 三维建模工作空间

9.1.2 三维建模坐标系

在AutoCAD中采用了笛卡尔坐标系(直角坐标系)和极坐标系两种确定坐标的方法。还提供了世界坐标系(WCS)和用户坐标系(UCS)进行坐标变换。

1. 三维笛卡尔坐标系

笛卡尔坐标系在三维空间扩展为三维笛卡尔坐标系,增加了Z轴,是通过使用三个坐标值来确定精确的空间位置,表示为(X,Y,Z),如图9.7所示。

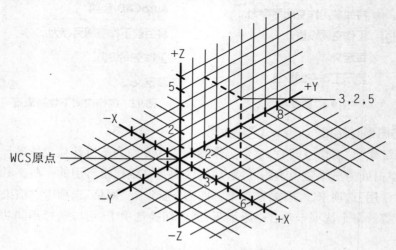

图9.7 三维笛卡尔坐标系

2. 柱坐标系与球坐标系

对于极坐标系在三维空间中有两种扩展：一种是增加了Z轴的柱坐标系，另一种是增加了与XY平面成角度的球坐标系，如图9.8所示。三维柱坐标通过XY平面与UCS原点之间的距离，XY平面中与X轴的角度以及Z值来描述精确位置，表示为[X<（与X轴所成的角度），Z]；三维球坐标通过指定某个位置距当前UCS原点的距离，在XY平面中与X轴所成的角度以及与XY平面所成的角度来指定该位置，表示为[X<（与X轴所成的角度）<（与XY平面所呈的角度）]。

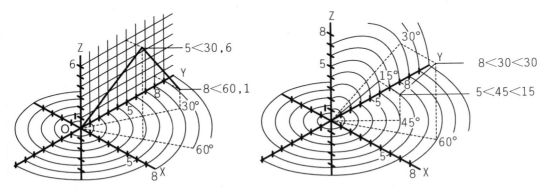

图9.8 柱坐标系与球坐标系

3. 世界坐标系与用户坐标系

AutoCAD 提供了两个坐标系，一个称为世界坐标系（WCS）的固定坐标系，一个是用户自己建立的称为用户坐标系（UCS）的可移动坐标系。UCS对于输入坐标、定义绘图平面和设置视图非常有用。改变UCS并不改变视点，只会改变坐标系的方向和倾斜度。

创建三维对象时，可以重定位UCS来简化工作。UCS在三维空间中尤其有用。将坐标系与现有几何图形对齐比计算三维点的精确位置要容易得多。例如，如果创建了三维长方体，则可以通过编辑时将UCS与要编辑的每一条边对齐来轻松地编辑长方体。

默认情况下，用户坐标系UCS与世界坐标系WCS相重合。在绘图过程中用户可以通过指定原点和一个或多个绕X、Y、Z轴的旋转坐标系，来定义任意的UCS，如图9.9所示。

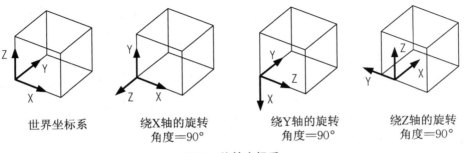

世界坐标系　　绕X轴的旋转角度＝90°　　绕Y轴的旋转角度＝90°　　绕Z轴的旋转角度＝90°

图9.9 旋转坐标系

9.1.3 创建用户坐标系

AutoCAD通常是在当前坐标系的XY平面上进行绘图的,这个XY平面成为构造平面。在三维环境下绘图需要在三维模型不同的平面上绘图。因此,要把当前坐标系的XY平面变换到需要绘图的平面上,也就是需要创建新的坐标系,这样可以清楚方便地创建三维模型。

1. 创建用户坐标系

所谓创建用户坐标系,也可以理解为变换用户坐标系。就是要重新确定坐标系新的原点和新的X轴、Y轴、Z轴的方向。用户可以根据需要定义、保存和恢复任意多个用户坐标系。

AutoCAD提供了多种方法来创建用户坐标系,执行方法如下:

(1) 功能区:"常用"选项卡→"坐标"面板(图9.10)。

(2) 菜单:"工具"→"新建UCS"。

(3) 命令行输入:UCS <Enter>。

图9.10 "坐标"面板

使用菜单和"坐标"面板可以直接选择需要的"UCS",而输入命令就必须在命令提示选项中进行选择。激活UCS命令后,命令行响应如下:

命令:UCS <Enter>

指定UCS的原点或[面(F)/命名(NA)/对象(OB)/上一个(P)/视图(V)/世界(W)/X/Y/Z/Z轴(ZA)]

① 面(F):将UCS与实体对象的选定面对齐。UCS的X轴将与找到的第一个面上的最近的边对齐。

② 命名(NA):按名称保存并恢复通常使用的UCS方向。

③ 对象(OB):在选定图形对象上定义新的坐标系。AutoCAD对新原点和X轴正方向有明确的规则。所选图形对象不同,新原点和X轴正方向也不同。

④ 上一个(P):恢复上一个UCS。程序会保留在图纸空间中创建的最后10个坐标系和模型空间中创建的最后10个坐标系。

⑤ 视图(V):以垂直于观察方向(平行于屏幕)的平面为XY平面,建立新的坐标系。UCS原点保持不变。在这种坐标系下,可以对三维实体进行文字注释和说明。

⑥ 世界(W):将当前用户坐标系设置为世界坐标系。

⑦ X/Y/Z:将当前UCS绕选定的X轴或Y轴或Z轴旋转指定角度。

⑧ Z轴(ZA):用指定新原点和指定一点为Z轴正方向的方法创建新的UCS。

用户可以根据需要进行选择,对用户坐标UCS进行设置。该选项提示中,有些项也可以利用"工具"菜单或"坐标"面板直接设置。

2. 动态UCS

AutoCAD 2012延续之前版本中的动态"DUCS"工具的触发方式,在界面最底部状态栏单击即可触发,应用非常方便,如图9.11所示。使用动态UCS功能,可以在创建对象时使UCS的XY平面自动与实体模型上的平面临时对齐。

图9.11 "DUCS"状态栏开关

实际操作的时候,先激活创建对象的命令,然后将光标移动到想要创建对象的平面,该平面就会自动亮显,表示当前的UCS被对齐到此平面上。接下来就可以在此平面上继续创建命令完成创建。

注意:动态UCS实现的UCS创建是临时的,当前的UCS并不真正切换到这个临时的UCS中,创建完对象后,UCS还是回到创建对象前所在的状态。

9.1.4 控制UCS

通过选择原点位置和XY平面的方向以及Z轴,可以重新定位UCS。可以在三维空间的任意位置定位和定向UCS。在任何时候都只有一个UCS为当前UCS。所有的坐标输入和坐标显示都是相对于当前的UCS。

1. 控制UCS图标的显示

执行方法有:

(1)功能区:"常用"选项卡→"坐标"面板中凹。

(2)命令行输入:Ucsicon <Enter>。

命令的提示和选项:

输入选项[开(ON)/关(OFF)/全部(A)/非原点(N)/原点(OR)/特性(P)]<开>:

① 开(ON)/关(OFF):控制UCS图标在屏幕上打开或关闭。

② 全部(A):控制所有视窗中UCS图标的显示,否则只作用当前视窗。

③ 非原点(N):将UCS图标显示在视窗的左下角,与原点位置无关。

④ 原点(OR):将UCS图标显示在当前UCS原点位置上。

⑤ 特性(P):打开设置"UCS图标"对话框。

通过如图9.12所示的"UCS图标"对话框可以对UCS图标的各种特性进行设置。

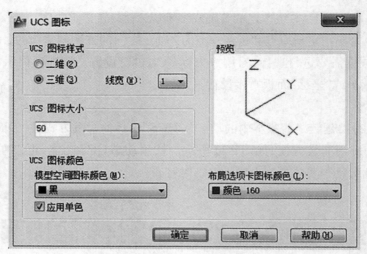

图 9.12　"UCS图标"对话框

2. 控制 UCS 图标的位置

可以按以下几种方法控制 UCS：

（1）指定新的原点，新的 XY 平面或新的 Z 轴。

（2）将新的 UCS 与现有的对象对齐。

（3）将新的 UCS 与当前观察方向对齐。

（4）绕当前 UCS 的任意轴旋转当前 UCS。

（5）将新的 Z 轴深度应用到现有 UCS 中。

（6）通过选择面来应用 UCS。

以上几种方法都可以重新定义 UCS 的位置，用户可以根据情况任选其一。

3. 使用 UCS 预置

如果用户不想定义自己的 UCS，则可以从几种预置坐标系中进行选择。"UCS"对话框的"正交 UCS"选项卡上的图像将显示可用的选择。

选择预置 UCS 方法有 3 种。

（1）功能区："常用"选项卡→"坐标"面板中 ⊡。

（2）命令行输入：Ucsman：<Enter>。

（3）菜单："工具"→"命名 UCS"打开"UCS 对话框"。

这几种方法都可以打开如图 9.13 所示的"UCS"对话框，在该对话框的"正交 UCS"选项卡上选一个方向"置为当前"然后"确定"。

如果已指定 UCS，可以控制选择预置选项是相对于当前的 UCS 方向切换 UCS，还是相对于默认世界坐标系 WCS 切换 UCS。如果恢复 WCS、恢复上一个 UCS 或将 UCS 设置到当前视图，则该项无效。

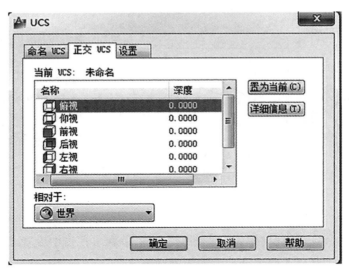

图9.13 "UCS"对话框

9.1.5 设置三维视点

视点是指观察图形的方向。创建三维模型要在三维空间进行绘图,不但要变换用户坐标系,还要不断变换三维模型的显示方位,也就是设置三维观察视点的位置,这样才能从空间不同方位来观察三维模型,使得创建三维模型更加方便快捷。

在AutoCAD中,要创建和观察三维图形,就一定要使用三维坐标系。用户在观察三维对象时根据观察角度的不同,所得到的观察效果也不同。平面坐标系的变化和使用方法同样适用于三维坐标系。例如,绘制正方形时,如果使用平面坐标系,即Z轴垂直于屏幕,此时只能看到物体在XY平面上的投影,也就是俯视图。如果将视点调整至当前坐标系的左上方,即三维视点,就可以看到一个三维物体。如图9.14所示。

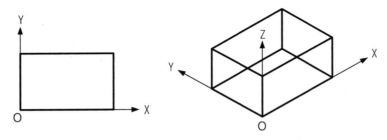

图9.14 长方体在平面坐标系三维坐标系中显示的效果

不同的视点决定了不同的观察方向。观察方向是指视点到坐标原点的连线。观察方向是通过两个夹角来定义的。这两个夹角是:视点到坐标原点的连线与其在XY平面的投影的夹角,以及该投影与X轴正向的夹角。图9.15表示了通过相对于WCS的X轴和XY平面的两个夹角定义观察方向。

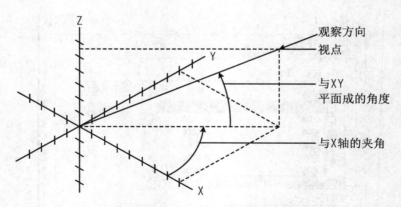

图9.15　观察方向与X轴、XY平面的两个夹角

在模型空间中,可以从任何位置观察图形。也可以在多视窗中设置不同的视点,使多视窗中的图形构成真正意义上的多个视图和等轴测图。

视点设置不能应用于图纸空间,因为图纸空间中的视图永远是平面视图。在AutoCAD中,可以使用视点预置、视点命令等多种方法来设置视点。

1. 利用对话框设置视点

(1) 在菜单中选择"视图"→"三维视图"→"视点预设"命令。

(2) 命令行输入:Ddvpoint。

这两种方法都能够打开"视点预设"对话框,在该对话框中可以为当前视口设置视点。如图9.16所示。

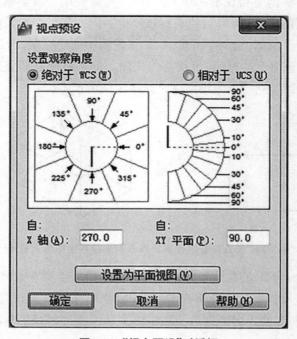

图9.16　"视点预设"对话框

对话框中"设置观察角度"区域里,黑针指示新角度,灰针指示当前角度。左边的圆形图用于设置原点和视点之间的连线在XY平面的投影与X轴正向的夹角;右边的半圆形图用于设置该连线与投影线之间的夹角。具体的角度值,用户可以在图上直接点取,也可以在"X轴""XY平面"两个文本框内直接输入。

单击"设置为平面视图"按钮,可以设置查看角度以相当于选定坐标系显示平面视图。在默认情况下,观察角度都是相当于WCS坐标系的,如果用户选择了"相当于UCS"的单选按钮,可以相当于UCS坐标系定义观察角度。单击"确定"按钮,即可在绘图区域显示视点预设的结果。

2. 利用"Vpoint"命令设置视点

"Vpoint"命令是将观察者置于某个位置上观察图形,就好像从空间的一个指定点向原点(0,0,0)方向观察。

执行"Vpoint"命令后,命令行将显示如下提示信息:

指定视点或[旋转(R)]<显示指南针和三轴架>:

该提示信息中的各选项意义如下:

① 指定视点。确定一点作为视点方向。在多视窗中,可以根据不同视窗中视点的需要输入坐标。也可以用光标在绘图区内任取一点作为视点,系统会自动将该点与坐标原点的连线方向作为观察方向,并在屏幕上按该方向显示图形的投影。

② 旋转(R)。根据角度确定视点方向。执行该选项后,命令行将显示如下提示信息:

输入XY平面中与X轴的夹角:(输入视点的投影与X轴正向的夹角)

输入与XY平面的夹角:(输入视点方向与其在XY平面上投影的夹角)

该选项与对话框方式相似。

③ 显示指南针和三轴架。执行该选项后,AutoCAD在绘图区域内将显示如图9.17所示的指南针和三轴架。

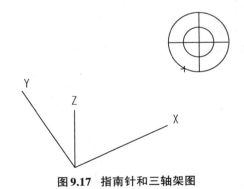

图9.17 指南针和三轴架图

用指南针和三轴架确定视点的方法是,拖动鼠标使光标在指南针范围内移动,这时三轴架的X、Y轴也会绕着Z轴转动。三轴架转动的角度与光标在指南针上的位置相对应。光标位于指南针的不同位置,相应的视点也不同。指南针实际上是球体的俯视图,它的中心相当于地球的北极,视点位于Z轴正方向;内圆相当于赤道,视点在球体的半球上;外圆相当于南极,视点位于Z轴负方向。视点的位置可以随着光标的移动任意选取,不同的位置表示从不同的视点向地球的中心看,光标就像在不同的纬度上移动。选定了视点位置后按鼠标左键或回车键,系统将按该视点位置显示对象图形。

实际上,用"Vpoint"命令设置视点后得到的投影是轴测投影图,不是透视投影图。另外,视点只确定方向,没有距离含义。也就是说,在视点与原点连线及其延长线上任意一点作为视点,其观察效果一样。

3. 快速设置特殊视点

(1)使用功能区中"视图"选项卡的"视图"面板,如图9.18所示。

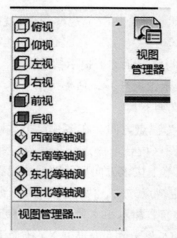

图9.18 "视图"面板

(2)利用菜单"视图"→"三维视图"设置视点,如图9.19所示。

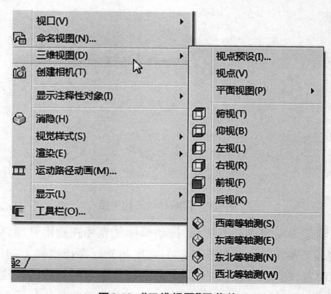

图9.19 "三维视图"子菜单

（3）利用"视图"工具栏设置视点，如图9.20所示。

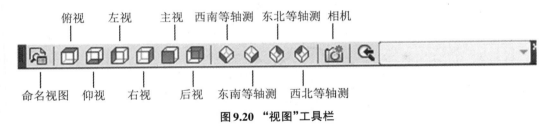

图9.20 "视图"工具栏

使用这三种方法之一，都能够迅速地在六个基本视图"俯视""仰视""左视""右视""主视""后视"图中选择其一设定为当前视窗。也可以在"西南等轴测""东南等轴测""东北等轴测""西北等轴测"四个观察方向中任选其一将视窗设置成等轴测图。

4. 使用三维动态观察器

使用三维动态观察器，可以通过单击和拖动的方式在三维空间动态观察对象的各处。打开"三维动态观察器"的方法有：

（1）功能区"视图"选项卡的"导航"面板，如图9.21所示。

（2）工具栏："三维导航"工具栏，如图9.22所示。

图9.21 "导航"面板　　　　　图9.22 "三维导航"工具栏

（3）下拉菜单："视图"→"动态观察"。

无论使用哪种方法观察三维对象，都有三种观察状态供选择："受约束的动态观察""自由动态观察"和"连续动态观察"。

① 选择"自由动态观察"，进入自由动态观察状态。如图9.23所示。"三维动态观察器"有一个三维动态圆形轨道，其上有四个小圆，轨道的中心是目标点。光标的符号图案随着光标摆放的位置不同而不同，用以指示视图的旋转方向。

（a）当光标位于观察球中间时，光标图案为花形，此时按住鼠标左键上下、左右任意拖动，可以绕观察球中心任意方向转动对象。

（b）当光标位于观察球以外区域时，光标图案为圆形，此时按住鼠标左键上下拖动，可以使视图绕着通过观察球中心而且垂直以屏幕的轴转动。

（c）当光标位于观察球的左、右两个小圆时，光标图案为椭圆形，此时按住鼠标左键左右拖动，可以使视图绕着通过观察球中心的Y轴转动。

（d）当光标位于观察球的上、下两个小圆时，光标图案也为椭圆形，此时按住鼠标左键上下拖动,可以使视图绕着通过观察球中心的X轴转动。

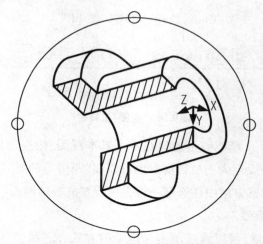

图9.23 使用"三维动态观察器"观察三维对象

② 选择"连续动态观察",进入连续动态观察状态。按住鼠标左键拖动模型旋转一段后松开鼠标,模型会沿着拖动的方向继续旋转,旋转的速度取决于拖动模型旋转时的速度。可通过再次单击并拖动来改变连续动态观察的方向或者单击一次来停止转动。

③ 选择"受约束的动态观察"进入受约束的动态观察状态,这是AutoCAD 2012新增加的更容易使用的观察器。基本的使用方法和自由动态观察差不多,与自由动态观察不同的是在进行动态观察的时候,垂直方向的坐标轴(通常是Z轴)会一直保持垂直,这对于工程模型特别是建筑模型的观察非常有用,这个观察器将保持建筑模型的墙体一直是垂直的,不至于将房屋旋转倾斜或倒置。

在进行三种动态观察的时候,随时可以通过右键快捷菜单切换到其他观察模式。

9.1.6 视觉样式

绘制三维图形后,可以为其设置视觉样式,以便更好地观察三维图形。"视觉样式"命令用于控制视口中模型的外观显示效果。可在"视觉样式管理器"窗口中创建视觉样式,或通过更改视觉样式的设置来更改视觉样式。

执行"视觉样式"命令主要有以下几种方式:

① 选择"视图"下拉菜单→"视觉样式"选项,单击"视觉样式管理器" 命令。

② 单击"视图"选项卡→"视觉样式"面板中的斜下箭头。

③ 命令行输入:Visualstyles。

执行命令后,将弹出"视觉样式管理器"选项板,如图9.24所示。在该选项板的"图形中的可用视觉样式"列表框中,被黄色线框包围的视觉样式为当前视觉样式,在其中选择需要的视觉样式后,单击"将选定的视觉样式应用于当前视口"按钮,可在当前视口中应用选择的视觉样式。在选项板的参数选项区中,用户可以设置选定样式的面、边和环境等参数的相关信息。在"图形中的可用视觉样式"列表框中,选择不同的视觉样式,其下的参数选项区中的参数也会有所改变。

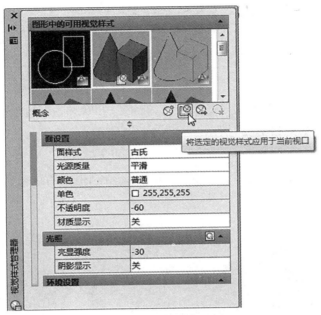

图9.24　"视觉样式管理器"选项板

AutoCAD 提供了二维线框、三维线框、三维隐藏、真实和概念等多种视觉样式,以便观察图形。

1. 二维线框

"二维线框" 命令是用直线和曲线显示对象的边缘,光栅和 OLE 对象、线型和线宽都是可见的,效果如图9.25所示。

2. 三维线框

"三维线框" 命令也是用直线和曲线显示对象的边缘,与"二维线框"显示方式不同的是,表示坐标系的按钮会显示成三维着色形式,并且光栅和 OLE 对象、线型和线宽都是不可见的,效果如图9.26所示。

3. 三维隐藏

"三维隐藏" 命令是用于将三维对象中观察不到的线隐藏起来,只显示那些位于前面无遮挡的对象。该视觉样式与选择"视图"→"消隐"命令后的效果相似,可以用于三维图形的静态观察,效果如图9.27所示。

4. 真实

"真实" 命令可使对象实现平面着色,它只对各多边形的面着色,不对面边界做光滑处理,效果如图9.28所示。

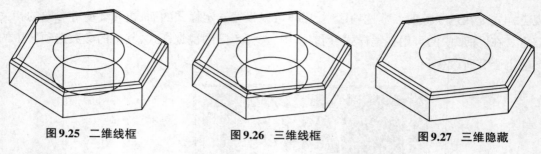

图9.25　二维线框　　　　　图9.26　三维线框　　　　　图9.27　三维隐藏

5. 概念

"概念"命令也可使对象实现平面着色,它不仅可以对各多边形的面着色,还可以对面边界做光滑处理,效果如图9.29所示。

6. X射线

"X射线"命令与利用X光线透视物体类似,能看到里面的线条,但有一种朦胧感,效果如图9.30所示。

图9.28　真实　　　　　　　图9.29　概念　　　　　　　图9.30　X射线

9.2　三维实体模型

三维图像比二维图像更具体、更直接地表现物体的结构特征。实体模型是最方便、最容易使用的一种三维建模方法。AutoCAD为用户提供了八种基本三维实体模型,包括平面立体(多段体、长方体、楔体、棱锥面)和曲面立体(圆柱体、圆锥体、圆球、圆环)。具有体的特征,表示整个对象的体积。

利用这些基本实体,通过布尔运算能够生成更为复杂的实体。也可以将二维对象沿路径延伸或绕轴旋转来创建实体。

AutoCAD还提供了丰富的实体编辑和修改命令,用户可以对三维实体进行编辑,可以对其进行挖孔、切槽、倒角等操作,可以将实体剖切为两部分以及获得实体二维交叉截面。此外还可以对其物理特性进行分析。

通过对三维实体进行消隐、着色和渲染,以及改变视点,使实体更真实自然。

9.2.1 创建基本实体

在中文版 AutoCAD 2012 中,绘制实体的命令有:

(1) 功能区:"常用"选项卡→"建模"面板,如图 9.31 所示。

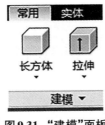

图9.31 "建模"面板

(2) 下拉菜单:"绘图"→"建模"。

(3) 工具栏:"建模"。

(4) 命令行:输入所绘制实体的名称。

使用这4种方法之一都可以快速、准确地绘制出多段体、长方体、楔体、棱锥面、圆柱体、圆锥体、圆球、圆环等基本实体模型。"建模"工具栏如图 9.32 所示。

图9.32 "建模"工具栏

1. 绘制长方体

(1) 命令的执行方法。

① 功能区:"常用"选项卡→"建模"面板→"长方体"。

② 菜单:"绘图"→"建模"→"长方体"。

③ 工具栏:"建模"→"长方体"。

④ 命令行:BOX ＜Enter＞。

(2) 命令的提示和选项。

指定第一个角点或[中心(C)]:

在创建长方体时,其底面与当前坐标系的 XY 平面平行。

① 指定第一角点。

默认情况下,用户可以根据长方体角点位置创建长方体。在绘图窗口中指定了一个角点后,命令行将显示如下提示信息:

指定其他角点或[立方体(C)/长度(L)]:

(a) 指定其他角点:用于根据长方体底面另一角点位置创建长方体。用户可以在绘图窗口指定角点,或直接在命令行输入相对坐标。

(b) 立方体(C):用于创建立方体。此时用户需要在"指定长度"提示下指定正立方体的边长。

（c）长度（L）：用于根据长、宽、高创建长方体。此时用户需要在命令行提示下依次指定长方体的长度、宽度、高度。

② 中心点（C）。

在创建长方体时，如果在命令提示行中选择"中心点"选项，用户可以根据长方体的中心点位置创建长方体。这时命令行将显示如下提示信息：

指定中心：

用户在绘图窗口中指定了一个中心点后，将显示如下提示信息：

指定角点或[立方体（C）/长度（L）]：

其选择与操作过程如前所述。

在 AutoCAD 中，创建长方体的长、宽、高各边应分别与当前 UCS 的 X、Y、Z 轴平行。输入的边长值可为正也可为负，正值表示沿相应坐标轴的正方向创建长方体，负值则反之。

【试一试】 画长方体（100，80，50）。

① 功能区："常用"选项卡→"建模"面板→"长方体"。

② 指定第一个角点或[中心（C）]：（用鼠标在窗口中任指一点）

③ 指定其他角点或[立方体（C）/长度（L）]：@100，80 ＜Enter＞

④ 指定高度或[两点（2P）]：50 ＜Enter＞

⑤ 功能区："视图"选项卡→"视图"面板→"东南等轴测"绘制，结果如图9.33所示。

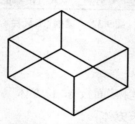

图9.33　长方体

2. 绘制圆柱体

（1）命令的执行方法。

① 功能区："常用"选项卡→"建模"面板→"圆柱体"。

② 菜单："绘图"→"建模"→"圆柱体"。

③ 工具栏："建模"→"圆柱体"。

④ 命令行：Cylinder ＜Enter＞。

（2）命令的提示和选项。

指定底面的中心点或[三点（3P）/两点（2P）/相切、相切、半径（T）/椭圆（E）]：

① 绘制圆柱体。

默认情况下，用户可以通过指定圆柱体底面的中心点位置来创建圆柱体。在绘图窗口中指定了一个中心点后，命令行将显示如下提示信息：

指定底面半径或[直径(D)]<默认值>:

输入圆柱体底面的半径或直径值后,命令行会显示如下提示信息:

指定高度或[两点(2P)/轴端点(A)]<默认值>:

在此,可以直接输入圆柱体轴线的高度,创建圆柱体。也可以选择"两点(2P)"选项,用轴线两个端点的距离来决定圆柱体的高度。"轴端点(A)"选项,是根据圆柱体另一个底面的中心位置来创建圆柱体,而两个底面中心点的连线就是圆柱的轴线。

选项"三点(3P)/两点(2P)/相切、相切、半径(T)"只是画端面圆的方式不同,其余步骤均相同。

② 绘制椭圆柱体。

选择"椭圆(E)"选项,可以绘制椭圆柱体。用户可以根据命令行提示画出椭圆柱体。

指定第一个轴的轴端点或[中心(C)]:(指定椭圆轴的一个端点)

指定第一个轴的其他端点:(指定同一根椭圆轴的另一个端点)

指定第二个轴的端点:(指定椭圆另一根轴的长度)

指定高度或[两点(2P)/轴端点(A)]:(指定椭圆柱体的高度)

画出椭圆柱体。选择"两点(2P)/轴端点(A)",其绘图方法同圆柱体。

创建圆柱体需要先在XY平面中绘制出圆或椭圆,然后给出高度的另一个圆心。指定半径时尖括号内的值是上次创建圆柱体时输入的半径,而指定高度时尖括号内的值是上次创建圆柱体时输入的高度。

【试一试】 画圆柱体⌀50高60(图9.34)。

① 命令:Cylinder <Enter>

② 指定底面的中心点或[三点(3P)/两点(2P)/相切、相切、半径(T)/椭圆(E)]:

③ 指定底面的半径或[直径(D)]:25 <Enter>

④ 指定高度或[两点(2P)/轴端点(A)]:60 <Enter>

⑤ 功能区:"视图"选项卡→"视图"面板→"东南等轴测"。

⑥ 功能区:"视图"选项卡→"视觉样式"面板→"消隐"。

3. 绘制圆环体

命令的执行方法如下:

① 功能区:"常用"选项卡→"建模"面板→"圆环体"。

② 菜单:"绘图"→"建模"→"圆环体"。

③ 工具栏:"建模"→"圆环体"。

④ 命令行:Torus <Enter>。

用户可以根据命令的提示,指定圆环体中心点的位置,输入圆环体的半径或直径,以及圆管的半径或直径。尖括号内的值是上次创建圆环体时输入的数据。

【试一试】 画圆环体⌀100圆管⌀30(图9.35)。

① 命令:Torus <Enter>

② 指定中心点或[三点(3P)/两点(2P)/相切、相切、半径(T)]:(任指一点)

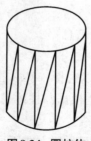

图9.34　圆柱体

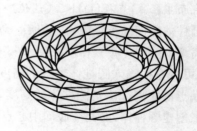

图9.35　圆环体

③ 指定半径或[直径(D)]:50 ＜Enter＞

④ 指定圆管半径或[两点(2P)/直径(D)]:15 ＜Enter＞

⑤ 功能区:"视图"选项卡→"视图"面板→"东南等轴测"。

⑥ 功能区:"视图"选项卡→"视觉样式"面板→"消隐" ⬛。

其他基本形体如楔体、圆锥体、圆球等实体模型的绘制方法基本相同。在此不作赘述,用户可以参照长方体和圆柱体的绘制过程进行练习。

9.2.2　创建拉伸实体和旋转实体

在中文版 AutoCAD 中,用户除了直接使用系统提供的命令来创建三维实体外,还可以通过对二维图像进行拉伸、旋转等操作来创建各种复杂的三维实体。

1. 创建拉伸实体

使用"拉伸"命令可以将二维对象沿 Z 轴或者通过指定路径拉伸成实体。拉伸对象被称为断面,该对象可以是任何封闭多段线、圆、椭圆、封闭样条曲线和面域。但是多段线对象的顶点数目不能超过 500 个,也不能少于 3 个。

如果拉伸对象是使用直线或圆弧绘制的图形,必须先将该图形转换连接为多段线,然后再使用"拉伸"命令进行拉伸。

(1) 命令的执行方法。

① 功能区:"常用"选项卡→"建模"面板→"拉伸"。

② 下拉菜单:"绘图"→"建模"→"拉伸"。

③ 工具栏:"建模"→"拉伸"。

④ 命令行:Extrude。

(2) 命令的提示和选项。

选择要拉伸的对象:(选中需要拉伸的对象)

指定拉伸的高度或[方向(D)/路径(P)/倾斜角(T)]:(指定拉伸对象的高度)

① 沿 Z 轴方向拉伸对象。

默认情况下,系统将沿 Z 轴方向拉伸对象,这时需要指定拉伸的高度。其拉伸高度值可以为正或为负,表示拉伸方向。此时将对象拉伸成柱体。

选择"倾斜角(T)"拉伸对象时,其倾斜角度也可以为正或为负,默认值为上次创建拉伸体时输入的数据。当拉伸角度为零时,表示生成实体的侧面垂直于XY平面,没有锥度。如果输入一个正角度值,拉伸对象将产生内锥度,生成的实体侧面向里靠;如果输入负值,将产生外锥度,生成的实体侧面向外伸展(如图9.36所示)。

  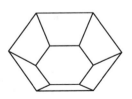

倾斜角0°   倾斜角45°   倾斜角-45°

图9.36 拉伸倾斜角度效果

在拉伸对象时,如果倾斜角度或拉伸高度较大,将导致拉伸对象在未到达拉伸高度之前就已经汇聚到一点,此时将对象拉伸成锥体。

② 通过指定路径拉伸对象。

通过指定拉伸路径,也可以将对象拉伸成三维实体。但是,要注意如下几点:

(a) 拉伸路径可以是开放的,也可以是封闭的。如直线、圆、圆弧、椭圆、多段线、样条曲线等二维或三维图形都可以定义为路径。注意,路径不能与被拉伸对象共面,否则无法进行拉伸。如果路径中包含曲线,则该曲线应不带尖角,因为尖角曲线会使拉伸实体自行相交,导致拉伸失败。

(b) 如果路径是开放的,则路径的起点应与端面在同一个平面内。否则拉伸时,将路径移到拉伸对象所在平面的中心处。

(c) 如果路径是一条样条曲线,则曲线的一个端点应与拉伸对象所在平面垂直。否则样条曲线会被移到断面的中心,并且断面会旋转到与样条曲线起点处垂直的位置。

(d) 如果路径中包含相连但不相切的段,则在连接点处,拉伸会沿着该段的角平分面斜接此连接点。

(e) 如果路径是封闭的,轨迹应位于斜接面上,以保证起始截面和终止截面相互贴合。如果必要时,系统会移动并旋转轨迹使之位于斜接面上。

(f) 如果沿路径拉伸多个对象,则"拉伸"命令会确保它们最后终止于同一平面。

【试一试】

① 功能区:"视图"选项卡→"视图"面板→"西南等轴测"(三维建模模式下)。

② 功能区:"常用"选项卡→"绘图"面板→"多段线"(画出一条直曲相连的多段线)。

③ "常用"选项卡→"坐标"面板→"绕Y轴旋转" (将坐标系沿Y轴旋转90°)。

④ "绘图"面板→"圆"(以多段线的一个端点为圆心画一个圆)。

⑤ "绘图"面板→"面域"(选择所绘圆将其转换为面域)。

⑥ "常用"选项卡→"建模"面板→"拉伸"(选择面域圆)。

命令行提示:

指定拉伸高度或[方向(D)/路径(P)/倾斜角(T)]:P <Enter>

选择拉伸路径或[倾斜角(T)]:(点选多段线为拉伸路径)

⑦ 功能区:"视图"选项卡→"视觉样式"面板→"消隐" 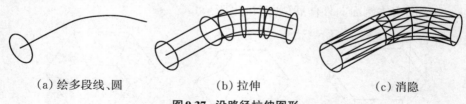（绘制结果如图9.37所示）。

（a）绘多段线、圆　　　　　（b）拉伸　　　　　　（c）消隐

图9.37　沿路径拉伸图形

2. 创建旋转实体

在中文版AutoCAD 2012中,还可以使用"旋转"命令,将二维对象绕某一轴旋转生成实体。也可以绕直线、多段线或两个指定的点旋转对象。用于旋转的二维对象可以是封闭的多段线、样条曲线、多边形、圆、椭圆、圆环以及封闭区域。而三维对象、包含在块中的对象、有交叉或自干涉的多段线不能够被旋转,并且每次只能旋转一个对象。

（1）命令的执行方法。

① 功能区:"常用"选项卡→"建模"面板→"旋转"。

② 菜单:"绘图"→"建模"→"旋转"。

③ 工具栏:"建模"→"旋转"。

④ 命令行:Revolve。

（2）命令的提示和选项。

选择要旋转的对象:(选择需要旋转的二维对象)

指定轴起点或根据以下选项之一定义轴[对象(O)/X/Y/Z]<对象>:

指定轴的端点:

指定旋转角度或[起点角度(ST)]<360>:

默认情况下,用户可以通多指定两个端点来确定旋转轴。

① 选择"对象(O)"选项:是用来选择旋转轴。此时用户只能选择直线或多段线为旋转轴。选择多段线时,如果拾取的多段线是线段,对象将绕该线段旋转;如果选择的是圆弧段,则以该圆弧两端点的连线作为旋转轴旋转。

② 选择轴"X/Y/Z"选项:用于指定绕X轴、Y轴、还是Z轴旋转。

注意:所选择的旋转轴不能垂直于要旋转的截面,旋转截面也不能横跨旋转轴两侧。

【试一试】

① "绘图"面板→"多段线"(画出要旋转的多段线图形及作为轴的直线)。

② "视图"选项卡→"视图"面板→"西南等轴测"(三维建模模式下)。

③ "常用"选项卡→"建模"面板→"旋转"。

④ 选择要旋转的对象:(选中要旋转的多段线图形)

⑤ 指定轴起点或根据以下选项之一定义轴[对象(O)/X/Y/Z]:(拾取轴一端点)

⑥ 指定轴端点:(拾取作为旋转轴的直线的另一端点)

⑦ 指定旋转角度或[起点角度(ST)]<360>：<Enter>

⑧ 功能区："视图"选项卡→"视觉样式"面板→"消隐"⬡。

绘制旋转、消隐结果如图9.38所示。

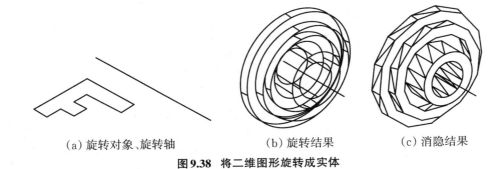

(a) 旋转对象、旋转轴   (b) 旋转结果   (c) 消隐结果

图9.38 将二维图形旋转成实体

9.2.3 编辑三维模型

三维图形绘制完成后，可以对其进行编辑(如三维移动、三维镜像、三维阵列、三维旋转、三维对齐等)，使最终的三维对象满足实际需要。

1. 三维移动

在三视图中显示移动夹点工具，并沿指定方向将对象移动到指定距离。

(1) 命令的执行方法。

① 功能区："常用"选项卡→"修改"面板→"三维移动"⬡。

② 菜单："修改"→"三维操作"→"三维移动"命令。

③ 命令行：3DMOVE。

(2) 命令的提示和选项。

命令：_3dmove

选择对象：找到1个(选择需要移动的对象)

选择对象：(回车)

指定基点或[位移(D)]<位移>：

指定第二个点或<使用第一个点作为位移>：

命令使用方法与"二维移动"命令相似，执行"三维移动"命令后，三维模型移动的效果如图9.39所示。

2. 三维镜像

"三维镜像"命令用来创建相对于某一平面的镜像对象。

(1) 命令的执行方法。

① 功能区："常用"选项卡→"修改"面板→"三维镜像"⬚。

② 菜单："修改"→"三维操作"→"三维镜像"命令。

③ 命令行：MIRROR3D。

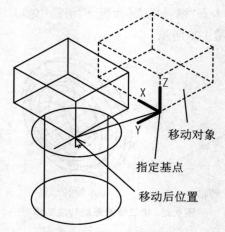

图9.39　三维模型移动效果

（2）命令的提示和选项。

命令：_Mirror3d

选择对象：找到1个（选择需要镜像的对象）

选择对象：（回车）

指定镜像平面（三点）的第一个点或[对象(O)/最近的(L)/Z轴(Z)/视图(V)/XY平面(XY)/YZ平面(YZ)/ZX平面(ZX)/三点(3)]<三点>：（选择中点1）

在镜像平面上指定第二点：（选择中点2）

在镜像平面上指定第三点：（选择中点3）

是否删除源对象？[是(Y)/否(N)]<否>：（回车）

执行"三维镜像"命令后，三维模型镜像效果如图9.40所示。

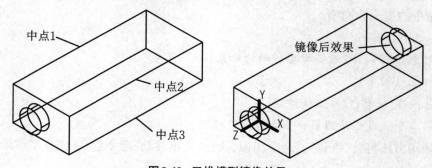

图9.40　三维模型镜像效果

3. 三维阵列

"三维阵列"命令用于在三维空间中创建对象的矩形阵列或环形阵列。除了指定列数（X方）和行数（Y方向）以外，还要指定层数。

(1) 命令的执行方法。

① 功能区:"常用"选项卡→"修改"面板→"矩形阵列" 或"环形阵列" 。

② 菜单:"修改"→"三维操作"→"三维阵列"命令。

③ 命令行:3DARRAY。

(2) "矩形阵列"命令的提示和选项。

命令:_3darray

选择对象:找到1个(选择需要阵列的对象)

选择对象:(回车)

输入阵列类型[矩形(R)/环形(P)]<矩形>:R

输入行数(———)<1>:3(输入需要阵列的行数)

输入列数(|||)<1>:3(输入需要阵列的列数)

输入层数(...)<1>:2(输入需要阵列的层数)

指定行间距(———):80(输入行间距)

指定列间距(|||):80(输入列间距)

指定层间距(...):90(输入层间距)

执行"三维阵列"命令后,矩形阵列的效果如图9.41所示。

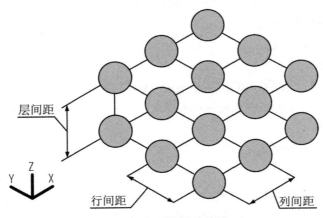

图9.41 矩形阵列的效果

(3) "环形阵列"命令的提示和选项。

命令:_3darray

选择对象:找到1个(选择需要阵列的对象)

选择对象:(回车)

输入阵列类型[矩形(R)/环形(P)]<矩形>:P

输入阵列中的项目数目:6

指定要填充的角度(+=逆时针,-=顺时针)<360>:(回车)

旋转阵列对象?[是(Y)/否(N)]<Y>:N

指定阵列的中心点:(指定阵列旋转轴上的点)

指定旋转轴上的第二点：(指定阵列旋转轴上的另一个点)

执行"三维阵列"命令后，环形阵列的效果如图9.42所示。

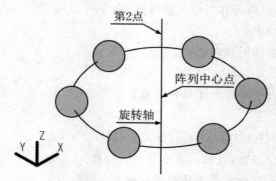

图9.42　环形阵列的效果

4. 三维旋转

"三维旋转"命令用于在三维视图中显示旋转夹点工具并围绕基点旋转对象。

(1) 命令的执行方法。

① 功能区："常用"选项卡→"修改"面板→"三维旋转" 🌐。

② 菜单："修改"→"三维操作"→"三维旋转"命令。

③ 命令行：3DROTATE。

(2) 命令的提示和选项。

命令：_3drotate

UCS 当前的正角方向：ANGDIR＝逆时针　ANGBASE＝0

选择对象：找到1个(选择需要旋转的对象)

选择对象：(回车)

指定基点：(指定旋转的基点)

拾取旋转轴：(指定旋转轴)

指定角的起点或键入角度：(指定旋转角度)

执行"三维旋转"命令后，三维模型旋转后的效果如图9.43所示。

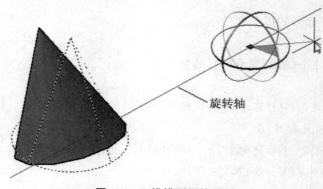

图9.43　三维模型旋转效果

5. 三维对齐

"三维对齐"命令可以在二维和三维空间中将对象与其他对象对齐。

(1) 命令的执行方法。

① 功能区:"常用"选项卡→"修改"面板→"三维对齐"🔂。

② 菜单:"修改"→"三维操作"→"三维对齐"命令。

③ 命令行:3DALIGN。

(2) 命令的提示和选项。

命令:_3dalign

选择对象:指定对角点:找到1个(选择源对象)

选择对象:(回车)

指定源平面和方向 …

指定基点或[复制(C)]:(指定源平面的第1点)

指定第二个点或[继续(C)]<C>:(指定源平面的第2点)

指定第三个点或[继续(C)]<C>:(指定源平面的第3点)

指定目标平面和方向 …

指定第一个目标点:(指定目标平面的第1点)

指定第二个目标点或[退出(X)]<X>:(指定目标平面的第2点)

指定第三个目标点或[退出(X)]<X>:(指定目标平面的第3点)

执行"三维对齐"命令后,三维模型对齐后的效果如图9.44所示。

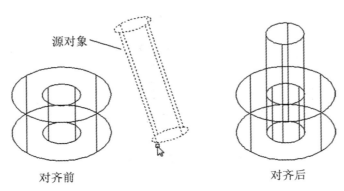

图9.44 三维模型对齐效果

9.2.4 布尔运算

布尔运算是一种数学上的逻辑运算,对于提高绘图效率具有很大的作用。布尔运算包括并集(Union)、差集(Subtract)、交集(Intersect)运算。简单的三维实体通过布尔运算可以形成复杂的三维实体。布尔运算对象可以是基本实体、拉伸实体、旋转实体、其他布尔运算实体或面域。对于普通的图形对象无法使用。

1. 并集运算

并集运算是将两个或多个实体进行合并,生成一个新的组合体。该命令主要用于将多个相交或相接触的对象组合在一起。当组合一些不相交的实体时,其显示效果看起来还是多个实体,但实际上却被当作一个对象。

命令的执行方法如下:

① 功能区:"常用"选项卡→"实体编辑"面板→"并集" ⑩ 。

② 菜单:"修改"→"实体编辑"→"并集"。

③ 工具栏:"实体编辑"→"并集"或"建模"→"并集"(如图9.45所示)。

④ 命令行:Union。

图9.45 "实体编辑"工具栏

执行"并集"命令后,命令行提示"选择对象",用户根据提示依次拾取待合并的对象,然后按回车键,选中对象将被并集。

【试一试】

① 功能区:"常用"选项卡→"建模"面板(绘出长方体、圆柱体)。

② 功能区:"常用"选项卡→"实体编辑"面板→"并集"(选中长方体、圆柱体)。

③ 功能区:"视图"选项卡→"视图"面板→"西南等轴测"。

绘制结果如图9.46所示,(a)、(b)是俯视效果,(c)、(d)是轴测效果。

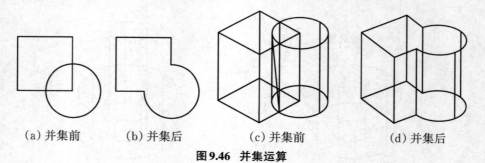

　　(a) 并集前　　　　(b) 并集后　　　　　(c) 并集前　　　　(d) 并集后

图9.46 并集运算

2. 差集运算

差集运算是从一个实体中减去另一个(或多个)实体,生成一个新的实体。

命令的执行方法如下:

① 功能区:"常用"选项卡→"实体编辑"面板→"差集" ⑩ 。

② 菜单:"修改"→"实体编辑"→"差集"。

③ 工具栏:"实体编辑"→"差集"。

④ 命令行:Subtract。

执行"差集"命令后,用户可以根据命令行提示,依次拾取要保留的对象和要减去的对象,然后按回车键,选中的对象将被差集运算。

【试一试】 如图9.47所示。

① 功能区:"常用"选项卡→"建模"面板(绘出长方体、圆柱体)(如图9.47(a)所示)。

② 功能区:"常用"选项卡→"实体编辑"面板→"差集"。

选择要从中减去的实体或面域…(选中圆柱体)<Enter>

选择要减去的实体或面域…(选中长方体)(如图9.47(b)所示)

③ 功能区:"视图"选项卡→"视图"面板→"西南等轴测"(如图9.47(c)所示)。

④ 功能区:"视图"选项卡→"视觉样式"面板→"消隐" 🔲 (如图9.47(d)所示)。

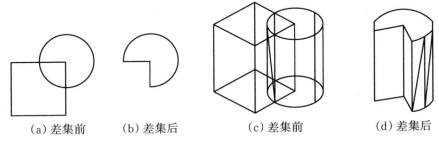

(a)差集前   (b)差集后   (c)差集前   (d)差集后

图9.47 差集运算

3. 交集运算

交集运算是将两个或多个实体的公共部分单独取出,构成一个新的实体。同时删除公共部分以外的部分。

命令的执行方法如下:

① 功能区:"常用"选项卡→"实体编辑"面板→"交集" 🔘 。

② 菜单:"修改"→"实体编辑"→"交集"。

③ 工具栏:"实体编辑"→"交集"。

④ 命令行:Intersect。

执行"交集"命令后,用户可以根据命令行提示,依次拾取参与交集的对象,然后按回车键,选中的对象将被交集运算,只留下公共部分。

【试一试】

① 功能区:"常用"选项卡→"建模"面板(绘出长方体、圆柱体)。

② 功能区:"常用"选项卡→"实体编辑"面板→"交集"(选中长方体、圆柱体)。

③ 功能区:"视图"选项卡→"视图"面板→"西南等轴测"。

④ 功能区:"视图"选项卡→"视觉样式"面板→"消隐" 🔲 。

绘制结果如图9.48所示。

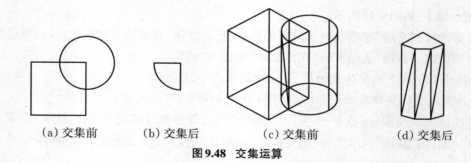

（a）交集前　　　（b）交集后　　　（c）交集前　　　（d）交集后

图9.48　交集运算

9.2.5　修改三维实体面

在三维空间中，可以使用拉伸面、移动面、旋转面、偏移面、倾斜面、删除面、复制面、着色面工具来修改三维实体面，使其符合造型设计要求。

1. 拉伸面

选择"拉伸面"选项，可以将选定的三维实体对象的平整面拉伸到指定的高度或沿一路径拉伸，可以垂直拉伸，也可以按指定斜度进行拉伸。拉伸实体面时一次可选择一个面或多个面同时进行拉伸，如图9.49所示。

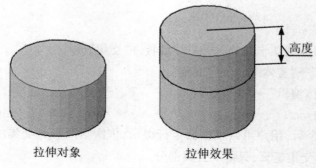

拉伸对象　　　　　　　　拉伸效果

图9.49　拉伸面

用户可以通过以下命令方式来执行此操作：

① 功能区："常用"选项卡→"实体编辑"面板→"拉伸面"按钮🗗。

② 菜单："修改"→"实体编辑"→"拉伸面"命令。

③ 命令行：SOLIDEDIT。

2. 移动面

选择"移动面"选项，可以沿指定的高度或距离移动选定的三维实体对象的面。一次可以选择多个面。在移动面过程中，指定的基点和移动第2点将定义一个位移矢量，用于指示选定的面移动的距离和方向，如图9.50所示。

用户可以通过以下命令方式来执行此操作：

① 功能区："常用"选项卡→"实体编辑"面板→"移动面"按钮🗗。

② 菜单："修改"→"实体编辑"→"移动面"命令。

③ 命令行：SOLIDEDIT。

选择面　　　　　选择基点和移动点　　　　移动面结果

图9.50　移动面

3. 旋转面

选择"旋转面"选项，可以绕指定的轴旋转一个或多个面或实体的某些部分，如图9.51所示。

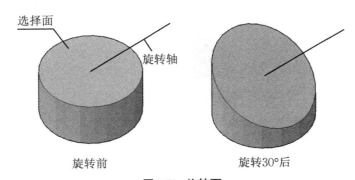

旋转前　　　　　旋转30°后

图9.51　旋转面

用户可以通过以下命令方式来执行此操作：

① 功能区："常用"选项卡→"实体编辑"面板→"旋转面"按钮。

② 菜单："修改"→"实体编辑"→"旋转面"命令。

③ 命令行：SOLIDEDIT。

4. 偏移面

选择"偏移面"选项，可以按指定的距离或通过指定的点，将面均匀的偏移。正值增大实体尺寸或体积，负值减小实体尺寸或体积。

执行偏移面操作，可以使实体外部面偏移一定距离，也可以在实体内部偏移孔面，如图9.52所示。

用户可以通过以下命令方式来执行此操作：

① 功能区："常用"选项卡→"实体编辑"面板→"偏移面"按钮。

② 菜单："修改"→"实体编辑"→"偏移面"命令。

③ 命令行：SOLIDEDIT。

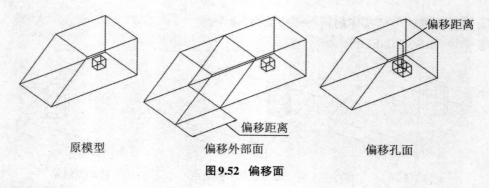

原模型   偏移外部面   偏移孔面

图9.52　偏移面

5. 倾斜面

选择"倾斜面"选项,可以按一个角度将面进行倾斜。倾斜角的旋转方向由选择基点和第2点(沿选定矢量)的顺序决定。如图9.53所示为面倾斜20°的效果图。

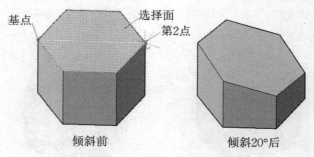

倾斜前   倾斜20°后

图9.53　面倾斜20°的效果图

用户可以通过以下命令方式来执行此操作:

① 功能区:"常用"选项卡→"实体编辑"面板→"倾斜面"按钮。

② 菜单:"修改"→"实体编辑"→"倾斜面"命令。

③ 命令行:SOLIDEDIT。

6. 删除面

选择"删除面"选项,可以删除选定的面,包括圆角和倒角,如图9.54所示。

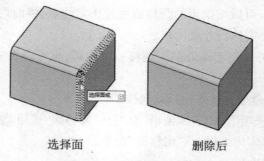

选择面   删除后

图9.54　删除面的效果图

用户可以通过以下命令方式来执行此操作:

① 功能区:"常用"选项卡→"实体编辑"面板→"删除面"按钮✖️⛏。

② 菜单:"修改"→"实体编辑"→"删除面"命令。

③ 命令行:SOLIDEDIT。

7. 复制面

选择"复制面"选项,可以将面复制为面域或体,如图9.55所示。

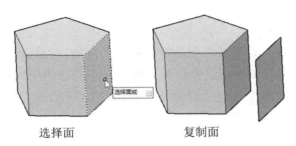

选择面　　　　　　　复制面

图9.55 复制面的效果图

用户可以通过以下命令方式来执行此操作:

① 功能区:"常用"选项卡→"实体编辑"面板→"复制面"按钮⛏。

② 菜单:"修改"→"实体编辑"→"复制面"命令。

③ 命令行:SOLIDEDIT。

8. 着色面

选择"着色面"选项,可以修改选定面的颜色,如图9.56所示。

当选择要着色的面后,程序会弹出"选择颜色"对话框,通过该对话框为选定的面选择合适的颜色,如图9.57所示。

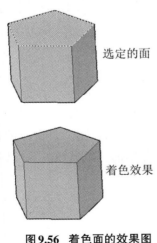

选定的面

着色效果

图9.56 着色面的效果图

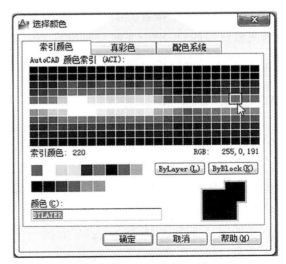

图9.57 "选择颜色"对话框

用户可以通过以下命令方式来执行此操作:

① 功能区:"常用"选项卡→"实体编辑"面板→"着色面"按钮⛏。

② 菜单:"修改"→"实体编辑"→"着色面"命令。
③ 命令行:SOLIDEDIT。

9.3　利用UCS进行多视口三维造型

AutoCAD为多个视口提供了模型的不同视图。例如,可以设置四个视口分别显示俯视图、主视图、左视图和等轴测图。要想更方便地在不同视图中编辑对象,可以为每个视口定义不同的UCS。而每个视口可以都显示自己的UCS图标。如图9.58所示。每次将视口设置为当前之后,都可以在此视口中,再次使用该视口上一次作为当前视口时使用过的UCS。

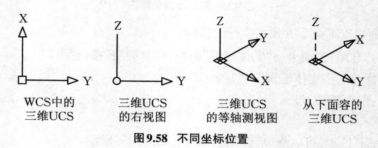

图9.58　不同坐标位置

每个视口中的UCS都有UCSVP系统变量控制。如果视口中的UCSVP设置为1,则上一次在该视口中使用的UCS与视口一起保存,并在该视口再次成为当前视口时被恢复。如果某视口中的UCSVP设置为0,则此视口的UCS总是与当前视口中的UCS相同。例如,将等轴测图视口中的UCSVP系统变量设置为0,而将俯视图视口置为当前,则等轴测图视口中的UCS反映UCS俯视图视口。

9.3.1　设置多视口绘图

工程技术人员利用计算机绘图时,如果能灵活地开启多个绘图视口,可以大大提高绘图速度,当在一个视口绘图时,其余视口可以自动生成给定UCS方向的视图。最方便的是可以自动生成三维实体模型。通过对二维视图的编辑,能得到较复杂的三维模型。

设置多视口的方法如下:
① 功能区:"视图"选项卡→"视口"面板→"视口配置列表"。
② 菜单:"视图"→"视口"→"新建视口"。
打开"视口"对话框(如图9.59所示)。
在"标准视口"选项区选"四个:相等"。
在"设置"选项区选"三维"。

在"预览"选项区选中左上框。

在"修改视图"选项区选"前视"。

依此选好"俯视""左视""西南等轴测"。

在"视觉样式"选项区三视图及轴测图全选"二维线框"。

各项选择好后,按确定。在此设置的四个视口就是绘图窗口。且 UCS 也根据视图的投影方向自行改变。也可以在绘图窗口中利用菜单"视图""三维视图"重新进行视点设置。

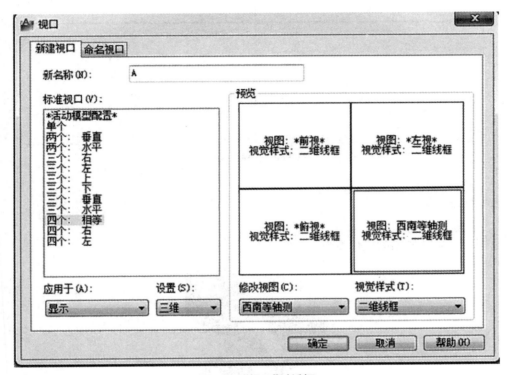

图9.59 "视口"对话框

利用多视口绘图的方法如下:

(1) 激活"俯视图"。

① 功能区:"常用"选项卡→"建模"面板→"圆锥体"(绘制直径为 100,高为 100 的圆锥体)。

② 功能区:"常用"选项卡→"建模"面板→"圆柱体"(绘制直径为 60,高为 100 的圆柱体)。

(2) 激活"主视图"。

① 功能区:"常用"选项卡→"修改"面板→"移动"(将圆柱体上移 30)。

② 功能区:"常用"选项卡→"实体编辑"面板→"并集"(将圆锥体与圆柱体并集)。

(3) 激活"西南等轴测"。

① 功能区:"视图"选项卡→"视觉样式"面板→"消隐"。

绘制结果如图9.60所示。

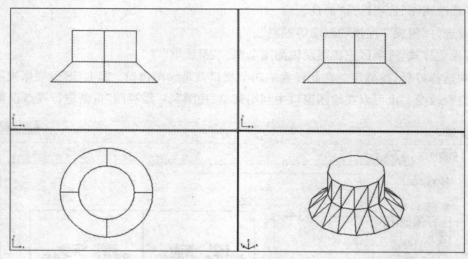

图9.60　多视口绘图

9.3.2　综合举例

绘制如图9.61所示的机件图形。

图9.61　机件效果

（1）菜单："视图"→"视口"→"新建视口"。

在"标准视口"选项区选"三个:右"。

显示"主视""俯视""东南等轴测"三个视口。

激活"俯视图"。

（2）功能区："常用"选项卡→"建模"面板→"长方体"。

绘制底盘：长200、宽100、高30。

绘制竖板：长100、宽30、高60。

绘制支承板：长100、宽80、高30。

（3）功能区："常用"选项卡→"建模"面板→"楔体"。

绘制肋板：长70、宽30、高60。

绘制结果如图9.62所示。

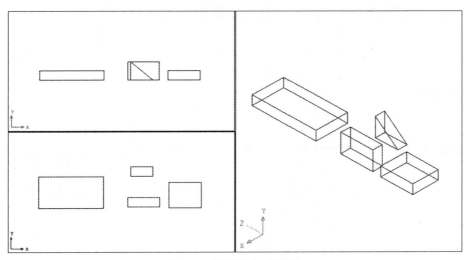

图9.62　绘制长方、体楔体

（4）菜单："工具"→"绘图设置"→"对象捕捉"→选中"中点"。

（5）功能区："常用"选项卡→"建模"面板→"圆柱体"。

以底盘宽的中点为圆心，绘制圆柱体：半径50高30两个；半径30高30两个。

以支承板宽的中点为圆心，绘制圆柱体：半径50高60及半径30高60各一个。

绘制结果如图9.63所示。

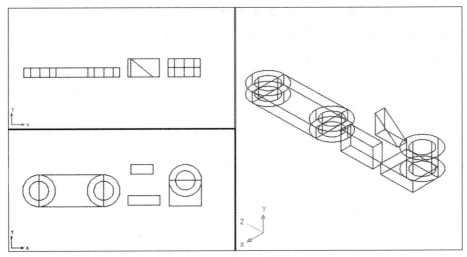

图9.63　绘制圆柱体

（6）功能区："常用"选项卡→"实体编辑"面板→"并集"。

将底盘与两端圆柱体并集、将支承板与一端圆柱体并集。

（7）功能区："常用"选项卡→"实体编辑"面板→"差集"。

将半径为30的小圆柱体从底盘中差集、同样从支承板中减去圆柱体。

编辑结果如图9.64所示(以上绘制的立体底面都处于XY平面上,Z轴方向的移动可以在"主视"或"东南等轴测"两视口之一中进行)。激活"东南等轴测"。

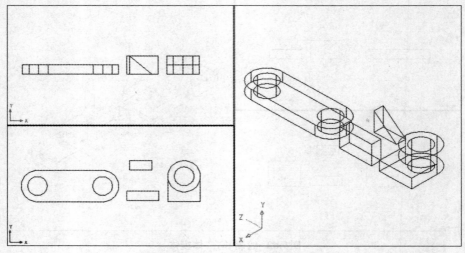

图9.64 并集圆柱体、差集圆柱孔

(8)功能区:"常用"选项卡→"修改"面板→"移动"。

利用中点捕捉,将竖板、支承板移动到相应的位置。

(9)功能区:"常用"选项卡→"修改"面板→"旋转"。

将肋板旋转负90度,并且移至底盘上。

(10)功能区:"常用"选项卡→"修改"面板→"移动"。

将肋板移动到相应的位置,移动结果如图9.65所示。

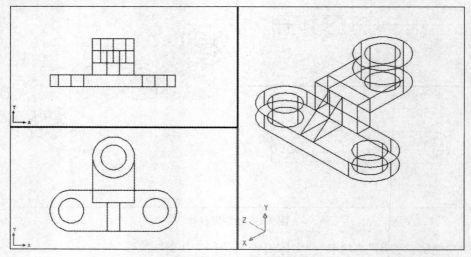

图9.65 各立体移动结果

(11)功能区:"常用"选项卡→"实体编辑"面板→"并集"。

选择底盘、肋板、竖板、支承板一次并集为一整体。

并集结果如图 9.66 所示。

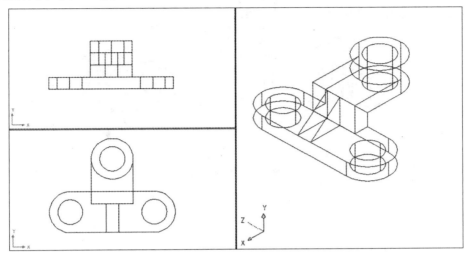

图 9.66　各立体并集结果

(12) 功能区："视图"选项卡→"视觉样式"面板→"消隐"。

消隐结果如图 9.67 所示。

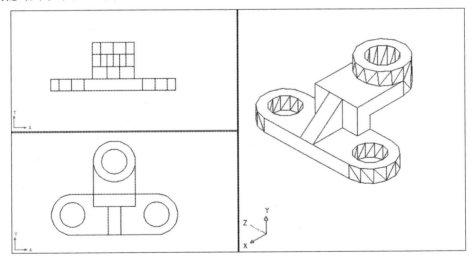

图 9.67　消隐立体

习　　题

1. 如何设置多视窗和三维视点?

2. 实体造型的方法有哪些?

3. 以拉伸、旋转方式分别创建图9.68(a)、图9.68(b)。

4. 利用布尔运算创建图9.68(a)、图9.68(b)。

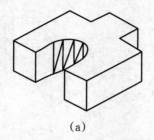
（a）

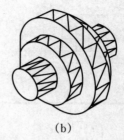
（b）

图9.68　图形视图

第10章 AutoCAD二次开发技术

AutoCAD是作为一个通用绘图系统而设计的。但各行各业都有自己的行业或专业标准，许多单位也有自己的技术规格和企业标准，每个设计工程师和绘图员也有自己喜爱的工作方式。为适应不同用户的特殊要求，AutoCAD提供了开放式体系结构，允许用户根据自己的需求来改进和扩充AutoCAD的许多功能，实现对AutoCAD的二次开发。AutoCAD二次开发技术牵涉的内容较多，本章仅介绍与二次开发有关的两个基本技术使用，它们是形的定义与使用以及VBA程序开发。

10.1 形与形文件

形（Shape）是一种用数字描述的图形。该图形类似于图块，由直线和圆弧构成。直线、圆弧又由特定的代码和数字来描述。记录这个描述过程的文件称为形文件。形通常用来定义文字和符号。AutoCAD提供的许多字体文件就是用形来描述的。形可以很方便地绘入到图形中，并且可以按需要指定缩放系数及旋转角度，以获得不同的位置与大小。

在AutoCAD中，形从定义到在绘图中使用必须经过以下步骤：

（1）按照规定格式进行形的定义。

（2）用文本编辑器或字符处理器建立形文件，文件的扩展名为".shp"。

（3）对已经生成的形文件进行编译，使其转换为AutoCAD能接受的格式。编译后的文件类型为".shx"。

（4）加载形文件。

（5）调用形，将形绘入图中。

从某种意义上说，形与块（Block）有些类似。在绘图过程中，块提供了定义和使用零件库的主要方法，在各方面都具有通用性，且易学、易用。但形在AutoCAD中保存和绘图使用时的效率更高，它的最大特点是可以大量节省存储空间。当需要把简单一些的图符重复多次绘入图形，而又要求获得较快的速度时，用形是比较合适的。因此，形一般用来建造符号库。

10.1.1 形的定义

形通过形文件来定义。形文件是一个 ASCII 码文件,因此,要建立或修改这样的形文件,必须使用文本编辑器或者字处理器。

在 AutoCAD 中,对形的定义具有一定的格式和规定,用户必须严格按照这些规定和格式进行形的定义。每一个形的定义都包含一个标题行和若干个形描述行。

1. 标题行

标题行以"*"开始,说明形的编号、大小及名称。标题行的格式如下所示:

*〈形编号〉,〈定义字节数〉,〈形名〉

现对以上格式中的各部分内容做如下说明:

"*"表示一个形的定义开始。

"形编号":每个形必须有一个唯一的编号,占用一个字节。因此,其编号范围是在1~255之间的一个整数。在一个形文件中,最多可定义 255 个形,在不足 255 个形的文件中,每个形可以分配任意唯一的编号。

"定义字节数":描述形所需要的数据的字节数,包括结束符"0"所占的一个字节;一个形的描述不允许超过 2000 个字节。

"形名":每个形有一个名字。形名必须用大写字母表示。小写的形名只起到形的一种标志作用,而不会被存入存储器,因此该形名就被忽略了。

2. 描述行

在形定义中,继标题行之后为形的描述行。描述行用数字或字母来描述形中所包含的线段、圆弧的大小和方向。其中,数字或字母分为一个一个字节,这些字节之间用逗号分开。描述行最后以"0"结束。描述行开始不能用逗号。一行最多为 128 个字符,可以用多行来描述一个形。直线段可以用标准矢量或非标准矢量来描述。非标准矢量和圆弧则用专用代码来描述。下面分别说明标准矢量和专用代码的描述方法。

(1)用标准矢量来描述直线。

描述一段标准直线段矢量的代码占用一个字节,字节中的高 4 位表示矢量的长度,低 4 位表示矢量的方向。矢量的长度和方向的编码如图 10.1 所示。

从图 10.1 中可以看到,共有 16 个标准方向的矢量。标准矢量按 16 进制编码,凡是符合这 16 个标准方向的矢量就可以按图示写出其编码,编码中包含了该矢量的大小和方向。图中所有的矢量都以同一长度规范画出,其中斜矢量取与其最近的水平或垂直矢量的长度值。

对于图 10.2 中所画的图形。如果要把它定义为一个形 ARROW,则描述该 5 条线段的描述码如图中所标,分别为 014,012,01E,01C,028。

如果要把该形的定义写成形文件,则该形文件为:

*125,6,ARROW

014,012,01E,01C,028,0

以上所写形文件的第一行(标题行)中,说明了形的编号为 125,这是由用户给定的;定义该形所占用的字节数为 6;定义了形名为 ARROW,形名一定要用大写字母书写。

第二行为描述行,共用了 6 个字节。其中用了 5 个字节描述 5 条线段,最后的"0"为形定义的结束符,它也占用一个字节。

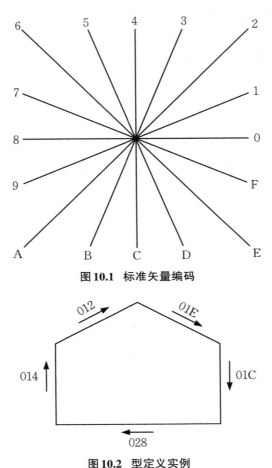

图 10.1　标准矢量编码

图 10.2　型定义实例

(2) 特殊描述码。

仅靠 16 种标准的直线段矢量不足以描述一个内容丰富的形。比如,要定义的形中不仅包含标准直线段,还会包含非标准直线段、圆弧,以及控制抬笔、落笔和完成非连续线条的操作等。对于这些功能,AutoCAD 设定了一些特殊码来加以描述,这些特殊码是专用的。部分专用码的定义和功能如下:

0　形定义结束;

1　启动绘图方式(即落笔画线);

2　退出绘图方式(即抬笔空走,不画线);

3　用下一个字节去除矢量长度;

4　用下一个字节去乘矢量长度;

　5　将当前位置压入堆栈；

　6　从堆栈中弹出当前位置；

　7　绘制由下一个字节给出的子形编号所表示的形；

　8　由下两个字节给出 X、Y 方向的位移量，可绘出非标准的直线段矢量；

　9　由下面若干个字节给出多个 X、Y 位移量；可连续绘出非标准的直线段矢量，必须用(0,0)表示结束；

　10　由下 2 个字节定义一段八分弧。

下面我们就其中部分专用码的作用做几点说明：

① 代码 3 和代码 4。

代码 3 和 4 控制每一矢量的相对尺寸，它实际上是一个缩放比例因子。该比例因子用一个字节表示，其范围在 1～255 之间，跟在代码 3 或 4 的后面。并且比例因子在同一个形内是被累积的，直到该形的定义结束时才复原。

② 代码 7。

代码 7 是对子形的调用。跟在代码 7 后面的是一个在 1～255 之间的形号，这时将画出该形号所代表的形，但这个被调用的形必须在同一个形文件中。子形的绘制一旦完成，即恢复到当前形的绘制。

注意：调用中绘图模式的改变对新的形将不会复原。

③ 代码 8 和代码 9。

代码 8 和 9 用于绘制非标准矢量。标准矢量的描述码只能画 16 个方向、最长长度为 15 的直线段。这些限制有助于使形的定义更有效，但也产生了一些局限性。代码 8 和代码 9 允许使用 X、Y 两个方向的位移来描述任意矢量，以弥补使用标准矢量的不足。

代码 8 后面跟两个字节，分别表示 X 方向和 Y 方向上的位移量。位移量是从 -128～$+127$ 之间的整数值，其中，正数前的"＋"号可以省略。例如：

8,(-12,5)

表示下一段直线从当前点开始，X 方向的增量为 -12，Y 方向的增量为 5。描述码中的括号仅用于提高可读性，没有其他含义，因此是可有可无的。执行完毕后，形又恢复到标准矢量描述模式。

当需要连续画出一系列非标准矢量时，必须使用代码 9。代码 9 后面可以跟任意对 (X,Y) 位移，最后以(0,0)结束。状态又恢复到标准矢量描述模式。例如：

9,(-3,4),(6,0),(-3,-4),(0,0)

④ 代码 10。

代码 10 用于绘制一段八分弧，该圆弧用两个字节来定义。这种类型的圆弧之所以被称为八分弧，是因为弧的跨度是一个或多个 45° 的八分之一的圆周，且圆弧的起点和终点均在 45° 的边界上。八分弧从时钟 3 点的位置起开始按逆时针方向编号计数，如图 10.3 所示。

八分弧的具体描述格式如下：

10,R,($\pm$)0SC

在描述行中,10为专用代码。R用于设置圆弧半径的大小,其值可取1～255之间的任一整数。下一个字节指出圆弧的方向(逆时针为正,顺时针为负,其中"+"号可以忽略)。

S为圆弧的起始号,其值可取0～7。C为圆弧所跨八分弧的个数,取值范围为0～7。如果C取为0,则意为8个八分弧,也就是画一个整圆。

图10.4中所画的那段圆弧的描述如下:

10,5,023 或 10,5,-053

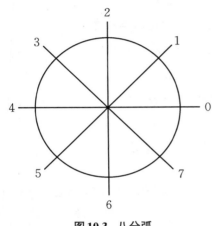

图10.3 八分弧

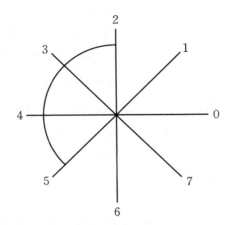

图10.4 绘制部分圆弧

10.1.2 形文件的建立

1. 建立形文件

形文件是一个ASCII码的文本文件。因此,用户可以将已经定义好的一个或多个形,用文本编辑器(如notepad.exe或edit.exe)或其他字处理器在磁盘上建立。形文件的扩展名为".shp"。

形文件中每行的字符数不得超过128,过长的行将会导致编译失败。AutoCAD将忽略所有的空行及分号右边的内容。

下面以建立一个名为"fuhao.shp"的形文件为例,说明形文件的建立过程。该形文件中包含了四个形的定义,其中三个是粗糙度标注符号,一个是基准标注符号。

注意:下面的编码中,逗号全部是西文字符。

(1) 在Windows环境下运行"记事本"程序,打开文本编辑器。

(2) 在文本编辑器中键入如下内容:

*1,9,CCD1

005,8,(-4,7),006,8,(8,14),0

*2,10,CCD2

005,8,(-4,7),080,006,8,(8,14),0

*3,27,CCD3

5,8,(−4,7),6,8,(8,14),2,8,(−8,−14),8,(2,4),3,100

8,(31,66),1,4,10,10,(23,000),0

*4,44,JZ

3,10,2,0a8,1,8,(20,0),2,3,10,8,(0,2),4,10

1,8,(−20,0),2,3,10,8,(0,2),4,10

1,8,(20,0),2,8,(−10,0),1,8,(0,24),10,(10,−060),0

（3）将以上文件以"fuhao.shp"为文件名存入磁盘并退出记事本程序。

其中：CCD1描述了用任何方法获得的表面粗糙度符号√。

CCD2描述了用除去材料方法获得的表面粗糙度符号▽。

CCD3描述了用不除去材料方法获得的表面粗糙度符号√。

JZ描述了基准符号♀。

以上全过程即在磁盘上建立一个以"fuhao.shp"为文件名的形文件。

2. 编译形文件

通过文本编辑器在磁盘上建立的形文件（即扩展名".shp"的文件），不能在AutoCAD中被直接调用绘入图中。形文件中定义的形在被调用之前，必须先进行编译。编译形文件就是将原来的".shp"文件转换成AutoCAD所能接受的格式，使得AutoCAD能够装载调用。编译后的形文件扩展名为".shx"。

对形文件进行编译要在AutoCAD环境中进行，使用Compile命令。Compile命令的执行过程为：

命令：Compile ＜回车＞

Compile命令执行后，屏幕上将弹出一个名为"选择形或字体文件"的对话框，如图10.5所示。从对话框中的文件名列表中可以选择等待编译的形文件名。选中文件名并确认后，编译过程就开始了。

图10.5 "选择形或字体文件"对话框

在编译过程中,如果发现文件有错误,AutoCAD会显示出错信息,告诉所发生错的类型及错误所在的行号。如果编译成功,那么在编译结束时,将会显示如下信息:

编译形/字体说明文件

编译成功。输出文件 E:\cad20012\fuhao.shx。包含157字节。

经编译后生成的"·shx"类型的文件与原定义的形文件同名,这是一个可以被LOAD命令装入AutoCAD的系统文件。

10.1.3　形的调用

形在被调用绘入图中之前,必须先将包含该形定义的形文件(指".shx"文件)加载,然后才能在绘图中使用。

1. 用LOAD命令加载形文件

LOAD命令的功能是将类型为"·shx"的形文件装入AutoCAD,以供绘制形的SHAPE命令调用。LOAD命令的执行格式为:

命令:LOAD ＜回车＞

LOAD命令执行后,在屏幕上格弹出一个名为"选择形文件"对话框,与图10.5相类似。用户可在该对话框的文件名列表中选择需要载入系统的形文件名。

2. 用SHAPE命令插入形

当形文件被加载以后,用户就可以用SHAPE命令把形插入到图形中指定的位置上。形在被插入时,可以根据需要放大、缩小和旋转。

SHAPE命令的执行过程为:

命令:SHAPE ＜回车＞

输入形名或[?]〈当前值〉CCD2 ＜回车＞

指定插入点:(要求用户指定形的插入点位置)

指定高度＜当前值＞:(指定形绘入后的高度,相当于等比例缩放)

指定旋转角度＜当前值＞:(指定形在绘入时的旋转角度)

10.2　VBA程序开发

10.2.1　VBA 简介

VBA的全称为 Visual Basic for Application,是一个基于对象的编程环境,能提供丰富的开发功能。VBA最早是建立在Office 97中的标准宏语言,由于它在开发方面的易用性且功能强大,许多软件开发商从微软公司购得VBA的使用许可,将其嵌入自己的应用程序中,作为一种开发工具提供给用户使用。AutoCAD从R14.01版开始,内置了VBA开发工具。但是,AutoCAD 2012版安装盘不再包含VBA安装包,VBA系统需要单独安装。

VBA的魅力来自两个方面:第一,与VB有着几乎相同的开发环境和语法,具备功能强大和易于掌握的特点。第二,在于它的for Application功能,即它的针对性非常强。它驻留在主程序的内部,使其结构精简,且代码运行效率非常高。

熟悉Visual Basic的读者,会发现VBA的功能与VB所能实现的功能几乎完全一样,事实上的确如此。从语言结构上讲,VBA是VB的一个子集,它们的语法结构是一样的,外观的明显区别是,VBA所有的功能尽管与VB一样,但不如VB的多。比如,工具箱中的标准控件就是一个最直接的例子,VBA所提供的标准控件没有VB提供的多。

VBA的程序常被称为宏。宏的意思就是一段定义好的操作,可以是一段操作指令的集合,也可以是一段程序代码。 VBA不是一个独立的开发环境,而是一个附属于应用程序的开发工具。因此,VBA程序代码要么集成在应用程序的文件中,要么作为一个附属文件与主文件共存。在AutoCAD中,VBA程序代码既可以嵌在一个图形文件中,也可以是以一个独立的磁盘文件(*. DVB)形式单独存在。嵌在图形文件中的VBA程序代码在图形文件被打开时,会自动载入,但只能在该图形中调用;独立的VBA程序则可以被装载到任一打开的图形文件中进行调用。

10.2.2 VBA编程初步

1. 启动VBA编程环境

在AutoCAD环境中启动VBA编程环境,有以下两种方法:

① 在命令行中直接键入Vbaide命令并按回车键。

② 打开"工具"下拉菜单,再打开其中的"宏"菜单,选择其中的"Visual Basic编辑器"选项。

执行Vbaide命令后,屏幕上就会出现如图10.6所示的界面,该界面就是VBA集成开发环境(IDE)界面。

2. VBA编程步骤

VBA的编程方法与VB基本一样,熟悉VB的读者可直接进行VBA编程。利用VBA编程的基本步骤是:

① 在AutoCAD环境中启动VBA集成开发环境(IDE)界面。

② 创建用户窗体。

③ 在窗体上安置各种对象。

④ 为每个对象编写响应事件的程序代码。

3. 一个简单的VBA编程示例

下面我们用一个简单的示例来说明在AutoCAD中用VBA编程的步骤,使读者对VBA

编程有一个感性上的认识。本示例运行后在AutoCAD的模型空间指定位置上画一五角星，本例子虽然简单，但读者从中可以体会到VBA的基本编程方法。

① 在AutoCAD环境中启动VBA集成开发环境（IDE）界面（图10.6）。

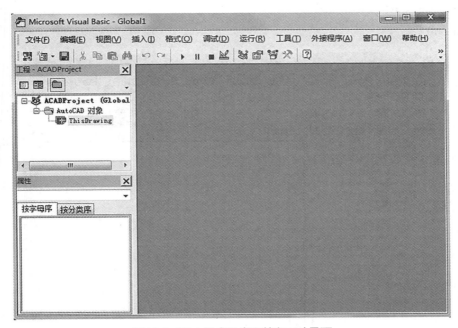

图10.6 VBA集成开发环境（IDE）界面

② 在VBA集成开发环境的下拉菜单上选择"插入"，再选择"模块"。

③ 再在VBA集成开发环境的下拉菜单上选择"插入"，然后选择"过程"，屏幕上此时出现一如图10.7所示的"添加过程"对话框。

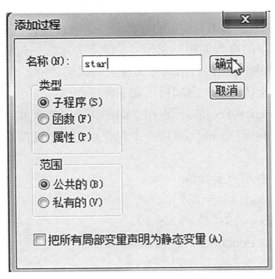

图10.7 "添加过程"对话框

④ 在"添加过程"对话框中的"名称"旁边的文本框中键入一过程名,例如键入"star"后,单击"确定"按钮,VBA集成开发环境窗口如图10.8所示,在右边的空白屏幕处产生了两行语句:

Public Sub star( )

End Sub

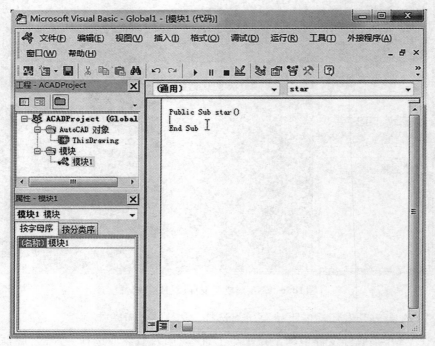

图10.8　VBA集成开发环境窗口

第一句是过程的起始行,起始行上包含有我们刚刚键入的过程名star,第二句是过程的结束语句。Public关键字表示名为star( )的过程为一公有过程,公有过程可以被同一模块中的不同过程或不同模块中的过程调用。Sub( )关键字表示这一过程是一个子程序过程,不需要有返回值。我们不妨把上述两行语句称为过程的框架。

⑤ 在star( )过程框架的两语句之间插入如下程序代码:

Dim plineObj As AcadLWPolyline '声明二维多义线对象变量

Dim points(0 To 11) As Double '声明一个保存点的数组变量

'定义二维多义线的各端点坐标值

points(0) = 100：points(1) = 150

points(2) = 70.6107：points(3) = 59.5492

points(4) = 147.5528：points(5) = 115.4508

points(6) = 52.4472：points(7) = 115.4508

points(8) = 129.3893：points(9) = 59.5492

points(10) = 100: points(11) = 150

'在模型空间中绘制出多义线段, AddLightWeightPolylin 是画二维多义
'线段的方法
Set plineObj = ThisDrawing.ModelSpace.AddLightWeightPolyline(points)
'令所绘制图形不超过视口界限
ZoomAll

⑥ 代码输入完毕后, 就可运行本程序了。单击 VBA 集成开发环境的下拉菜单条上的"运行", 再选择"运行子过程"项(或直接按 F5, 或单击标准工具条上的运行按钮 ▶)。

⑦ 程序运行后, 单击 VBA 编辑器左上角的 AutoCAD 视图按钮 , 我们就会看到在 AutoCAD 屏幕上出现了一五角星, 情形正如图 10.9 所示的那样。

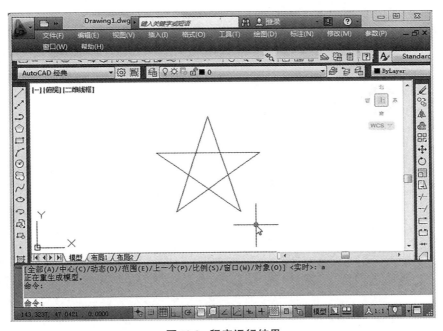

图 10.9　程序运行结果

⑧ 现在我们可以将编写好的程序代码保存起来, 以便于今后在绘图过程中调用。为此, 应在 AutoCAD 绘图环境中打开"工具"下拉菜单, 再打开其中的"宏"菜单, 选择其中的"VBA 管理器"选项。系统将会弹出如图 10.10 所示的"VBA 管理器"对话框。

用光标选中系统给出的缺省工程文件名后, 点击"VBA 管理器"对话框中的"另存为"按钮, 系统就会弹出图 10.11 所示的"另存为"对话框。在"文件名"右边的文本框中, 输入一个文件名"star", 然后按"保存"按钮。此时我们就单独保存了一个名为"star.dvb"的 VBA 的工程文件。如果我们在"VBA 管理器"对话框中点击的是"嵌入"按钮, 则系统就会把我们编写的 VBA 程序代码嵌在当前的图形文件中, 不作为单独的 VBA 工程文件保存。

图10.10 "VBA管理器"对话框

图10.11 "另存为"对话框

⑨ 如果在磁盘上单独保存了"star.dvb"工程文件,在以后的绘图过程中就可以直接调用该程序了。具体的调用方法,将在后面介绍。

10.2.3 AutoCAD中的ActiveX技术

1. 面向对象化编程的概念

AutoCAD是一种具有高度开放结构的CAD平台软件,它提供给编程者一个强有力的二次开发环境。自AutoCAD R14版以后,AutoCAD采用了一种在OLE 2.0基础上发展起来的新技术,称为 ActiveX Automation Interface(即我们常说的 ActiveX 自动化界面技术)。由于 ActiveX 技术是一种完全面向对象的技术,所以许多面向对象化编程的语言和应用程序,可以通过 ActiveX 与 AutoCAD 进行通信,并操纵 AutoCAD 的许多功能。

　　那么,怎样理解面向对象化的编程技术概念呢? 让我们先举一个实际工作中的例子,譬如你正准备生产一台完整的汽车,这时你有两种生产方式可实施。第一种方式,所有的零件都由你自己制造,然后你把它们组装成部件,例如,自己制造轮胎、发动机、化油器等,最后装配成一台整车;第二种方式,你可以从汽车部件专业生产商那里买到你需要的部件,所要做的全部工作就是把它们装配到一起,组成一台汽车。毫无疑问,大部分人会更喜欢采用后一种方式来生产汽车。在这里我们采购回来的部件就是对象,而造出的汽车就是应用程序。

　　这个例子最终要说明的结论是什么呢? 那就是,采用面向对象的编程设计不仅仅会节省编程时间,更重要的是这些对象是由专业厂家制造出来的,它们有着严格的规范和很高的使用效率,因而促使编程不断地朝着一种标准化的方向发展,这就是为什么我们在 Windows 系列操作系统下,见到的各种应用程序,总有许多相似或相同的东西。

　　面向对象化编程的实质,是建立在控件、类和实例中的。控件与类的主要区别是,控件是一个可视化的对象,而类不是,类是对象的一种抽象。既然控件可见,所以它主要用于人机交互的环境,这也是控件总是依附于窗体运行的原因,如列表框、命令按钮等。类是不可见的,要使用类首先要用变量说明语句 Dim 引用它,如 plineObj As AcadLWPolyline。这条语句我们在前面的例子中已用到过,AcadLWPolyline 是 AutoCAD 类库中的一个类,用来画二维多义线。plineObj 即为对象变量,更准确的叫法应该是类 AcadLWPolyline 的一个实例,换言之,通过声明语句,类把它的内部特征赋予给了实例,在后续的使用中,该实例就完全表达出这个类的一切功能。

　　建立对象后,我们就可以通过改变对象的属性、响应对象的事件、调用事件的方法来操作对象。

　　应注意的一点是,当我们操作控件,将其从工具箱中拖拽到窗体上时,VBA 已对其实例化了,只是你没有直接感觉到罢了。至于方法、属性和事件的引用,都是通过实例来实现的。读者如果想深入了解控件及类,请参考 VB 的有关书籍。

2. AutoCAD ActiveX 技术

　　AutoCAD ActiveX 提供了一种机制,该机制可使编程者通过编程手段从 AutoCAD 的内部或外部来操纵 AutoCAD。ActiveX 是由一系列的对象,按一定的层次组成的一种对象结构,每一个对象代表了 AutoCAD 中一个明确的功能,比如说画圆、画多义线、图块定义等。ActiveX 所具备的绝大多数 AutoCAD 功能,均以方法和属性的方式被封装在 ActiveX 对象中,我们只要使用某种方式,使 ActiveX 对象得以"暴露",那么就可以使用各种面向对象编程的语言对其中的方法、属性进行引用,从而达到对 AutoCAD 实现编程的目的。

　　在上节介绍的那个简单示例中,AcadLWPolyline 就是 AutoCAD ActiveX 用来封装 AutoCAD 中的创建二维多义线(Pline)功能的类对象,而声明语句

　　Dim plineObj As AcadLWPolyline

和声明语句

Dim points(0 To 11) As Double

就是"暴露"ActiveX 对象的一种方式,而语句

Set plineObj = ThisDrawing.ModelSpace.AddLightWeightPolyline(points)就是引用已"暴露"的 AcadLWPolyline 对象中的 AddLightWeightPolyline 方法,实现在当前图形文档(ThisDrawing)的模型空间(ModelSpace)中画出二维多义线的目的。

3. AutoCAD 中的 ActiveX 对象模型树

我们已经知道,AutoCAD ActiveX 是将 AutoCAD 的各种功能封装在对象中,供应用程序通过编程来引用的。根据这些功能的不同,可以把这些对象分成以下几类:

① 图元(Entity)类对象。例如直线、圆弧、多义线、文本、尺寸等。

② 样式设置(Style)类对象。例如,线型、尺寸样式等。

③ 组织结构(Organizing)类对象。例如,图层、组、图块等。

④ 图形显示(View)类对象。例如,视图、视窗等。

⑤ 文档与应用程序(Document & Application)类对象。例如,一个dwg文件或AutoCAD应用程序本身等。

以上这些对象有一个层次上的关系,比如直线、圆弧等图元,它们只能存在于模型空间、图纸空间或图块中,而模型空间、图纸空间或图块,又是隶属于图档 Document(dwg 文件)的,一个 AutoCAD 图档只能存在于 AutoCAD 应用程序(Application)中,这种层次上的关系是不能颠倒的。所有这些对象,根据它们在 AutoCAD 中的功能,可以组成一种树形结构,我们称为对象模型(Object Model)树。深入理解该对象模型的层次与隶属关系,对我们正确地使用 ActiveX 中的对象进行编程,至关重要。

由于 AutoCAD ActiveX 模型树结构比较庞大,AutoCAD 的随机帮助文件中又有详细介绍。受篇幅限制,本书不再列举。关于对象模型树的形式,可在 AutoCAD 的"帮助"菜单中选择"ActiveX 和 VBA",在弹出的对话框中选中"目录"项,在下方的列表框中选择"ActiveX and VBA Reference / Object Model"项,这时,屏幕上就会出现 AutoCAD ActiveX 对象模型树的完整结构图。

4. AutoCAD ActiveX 对象介绍

(1) Application 对象。

Application 是模型树的根对象,代表着 AutoCAD 本身。在程序中用来产生 AutoCAD 应用程序的一个实例,以便对它的子对象进行引用。Application 对象在 VBA 中的对象名是 AcadApplication。Application 对象有许多属性和方法,如 ActiveDocument 属性返回当前文档,ActiveDocument 对象是 AutoCAD 正在进行编辑的图形;Preferences 属性返回 Preferences 对象,该对象等价于 Preferences 对话框,指定当前 AutoCAD 的设置;Left,Top,Width,Height 可以控制 AutoCAD 窗口的位置和大小等。

如果应用程序想关闭 AutoCAD,可调用 Quit 方法。

（2）Document对象。

Document对象是AutoCAD当前编辑的图形，它可以存取所有的AutoCAD图形与非图形对象。Document对象在VBA中的对象名是AcadDocument。Document对象的方法有文件的存储与打开，文件输入与输出可使用Export与Import方法，块的磁盘存储可使用WBlocks方法。另外管理AutoCAD系统变量的两个方法也属于Document对象，即获得系统变量当前值GetVariable方法和设置当前系统变量SetVariable方法。

（3）图形对象。

AutoCAD中的图形对象也被称为实体，是图形的可见对象。对象名是AcadEntity，它包括Lines（线段）、Arcs（圆弧）、Polylines（多义线）、Dims（尺寸标注）、3DFaces（三维曲面）等。可以使用ModelSpace和PaperSpace的AddEntityname方法产生一个新的图形对象，例如，产生一个圆可以用AddCircle方法，Entityname为对应的图形对象的名称。

图形对象的编辑可以通过图形对象自身的方法实现。这些方法和AutoCAD的编辑命令相对应，例如ArrayPolar、Copy、Erase、Mirror、Move、Rotate和Offset。一些图形对象的典型特征可以通过对象属性进行修改，例如Color（颜色）、LineType（线型）和Layer（图层）等；另外一些特殊的属性依赖于对象类型，例如Radius、Center和Area等。

（4）非图形对象。

非图形对象是指图形中的不可见对象，包括DimStyle（尺寸标注风格）、Layer（图层）、LineType（线型）、TextStyle（文本样式）、View（视图）等。产生一个新的非图形对象可以用它们对应父类的Add方法。它们的父类是Document对象的对象集合。它们的修改与查询是通过调用自身的属性，同时这些对象都能查询和设置扩展数据XData，对应的方法为GetXData和SetXData。这些对象可以通过调用自身的Delete方法删除自己。

（5）Preferences和Utility对象。

Preferences对象可以查询和设置Preferences对话框。该对象居于Application对象的子对象。它的属性包括文件设置、性能设置、显示设置、打印设置和兼容性等许多方面。它包含相当大部分的系统变量，而另外一些系统变量可以通过Document对象的SetVariable和GetVariable进行修改。

Utility对象也是Document对象的子对象，它的主要功能是进行交互输入和类型转换。它可以输入整数、实数、点、角度和关键字等，并能进行距离和角度的计算。

10.2.4　VBA编程实例一

下面我们以编写绘制如图10.12所示的键槽轴剖面程序为例，说明用VBA在AutoCAD中开发实用程序的具体过程和步骤。

① 在AutoCAD环境中启动VBA集成开发环境（IDE）界面（图10.6）。

② 在VBA集成开发环境的下拉菜单上选择"插入"，再选择"用户窗体"，屏幕上此时出现一空白用户窗体（UserForm 1）。

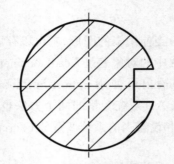

图10.12　键槽轴剖面图

③ 使用工具栏提供的控件工具,在空白用户窗体上添加三个文本框(TextBox)、三个标签(Label)、两个命令按钮(CommandButton)和一个图像框(Image),并按表10.1设置各对象的属性。设置完成后用户窗体界面如图10.13所示。

表10.1　对象属性设置

对象	属性名称	设置值
UserForm 1	Caption	轴断面图绘制
Label 1	Caption	圆半径R
Label 2	Caption	键槽宽B
Label 3	Caption	键槽底面距圆心距离T
CommandButton 1	Caption	OK
CommandButton 2	Caption	Cancel
Image 1	Picture	指定事先绘制好的轴断面图片

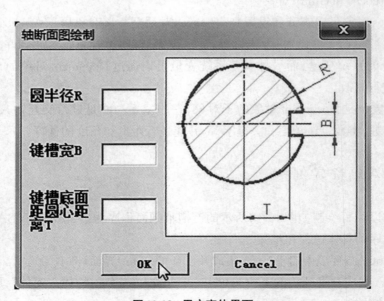

图10.13　用户窗体界面

④ 编写命令按钮 CommandButton1 的单击(Click)事件过程如下：

```
Private Sub CommandButton1_Click( )
Dim R1 As Double, t As Double, w As Double
Dim Afa As Double, H As Double
Dim sp(0 To 2) As Double
Dim p1(0 To 7) As Double
'由文本框读入绘图参数
R1 = Val(TextBox1.Text)
w = Val(TextBox2.Text)
t = Val(TextBox3.Text)
'计算相关绘图参数
w = w / 2
H = Sqr(R1 * R1 − w * w)
Afa = Atn(w / H)
UserForm1.Hide '隐藏用户窗体
'提示用户指定轴圆心位置
Dim varRet As Variant
varRet = ThisDrawing.Utility.GetPoint( , "请指定轴圆心位置:")
sp(0) = varRet(0): sp(1) = varRet(1)
'根据用户指定的圆心位置,计算键槽相关端点的坐标点
varRet = ThisDrawing.Utility.PolarPoint(sp, Afa, R1)
p1(0) = varRet(0): p1(1) = varRet(1)
p1(2) = sp(0) + t: p1(3) = p1(1)
p1(4) = p1(2):   p1(5) = p1(1) − w * 2
p1(6) = p1(0):   p1(7) = p1(5)


'创建名为"SHAPE","hatch","cen"的新图层
Dim layer1, layer2, layer3 As AcadLayer
Set layer1 = ThisDrawing.Layers.Add("shape")
layer1.Color = acRed    '将"shape"层的颜色设为红色
Set layer2 = ThisDrawing.Layers.Add("cen")
layer2.Color = acBlue   '将"cen"层的颜色设为蓝色
Set layer3 = ThisDrawing.Layers.Add("hatch")
layer3.Color = acGreen  '将"hatch"层的颜色设为绿色


'设"shape"为当前层 ,画圆弧和键槽轮廓
```

```
ThisDrawing.ActiveLayer = layer1
Dim ArcObj As AcadArc
Set ArcObj = ThisDrawing.ModelSpace.AddArc(sp, R1, Afa, -Afa)
Dim plObj As AcadLWPolyline
Set plObj = ThisDrawing.ModelSpace.AddLightWeightPolyline(p1)
ArcObj.Lineweight = acLnWt030  '改变轮廓的线宽
plObj.Lineweight = acLnWt030
'设"HATCH"层为当前层,在轮廓区域内画剖面线
ThisDrawing.ActiveLayer = layer3
Dim HatchObj As AcadHatch
Dim patternName As String
Dim PatternType As Long
Dim bAssociativity As Boolean
Dim dd As Double
patternName = "ANSI31"
PatternType = 0
bAssociativity = True
dd = R1 / 15 + 1  '控制剖面线间距的变量
'画剖面线
Set HatchObj = ThisDrawing.ModelSpace.AddHatch _
               (PatternType, patternName, bAssociativity)
Dim outerLoop(0 To 1) As AcadEntity
Set outerLoop(0) = ArcObj
Set outerLoop(1) = plObj
HatchObj.AppendOuterLoop (outerLoop)
HatchObj.PatternSpace = dd
HatchObj.Evaluate

'将"CEN"层设为当前层,准备画中心线
ThisDrawing.ActiveLayer = layer2
Dim entry As AcadLineType
  Dim found As Boolean
  found = False
  '装载点画线线型
  For Each entry In ThisDrawing.Linetypes
    If StrComp(entry.Name, "center", 1) = 0 Then
```

```
            found = True
            Exit For
         End If
      Next
   If Not (found) Then ThisDrawing.Linetypes.Load "center", "acad.lin"
      layer2.Linetype = "center"  '指定当前线型为点画线
      '计算两中心线的4个端点坐标
      Dim cpt1(2) As Double
      Dim cpt2(2) As Double
      Dim cpt3(2) As Double
      Dim cpt4(2) As Double
      cpt1(0) = sp(0) - 1.1 * R1: cpt1(1) = sp(1): cpt1(2) = 0
      cpt2(0) = sp(0) + 1.1 * R1: cpt2(1) = sp(1): cpt2(2) = 0
      cpt3(0) = sp(0): cpt3(1) = sp(1) + 1.1 * R1
      cpt4(0) = sp(0): cpt4(1) = sp(1) - 1.1 * R1
      '画中心线
      Dim cptObj As AcadLine
      Set cptObj = ThisDrawing.ModelSpace.AddLine(cpt1, cpt2)
      cptObj.LinetypeScale = 10
      Set cptObj = ThisDrawing.ModelSpace.AddLine(cpt3, cpt4)
      cptObj.LinetypeScale = 10
      ZoomAll
End Sub
```

程序一开始先根据用户给定的轴半径 R1、键槽宽度 W 以及键槽底面距圆心距离 T,计算出如图 10.14 所示的其他相关的几何参数。

$$H = \sqrt{(R1)^2 - (W/2)^2}$$

$$\tan \alpha = \frac{W}{2H}$$

用户指定了圆心位置后,再根据有关几何参数计算出轴断面轮廓上各端点的位置坐标。由这些位置坐标绘制一段圆弧和一多义线段来组成轮廓断面形状。

程序中专门设置了控制剖面线间距的变量 dd。该变量的值取决于轴半径 R 的大小,这样就可以保证画出的剖面线间距随轴半径的变化而变化,体现了参数化绘图的思想。

本段程序虽然简单,但用到了许多 AutoCAD VBA 对象的创建与属性控制方法。受篇幅的限制,本书不能一一加以介绍。感兴趣的读者可参考 AutoCAD VBA 的随机帮助文档。

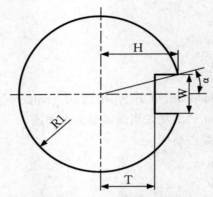

图10.14   断面相关的几何参数

⑤ 编写命令按钮CommandButton2的单击（Click）事件过程如下：

Private Sub CommandButton2_Click( )

End

End Sub

本程序段用于程序的退出。

⑥ 编写窗体UserForm1的初始化过程（Initialize）如下：

Private Sub UserForm_Initialize( )

TextBox1.Text = "50"

TextBox2.Text = "20"

TextBox3.Text = "35"

End Sub

本程序段使得程序运行后，用户窗体上的各文本框中显示一默认数据。

⑦ 代码输入完毕后，单击VBA集成开发环境的下拉菜单条上的"运行"（或直接按F5，或单击标准工具条上的运行按钮 ▶），就可运行本程序了。程序运行后，AutoCAD绘图界面上弹出我们设计好的用户窗体（图10.15）。

在用户窗体的文本框中输入有关几何参数后，点击"OK"按钮，AutoCAD在命令提示行中显示：

命令：请指定轴圆心位置：

用户用光标在绘图区域中指定圆心位置后，程序就会在指定的位置上按用户输入的几何参数绘制出轴的断面图（图10.15）。

⑧ 现在我们可以按前面介绍的方法将编写好的程序代码保存起来，以便于今后在绘图过程中调用。

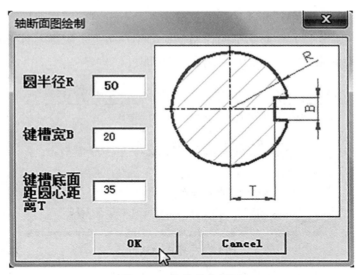

图 10.15　参数输入界面

10.2.5　VBA 程序的运行

　　前面我们介绍了在 VBA 集成开发环境中运行 VBA 程序的方法。那么,怎样在 AutoCAD 环境中运行已有的 VBA 程序呢?要运行一个已存在的 VBA 程序,首先必须把程序加载到 AutoCAD 中。为此,可以在命令提示行中直接键入加载命令"vbaload",也可以在"工具"下拉菜单中选择"宏",再选择"加载工程"。此时,AutoCAD 会弹出"打开 VBA 工程"对话框,如图 10.16 所示。

图 10.16　"打开 VBA 工程"对话框

在该对话框的列表框中选择要加载的工程文件。点击"打开"按钮后,AutoCAD 又会弹出一警告对话框(图10.17),该对话框的作用是提醒用户防范宏病毒。对于我们自己编写的程序当然可以放心使用,故直接点击"启用宏"按钮即可。

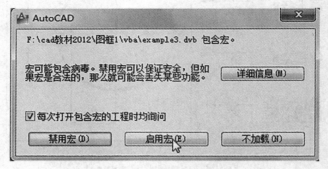

图10.17　警告对话框

工程文件装载后,就可以运行程序了。如果程序只有一窗体模块,则只能从 VBA 编程环境中运行;对于包含有单独模块的程序,可以在命令提示行中直接键入"Vbarun",或在"工具"下拉菜单中选择"宏",系统就会弹出如图10.18所示的"宏"对话框,在该对话框中点击所要运行的程序过程名即可。

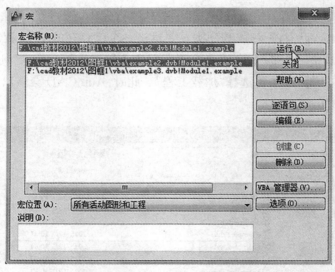

图10.18　"宏"对话框

10.2.6　VBA 编程实例二

在 Auto CAD 中,形具有体积小,操作速度快,整体性强,动态旋转灵活等特点,下面我们将采用了插入形的方法来编制标注表面粗糙度符号的程序。首先按上一节介绍的方法,用文字编辑软件建立描述国家标准所规定的粗糙度符号的形文件 fuhao.shp。在 Auto CAD

中用 COMPILE 命令将 fuhao.shp 文件编译生成 fuhao.shx 文件,以便程序调用。

　　编制标注表面粗糙度符号程序的基本原则是操作简便、灵活。在标注粗糙度符号时应同时可以标注粗糙度数值,粗糙度数值文字的旋转方向应与符号的转向一致,且能保证字头大体朝上、朝左。

1. 编程步骤

　　① 启动 AutoCAD 后,键入 VBAIDE 命令,进入 VBA 编程环境,在菜单条上选择:"插入"→"添加模块"。然后在代码窗口内编写如下程序段:

```
Public shapeName As String
Public textString As String
Public Hscale As Double
Const Pi = 3.141592654

Sub ccd1()    '调用形 CCD1 的命令
    shapeName = "ccd1"
    main
End Sub

Sub ccd2()    '调用形 CCD2 的命令
shapeName = "ccd2"
main
End Sub

Sub ccd3()    '调用形 CCD3 的命令
shapeName = "ccd3"
main
End Sub

Sub JZ()    '调用形 JZ 的命令
shapeName = "jz"
main1
End Sub

Public Sub main()    '插入粗糙度符号和填写文字程序段

    ThisDrawing.LoadShapeFile("d:/ACAD2007/fuhao.shx")    '装载形文件
    Dim shapeObj As AcadShape
```

```
Dim inPt(0 To 2) As Double
Dim rotAng As Double
Dim varRet As Variant
'由用户给定插入点位置
varRet = ThisDrawing.Utility.GetPoint(, "请在标注表面选取一点:")
inPt(0) = varRet(0)
inPt(1) = varRet(1)
inPt(2) = varRet(2)
'输入形的旋转角度
rotAng = ThisDrawing.Utility.GetAngle(inPt, "请输入旋转角度:")
Form1.show    '显示粗糙度数值选择窗体(Form1)
Set shapeObj = ThisDrawing.ModelSpace.AddShape(shapeName, _
inPt, 1, rotAng)    '插入形
shapeObj.height = Hscale    '按出图比例调整形的大小


Dim textObj As AcadText
Dim inser(0 To 2) As Double
Dim height As Double
'根据形的旋转角度计算粗糙度数值文本标注的起始点
If rotAng >= -Pi / 2 And rotAng <= Pi / 2 Or _
rotAng > 3 * Pi / 2 And rotAng < 2 * Pi Then
    inser(0) = (inPt(0) - 6.5 * Hscale)
    inser(1) = inPt(1) + 9 * Hscale
    inser(2) = 0
Else
    inser(0) = inPt(0) - 4.6 * Hscale
    inser(1) = inPt(1) - 13 * Hscale
    inser(2) = 0
End If
hei = 4
Set textObj = ThisDrawing.ModelSpace. _
            AddText(textString, inser, hei) '填写粗糙度数值文字
textObj.height = 4 * Hscale    '按出图比例调整文字高度


'根据形的旋转角度确定粗糙度数值文本的旋转角度
If rotAng >= -Pi / 2 And rotAng <= Pi / 2 Then
```

```
      textObj.Rotate inPt，rotAng
    Else
      If rotAng ＞ Pi / 2 And rotAng ＜＝ 3 * Pi / 2 Then
        textObj.Rotate inPt，rotAng － Pi
    Else
        textObj.Rotate inPt，rotAng － 2 * Pi
    End If
  End If
  textObj.Update
End Sub


Public Sub main1()　′插入基准符号程序段
  ThisDrawing.LoadShapeFile（″d:/ACAD2007/fuhao.shx″）′装载形文件
  Dim shapeObj As AcadShape
  Dim inPt(0 To 2) As Double
  Dim rotAng As Double
  Dim varRet As Variant
  varRet ＝ ThisDrawing.Utility.GetPoint(，″基准符号插入点:″)

  inPt(0) ＝ varRet(0)
  inPt(1) ＝ varRet(1)
  inPt(2) ＝ varRet(2)


  rotAng ＝ ThisDrawing.Utility.GetAngle(inPt，″基准符号旋转角度:″)
  Form2.show　′显示基准字符输入窗体(Form2)
  Set shapeObj ＝ ThisDrawing.ModelSpace.AddShape(shapeName，_
    inPt，1，rotAng)
    shapeObj.height ＝ Hscale * 5
    Dim textObj As AcadText
    Dim inser(0 To 2) As Double
    Dim height As Double

  If rotAng ＞＝ －Pi / 2 And rotAng ＜＝ Pi / 2 Or _
    rotAng ＞ 3 * Pi / 2 And rotAng ＜ 2 * Pi Then
    inser(0) ＝ (inPt(0) － 2♯ * Hscale)
    inser(1) ＝ inPt(1) ＋ 15 * Hscale
```

```
        inser(2) = 0
          Else
        inser(0) = inPt(0) - 2# * Hscale
        inser(1) = inPt(1) - 20 * Hscale
        inser(2) = 0
        End If
        hei = 6
        Set textObj = ThisDrawing.ModelSpace._
                AddText(textString, inser, hei)
        textObj.height = 6 * Hscale
        If rotAng >= -Pi / 2 And rotAng <= Pi / 2 Then
        textObj.Rotate inPt, rotAng
        Else
          If rotAng > Pi / 2 And rotAng <= 3 * Pi / 2 Then
          textObj.Rotate inPt, rotAng - Pi
          Else
          textObj.Rotate inPt, rotAng -2 * Pi
        End If
      End If
      textObj.Update
End Sub
```

② 在VBA编程环境中的下拉菜单条上选择"插入"→"添加窗体",建立粗糙度数值选择窗体(Form1)如图10.19所示。

图10.19　用户界面设计

并对OK按钮编写如下程序:

```
Private Sub OKbottom_click()
    textString = ListBox1.Text
    Hscale = Text1.Text
    Form1.hide
End Sub
```

窗体初始化程序段如下:

Private Sub UserForm_Initialize()

　　Text1.Text = "1.0"

　　ListBox1.AddItem " "

　　ListBox1.AddItem "1.6"

　　ListBox1.AddItem "3.2"

　　ListBox1.AddItem "6.3"

　　ListBox1.AddItem "12.5"

　　ListBox1.AddItem "25.0"

　　ListBox1.Text = " "

End Sub

　　③ 在 VBA 编程环境中的下拉菜单条上选择"插入"→"添加窗体",建立基准代号输入窗体(Form2)如图 10.20 所示。

图 10.20　用户界面

　　并对"确定"按钮编写如下程序:

Private Sub OK2_Click()

　　textString = TextBox1.Text

　　Hscale = Val(TextBox2.Text)

　　Form2.hide

End Sub

2. 程序运行

　　程序编写完成存盘后,即可在 AutoCAD 中用 VBARUN 命令来运行上述程序,四个可直接调用的宏名是 CCD1、CCD2、CCD3 和 JZ 分别对应于三个粗糙度标注符号和基准符号。

　　如果想在每次启动 AutoCAD 时,系统可将上述程序自动装入内存供用户调用,则必须把保存上述程序的项目文件名该为 acad.dvb,并将其存放在 Auto CAD 的子目录中。

　　为了方便使用,可在 AutoCAD 中创建如图 10.21 所示的粗糙度标注工具条。工具条上的四个命令按钮分别对应调用标注三个粗糙度的宏 CCD1、CCD2、CCD3 和 JZ。

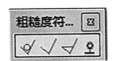

图 10.21　粗糙度标注工具条

创建用户自定义工具条的方法是：

① 在 AutoCAD 的下拉菜单中选择"工具"→"自定义"→"界面"，屏幕上出现"自定义用户界面"对话框(图10.22)。在该对话框左上角的目录树窗口中选择"工具栏"，右击鼠标，在弹出的快捷菜单中选择"新建工具栏"。系统就会在工具栏列表中新增加一个工具栏，缺省的名字是"工具栏1"。右击该工具条名称，在弹出的快捷菜单中选择"重命名"。将其修改为"粗糙度符号标注"，再点击"应用"按钮，AutoCAD界面上就会出现一空白的工具栏(图10.23)。

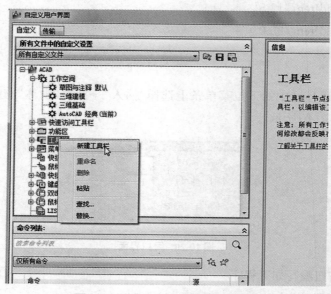

图10.22 "自定义用户界面"对话框

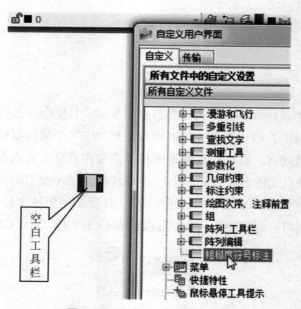

图10.23 更改新建工具条名称

② 添加自定义命令。在"自定义用户界面"对话框中的左下部选择"命令列表"界面;在"命令列表"界面中的"按类别"下拉列表框中选择"自定义命令",然后点击"新建"按钮,系统就会添加一个用户自定义命令,缺省的名字是"命令1"(图10.24)。这时可以在"自定义用户界面"对话框的右侧下部的"特性"窗口中把命令的名称改为"ccd1",并在"宏"一栏中输入"^C^C-VBArun ccd1",该行内容指定了要运行的VBA程序(图10.25)。用同样的方法可以添加另外三个自定义命令,用于调用其他的粗糙度标注程序。自定义命令定义完成后,再点击"应用"按钮。

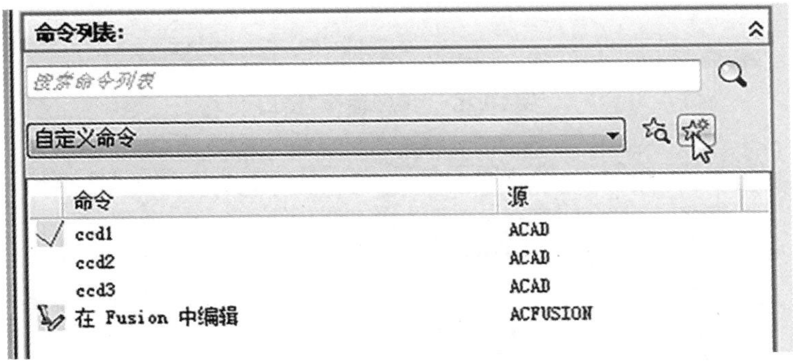

图10.24 "命令列表"窗口

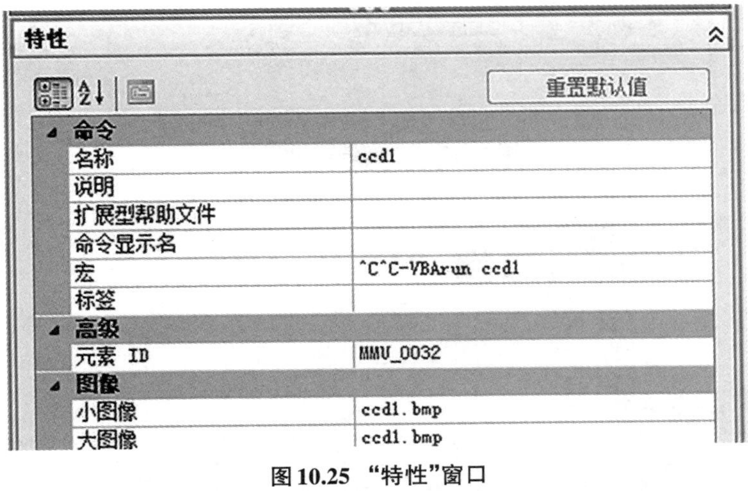

图10.25 "特性"窗口

③ 绘制命令按钮图标。在"用户自定义界面"对话框中的"命令列表"窗口中,选择"自定义命令",选中一个自定义命令。然后在"用户自定义界面"对话框中右上角的"按钮图像"窗口中任选一个按钮图标,再点击"编辑"按钮(图10.26)。系统弹出如图10.27所示的"按钮编辑器"窗口。使用该窗口提供的简单绘图工具,可以为自己定义的命令按钮绘制图标。具体的操作方法是:首先点击"清除"按钮,把原来的图形清除,再打开网格,选择合适的颜色绘制图形,然后保存图形文件。这时,自定义命令就有了自己的图标(图10.28)。

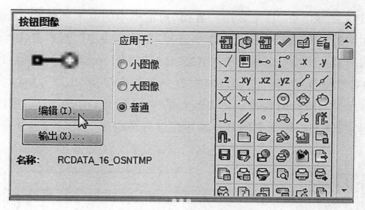

图 10.26 "按钮图像"窗口

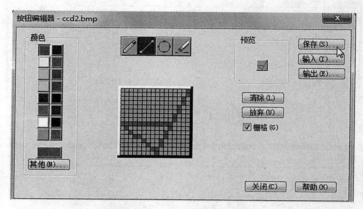

图 10.27 "按钮编辑器"窗口

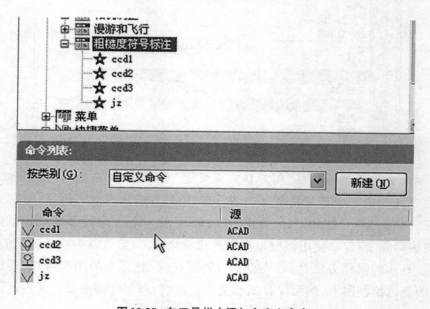

图 10.28 向工具栏中添加自定义命令

④ 将自定义命令加入到先前定义好的空白工具栏。在"用户自定义界面"对话框中的"命令列表"窗口中,依次选择已定义好的自定义命令,按住鼠标将其拖入"所有CUI文件中的自定义"窗口中的"粗糙度标注"工具栏中(图10.28)。最后点击"确定"按钮,就可以得到如图10.21所示的粗糙度符号标注工具条了。

有了自己定义的"粗糙度符号标注"工具栏后,进行粗糙度符号标注时,只需点击工具条上相应的按钮,AutoCAD便开始运行相应的宏。程序运行后,AutoCAD在命令行提示:

　　请在标注表面选取一点:

用鼠标选取合适的点后,系统又提示:

　　请输入旋转角度:

此时,用户可以移动鼠标指定角度,也可以直接用键盘输入一角度值。接着,系统弹出如图10.19所示的粗糙度数值和出图比例选择窗体,用户选定数据后,点击OK按钮,粗糙度符号连同粗糙度数值就标注到图中指定的位置上。

习　　题

1.编写描述如图10.29所示的电子符号的形文件,并对其进行编译和调用。

图10.29　电子符号

2.编写绘制如图10.30所示的垫片零件通用绘图程序。

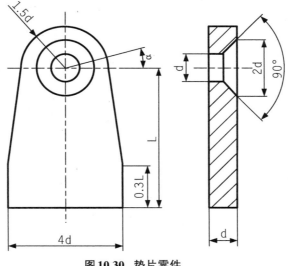

图10.30　垫片零件

图中角度α是切点和圆心的连线与水平中心线的交角。α的计算公式如下：

$$\alpha = \arctan\frac{\sqrt{L_1^2 + 1.75d^2}}{r} - \arctan\frac{L_1}{2d}$$

式中，$L_1 = 0.7L$，$r = 1.5d$。

在VBA建立的用户窗体如图10.31所示。

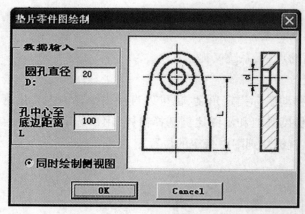

图10.31　用户窗体

第11章 图形的输入与输出

AutoCAD系统提供了图形的输入与输出接口。使用这些接口,用户不仅可以将在其他CAD应用程序中处理好的数据传送给AutoCAD,还可以把图形输出到图纸上,以作为永久性的保存资料。本章将介绍AutoCAD的图形输入、输出技术。

11.1 图形的输入输出

AutoCAD除了可以打开和保存DWG格式的图形文件以外,还可以导入或导出其他格式的图形。

11.1.1 导入图形

在AutoCAD的下拉菜单中选择"插入",便可以选择执行相关的图形导入命令。

1. 输入DXF文件

DXF(图形交换格式)文件是图形文件的ASCII或二进制格式描述。它用于在应用程序(通常是其他CAD程序)之间共享图形数据。通过打开DXF文件并将其保存为DWG格式,可以将该DXF文件转换为DWG格式。然后即可按照使用其他图形文件的方式使用此生成的图形文件,并可以将其作为外部参照或块输入到其他图形中。

2. 输入DXB文件

DXBIN用于打开由AutoShade等程序生成的特殊编码的二进制DXB文件。

3. 输入ACIS SAT文件

可以输入存储在SAT(ASCII)文件中的几何图形对象。AutoCAD把模型转换为体对象,或者转换为实体和面域(如果体是真正的实体或面域)。转换后,AutoCAD使用其ShapeManager建模程序创建新对象以及进行三维操作和实体编辑。

4. 输入3D Studio文件

可以输入使用3D Studio创建的文件。3DSIN命令读取3D Studio几何图形和渲染数据,包括网格、材质、贴图、光源和相机等。3DSIN不能输入3D Studio过程化材质或平滑编组。

5. 输入 WMF 文件

WMF（Windows 图元文件格式）文件经常用于生成图形所需的剪贴画和其他非技术性图像。可以将 WMF 文件作为块插到图形文件中。与位图不同的是，WMF 文件包含矢量信息，该信息在调整大小和打印时不会造成分辨率下降。如果 WMF 文件包含二维实体或宽线，可以关闭它们的显示以加快绘图速度。

WMF 文件可以包含矢量和光栅信息。但是，AutoCAD 只使用 WMF 文件中的矢量信息。将包含光栅信息的 WMF 文件输入到 AutoCAD 中时，光栅信息将被忽略。

11.1.2　输出其他格式图形文件

AutoCAD 的图形除了可以按本系统的文件格式保存外，还可以输出为其他特定的文件格式，使得其他应用程序能使用这些图形或图像。在 AutoCAD 的下拉菜单中选择"文件"→"输出"命令，便可打开"输出数据"对话框（图11.1）。用户可以在"保存于"下拉列表框中设置文件的路径，在"文件名"文本框中输入文件名称，在"文件类型"下拉列表框中选择文件的输出类型，如图元文件、ACIS、平板印刷、位图、3D Studio 等。

图11.1　"输出数据"对话框

11.2 打 印 图 形

11.2.1 从模型空间中直接打印图纸

用户可以在 AutoCAD 的两个环境空间中完成设计和绘图工作,即模型空间(Model Space)和图纸空间(Paper Space)。模型空间是一个三维环境,大部分的设计和绘图工作都是在模型空间的三维环境中进行的,即使是对于二维的图形对象也是如此。前面章节我们所介绍的内容基本上都是在模型空间内完成的。在模型空间绘制的图形可以用"打印(PLOT)"命令,直接在模型空间中打印出图。

1. 执行"打印"命令

从模型空间中执行"打印"命令有以下几种常用方法:

(1) 在命令行提示符后输入 PLOT 并按回车键。

(2) 打开"文件"下拉菜单,选择其中的"打印"选项。

(3) 单击标准工具栏上的"打印"按钮🖨。

(4) 在绘图窗口的底部的"模型"按钮上右击鼠标,然后在弹出的快捷菜单中选择"打印"。

"打印"命令开始执行后,屏幕上将显示如图11.2所示的"打印-模型"对话框。

2."打印-模型"对话框说明

用户可以通过"打印"对话框对有关打印操作参数进行设定,以便打印出符合要求的工程图纸。

(1)"页面设置"下拉列表框。

列出图形中已命名或已保存的页面设置。可以将图形中保存的命名页面设置作为当前页面设置,也可以在"打印-模型"对话框中单击"添加",基于当前设置创建一个新的命名页面设置。

(2)"打印机/绘图仪"选项区域。

在该选项区域中,"名称"下拉列表框中列出了当前已配置的打印设备,用户可以从中选择某一设备作为当前打印设备。一旦确定了打印设备,AutoCAD 就会显示出与该设备有关的信息。

(3) 置打印区域。

在"打印区域"框内,用户可以指定图形的实际打印区域。如果选择了"图形界限"选项,则打印由 Limits 命令指定的图限内的图形;如果选择了"范围"选项,则会打印当前图形文件中所有的图形;"显示"选项表示要打印当前窗口中可见的图形;"窗口"选项用来让用户指定一个矩形窗口的两个对角点来确定图形的打印输出区域。

图11.2 "打印-模型"对话框

（4）打印设置选项界面。

在打印设置界面中可以选择打印纸张、设置打印方向、打印区域、打印比例等。在"图纸尺寸"下拉框中可选择不同幅面的打印纸张,其中,最大可选的图纸幅面是由打印机的规格所确定的。在"图形方向"框内,用户可以设置打印输出时图形在图纸上的方向。AutoCAD提供了三种选择,"纵向"选项是使图纸竖放;"横向"是使图纸横放;"反向打印"选项将使图形颠倒打印。通过这三个选项的组合,可以将图形按0°,90°,180°以及270°等不同方向打印输出。

"打印比例"选项框用于设置打印比例,在这里用户可以精确设置出图时的比例大小。另外,"打印偏移"选项框用于设置指定打印区域左下角点和图纸左下角点之间的偏移;在"打印选项"框中还可以指定输出时的线宽、打印样式等。

当完成上述打印设置后,可以点击"预览"按钮来预览观察打印效果,如果准确无误,就可以打印输出图纸了。

11.2.2　通过"布局"输出打印图纸

从模型空间中直接打印图纸虽然简单、直接,但缺点是不够灵活。从 AutoCAD 2000 开始,新添加的布局(Layout)概念使用户在控制图形输出方面具有更大的灵活性,出图效率更高。所谓布局,即相当于 AutoCAD 以前版本中的图纸空间环境,它模拟了一张图纸并提供预置的打印设置。

图纸空间是一个二维环境,主要用于安排在模型空间中所绘制的对象的各种视图,以及添加诸如边框、标题栏、尺寸标注和注释等内容,然后打印输出图形。

图纸空间可以用布局来表达。布局模拟了一张图纸页面,提供直观的打印设置。用户可以创建多个布局来显示不同的视图,每个布局都可以包含不同的打印比例和图纸大小。布局中的图形就是打印输出时见到的图形。

用户在模型空间中完成图形的设计和绘制工作后,就要准备打印输出图形。此时,可使用布局功能来创建图形的多个视图的布局,以用于图形的输出。

AutoCAD 2012 在图形窗口的底部列有一个"模型"选项卡和若干个"布局"选项卡,用户可随时通过选择选项卡在两个空间之间切换。

当在布局空间中对在模型空间所绘制的图形进行模拟排版时,布局代表打印出图时所使用的图纸。创建一个布局,就相当于在一张新图纸上对图形进行排版设置。不同的布局包含不同的打印设置,可以对模型空间中的同一个图形创建不同的布局,从而得到不同的打印效果。

11.3　创　建　布　局

11.3.1　激活"布局向导"

在 AutoCAD 2012 中,用户可以用"布局向导"来创建一个新的布局,也可以用 Layout 命令以模板方式创建一个新的布局。一般来讲,使用向导创建新布局比较直观、方便。使用向导创建一个新布局时,可以使用以下两种方法之一来激活"布局向导":

(1)打开"插入"下拉菜单,选择"布局"项,然后再从弹出的子菜单中选择"创建布局向导"。

(2)打开"工具"下拉菜单,选择"向导"项,然后再从弹出的子菜单中选择"创建布局"。

激活"布局向导"命令的结果,是在屏幕上显示一个"创建布局-开始"对话框,如图 11.3 所示。

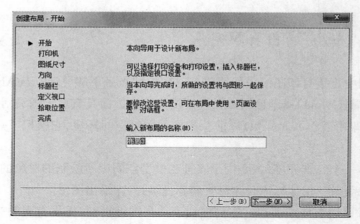

图 11.3　"创建布局–开始"对话框

11.3.2　布局向导的执行过程

（1）在"创建布局–开始"对话框（见图 11.3）中的"输入新布局的名称"编辑行中输入一个布局名称。然后按"下一步"按钮，屏幕显示"创建布局–打印机"对话框。

（2）在"创建布局–打印机"对话框中的"为新布局选择配置的打印机"列表框中，选择当前配置的打印机。然后按"下一步"按钮，屏幕接着显示"创建布局–图纸设置"对话框。

（3）在"创建布局–图纸设置"对话框中，用户可以选择图纸的大小如 A4(210×297)，以及绘图用的单位如可用毫米或英寸等。做好选择后按"下一步"按钮，屏幕上接着显示"创建布局–方向"对话框。

（4）在"创建布局–方向"对话框中，可以设置图形在图纸中的摆放方向。例如，可以按横向放置图纸，此时图纸的长边是水平的；也可以按竖向放置图纸，此时图纸的短边是水平的。小图标中的字母 A 表示了图形在图纸中的摆放位置。选择结束后按"下一步"按钮，屏幕上接着显示"创建布局–标题栏"对话框（图 11.4）。

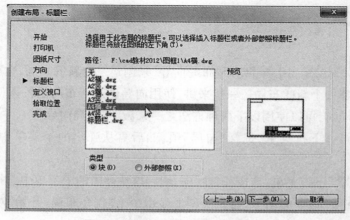

图 11.4　"创建布局–标题栏"对话框

（5）标题栏对话框用来选择图纸的图框及标题栏的式样。在对话框内的图框名列表中,AutoCAD提供了20余种不同的图框让用户选用,并在右侧的预览框中显示所选图框的预览图像。在这里要强调的是,用户可以选择使用自己事先设计好的图框文件。

注意: 用户自己设计的图框文件应保存在AutoCAD所搜索的样板图目录下。在模型空间绘图时,无须绘制标题栏和图框。如果用户不需要图框,则可选"无"。在对话框的下面有一个"类型"域,在域中的选项可指定所选的图框是作为块还是作为外部参照插到当前的图形中。选择结束后按"下一步"按钮,屏幕显示"创建布局-定义视口"对话框。

（6）定义视口对话框用于确定新创建布局的默认视口的设置和比例。用户可在"视口比例"下拉列表中选择比例大小。选择结束后按"下一步"按钮,屏幕上接着显示"创建布局-拾取位置"对话框。

（7）在拾取位置对话框中,用户可以在布局中指定图形视口的大小及位置。按"选择位置"按钮,界面将返回到布局,用户可以用鼠标在布局中指定两点以确定图形视口的大小和位置。在界面回到对话框后,按"下一步"按钮,屏幕上接着显示"创建布局-完成"对话框。

（8）在完成对话框中单击"完成"按钮,就结束了新布局的创建过程。

除了使用布局向导创建新布局外,AutoCAD还提供了其他创建布局的方法。其中最简单的方法是用鼠标点击绘图窗口下方的"布局1"或"布局2"标签直接进入布局图纸空间。当用户第一次从模型空间切换到布局图纸空间时,系统将在图纸上显示一默认的单视口和图纸的可打印区域。用鼠标右击布局名,在弹出的快捷菜单中选择"页面设置管理器",在打开的"页面设置管理器"对话框中点击"修改"按钮,便出现"页面设置"对话框(图11.5),该对话框与图11.2所示的打印对话框相似,用户可以通过该对话框进行打印机的选择、图纸设置等。

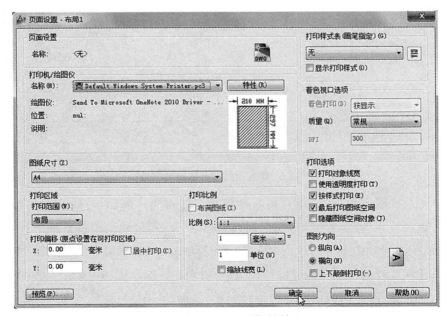

图11.5 "页面设置"对话框

11.4　通过布局输出工程图纸的实例

为使读者能够对图纸打印输出的流程有一个更加清晰的认识,下面我们分别以平面图形和三维图形的打印输出为实例来讲解如何进行打印。

11.4.1　打印平面图形

图11.6是我们在模型空间绘制的一些零件图,现在希望将它的一部分打印输出。具体操作步骤如下:

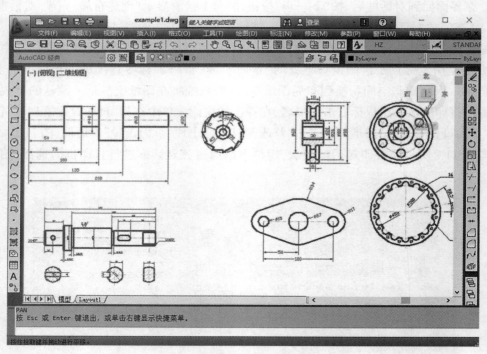

图11.6　模型空间打开的图形文件

(1) 按上一节所述的步骤,用布局向导创建一新布局。例如,可给新建的布局取名为"轴图A3";选择好系统配备的打印机后再选择"A3"号图纸,绘图单位是毫米;图形在图纸中横放;当系统弹出如图11.4所示的"创建布局-标题栏"对话框时,可在图框名列表中选择使用自己事先设计好的图框样板文件"a3.dwg";后面步骤的设置均可采用AutoCAD提供的缺省选择,直至完成新布局的创建。新布局创建后,AutoCAD自动转入布局图纸空间,显示的结果如图11.7所示。

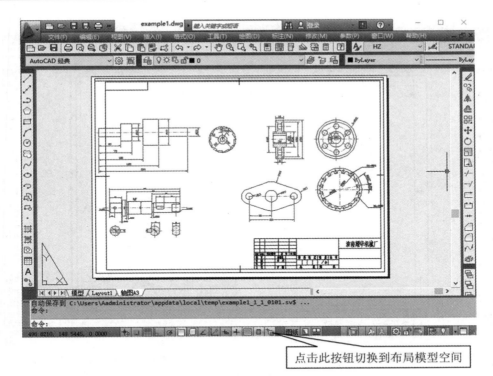

点击此按钮切换到布局模型空间

图11.7 进入布局图纸空间

(2) 我们注意到,模型空间所绘制的所有图形均显示在新建的布局当中(图11.7),为了有选择地打印输出,可以点击状态栏上的"图纸"按钮 图纸 (图11.7),使得 AutoCAD 进入布局模型空间,以便对图形输出比例、输出对象进行调整。在布局中进入模型空间的情形如图11.8所示,此时布局上的视口框变为粗线。这时可以在视口中对图形进行放大、缩小以及平移操作,图纸的大小和位置均保持不变。例如,如果我们仅想打印输出图中左下方的轴,就可以用"Zoom"命令让视口仅显示轴图部分(图11.8),还可以用"Pan"命令来进一步调整图形与图纸的相对位置。应注意到在模型空间调整图的大小和位置时,图纸和图框的大小是不变化的。

(3) 在布局上的模型空间中还可以用"Zoom"命令精确地设置出图的比例。例如,若我们想按1.5:1出图,就可以在命令行中键入Zoom并按回车键,然后再键入1.5xp即可。比例设置完毕后再在状态栏中点击"模型"按钮 模型,使 AutoCAD 回到布局的图纸空间。回到布局空间后,可以按需要在图纸的合适位置上添加有关文字,如技术要求等。最后得到的结果如图11.9所示。通过这个实例,我们可以看出通过布局空间打印输出图纸具有更大的灵活性,效率更高。

(4) 图纸的设置工作全部完成后,就可以打印出图了。此时,可右击绘图窗口下方的布局标签,在弹出的快捷菜单中选择"打印"。系统将弹出如图11.2所示的"打印"对话框,点击"确定"按钮开始打印图纸。

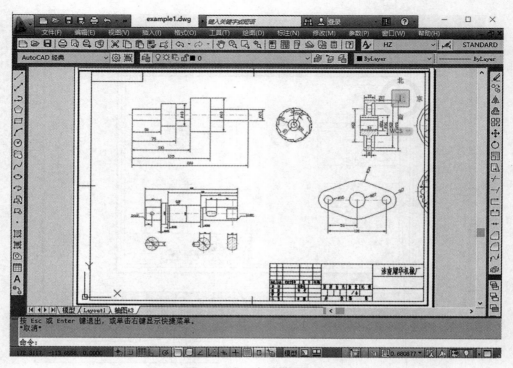

图11.8 进入布局模型空间

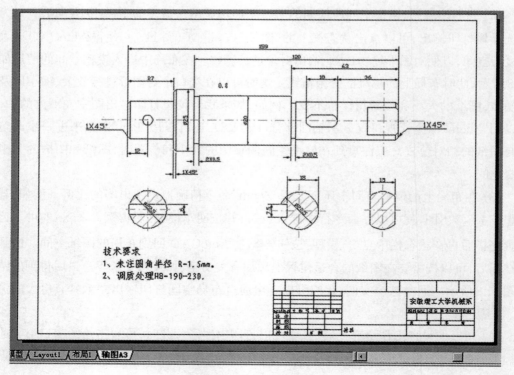

图11.9 打印图纸效果

11.4.2 组合打印图形

用户在模型空间绘制了平面图和三维图后,在布局空间中可以对图形对象进行组合整理,输出符合需要的效果图。如图 11.10 所示,在模型空间中我们既绘制了一零件的三视图,也绘制了该零件的立体图,现在要把它们打印在同一张图纸上。具体操作步骤如下:

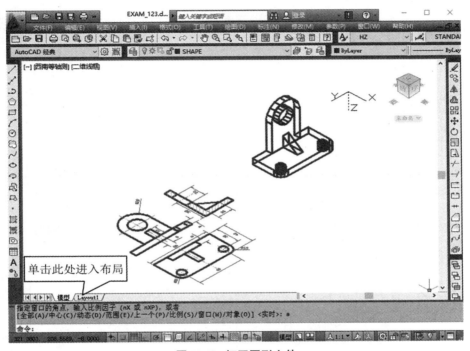

图 11.10 打开图形文件

(1) 单击绘图区域左下方的"Layout1"按钮(见图 11.10)进入布局空间,系统将弹出页面设置对话框,在该对话框中选择系统配备的打印机型号;将图纸选择为"A4(297×210)";打印方向设置为横向后,点击"确定"按钮,得到的图纸布局如图 11.11 所示。

(2) 图 11.11 中图纸上的虚线框表示图纸可打印区域,实线框为系统根据模型空间中的图形对象自动生成的视口。由于我们希望在一张图纸上布置多个视图进行打印,故可在视口边界上点击鼠标,将该视口选中并删除。视口删除后,布局为一张空白图纸。

(3) 选择"视图"下拉菜单,选择"视口"→"两个视口",AutoCAD 在命令提示行中提示:

输入视口排列方式[水平(H)/垂直(V)]＜垂直＞:＜回车＞

指定第一个角点或[布满(F)]＜布满＞:＜回车＞

以两次按回车键响应 AutoCAD 的提示后,得到的新图纸布局如图 11.12 所示。

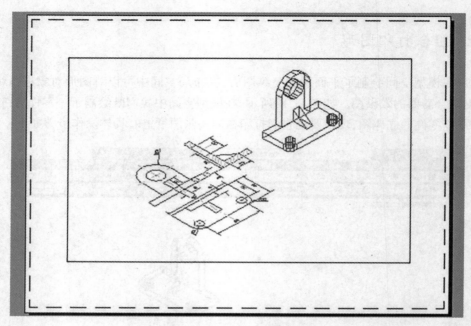

图11.11　进入布局空间

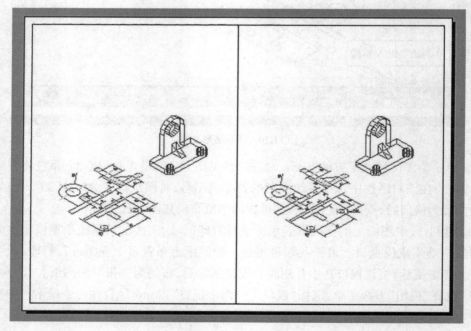

图11.12　创建两个视口

（4）为了调整图形对象在各视口中的位置和视角，可单击状态栏上的"图纸"按钮 图纸 ，转入布局模型空间，此时被选中的视口边界将以粗线标识。

（5）选中图纸左边的视口并进入布局模型空间，选择"视图"下拉菜单中的"三维视图"

→"俯视",使得平面图形对象正对于图纸平面;利用Pan命令调整图形在图纸上的相对位置;再利用Zoom命令设置图形的输出比例,最后得到的效果如图11.13所示。

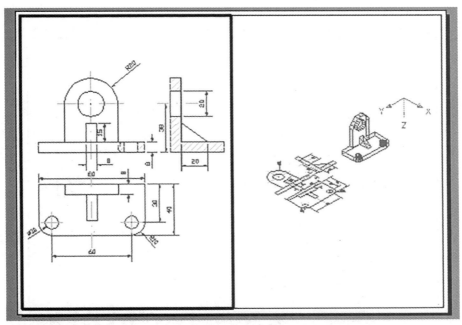

图11.13 进入布局模型空间

(6)选中图纸右边的视口并进入布局模型空间,利用Pan命令调整图形在图纸上的相对位置;再利用Zoom命令设置图形的输出比例,最后得到的效果如图11.14所示。

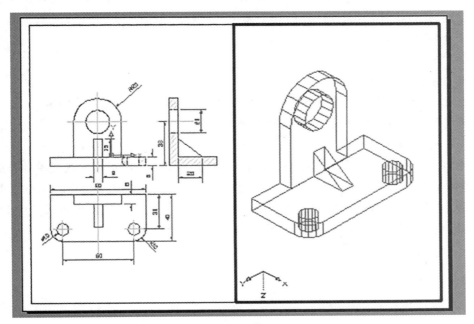

图11.14 调整显示

（7）为了在输出的图纸中不打印立体图形中的不可见线段，可选中右边视口的边界后右击鼠标，在弹出的快捷菜单中选择"消影出图"→选择"是"，这样得到的出图效果如图11.15所示。

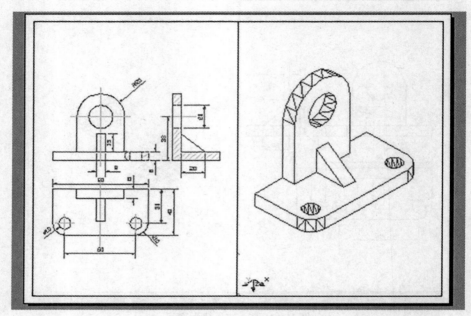

图11.15　输出效果

（8）如果对图11.15中的立体图打印效果仍不满意，我们还可以用AutoCAD提供的SOLPROF命令来创建三维实体的轮廓图像。SOLPROF的使用方法是：选择视口进入布局模型空间，执行SOLPROF命令。

命令：SOLPROF＜回车＞

选择对象：选择三维实体

选择对象：找到1个＜回车＞

是否在单独的图层中显示隐藏的轮廓线？［是（Y）/否（N）］＜是＞：＜回车＞

是否将轮廓线投影到平面？［是（Y）/否（N）］＜是＞：＜回车＞

是否删除相切的边？［是（Y）/否（N）］＜是＞：＜回车＞

SOLPROF命令执行后，AutoCAD将用户选择的三维实体的可见轮廓线单独存放在系统自动创建的图层"PV-××"上，将不可见轮廓线存放在图层"PH-××"上。这时，我们可以将存放不可见轮廓线的图层和三维实体所在的图层关闭，得到的输出效果如图11.16所示。这样我们就可以用Plot命令打印输出了。

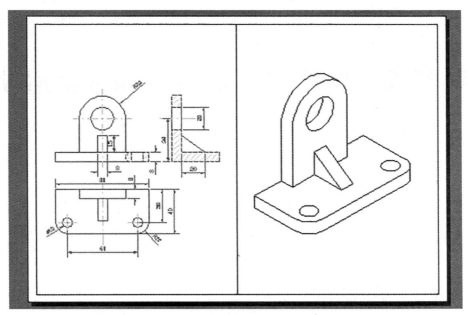

图11.16 最终输出效果

第 12 章　AutoCAD 2012 上机实验指导

12.1　基本操作练习

12.1.1　目的要求

基本操作练习包括熟悉 AutoCAD 2012 操作界面、设置绘图环境、命令和数据的输入、简单图形绘制。通过基本操作练习,要求:

1. 了解 AutoCAD 2012 操作界面各部分的功能,掌握改变绘图窗口颜色和光标大小的方法,能够熟练地打开、移动和关闭工具栏。

2. 学会设置绘图环境。

3. 熟练应用命令的各种调用方法。

4. 灵活掌握各种数据的输入方法。

12.1.2　实验内容及操作步骤

练习1　熟悉操作界面

【操作提示】

1. 启动 AutoCAD 2012,进入 AutoCAD 绘图界面。

2. 调整操作界面大小。

3. 改变绘图窗口颜色和光标大小。

(1) 单击快速访问工具栏右侧的小箭头 ▼,在弹出的快捷菜单中选择"显示菜单栏"命令,调用出隐藏的菜单栏。

(2) 下拉菜单"工具"→"选项"。

(3) 在打开的"选项"对话框中,选择"显示"菜单项,单击其中的"颜色"按钮,如图 12.1 所示。

(4) 在弹出的"图形窗口颜色"对话框中,打开颜色下拉列表,选中一种颜色后单击"应用并关闭",回到"选项"对话框,单击"确定",即改变了绘图窗口颜色。如图 12.2 所示。

(5) 在"选项"对话框中,鼠标移到"十字光标大小"的调节拉杆上,向左、向右拖动拉杆可以改变光标大小。

4. 打开工具栏,将它们放在绘图区的右侧。

例如,打开"对象捕捉"工具栏的操作如下:

图 12.1 "选项"对话框

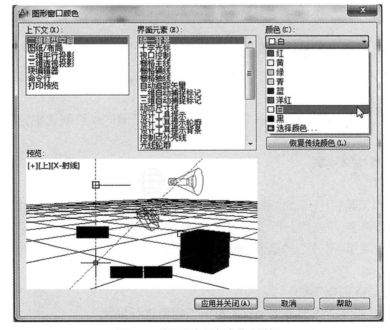

图 12.2 "图形窗口颜色"对话框

（1）下拉菜单"工具"→"工具栏"。

（2）在打开的"工具栏"对话框中，如图12.3所示，移动鼠标至"AutoCAD"处，在"AutoCAD"的子菜单中将出现多种选项，单击其中的"对象捕捉"选项，在绘图区即出现"对象捕捉"工具栏如图12.4所示。

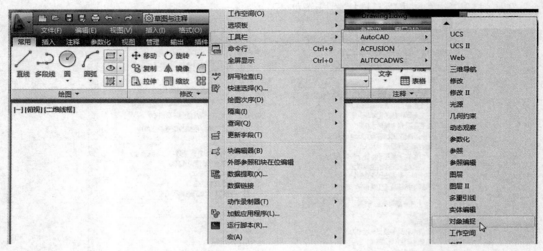

图12.3　"工具栏"对话框

图12.4　"对象捕捉"工具栏

（3）将光标移到"对象捕捉"工具栏上按下鼠标左键不松，将其拖到绘图区的右侧后松开左键。

5.对象捕捉设置的练习。

（1）移动鼠标到辅助工具栏的"对象捕捉"上单击右键，弹出"草图设置"对话框，如图12.5所示。

（2）将其中的"端点""中点""圆心""垂足"和"切点"前的复选框选中，点击"确定"按钮退出。

练习2　设置绘图环境

【操作提示】

1.快速访问工具栏中，点击"新建"按钮，弹出"选择样板"的对话框，如图12.6所示。从中选择一样板图形名，单击"打开"，即打开一个新的图形窗口。

2.执行下拉菜单"格式"→"单位"命令，在打开的"图形单位"对话框中进行相关设置，如图12.7所示。

3.设置一张A4图幅图纸。

下拉菜单"格式"→"图形界限"命令，对图纸幅面进行设置。

命令：LIMITS＜回车＞

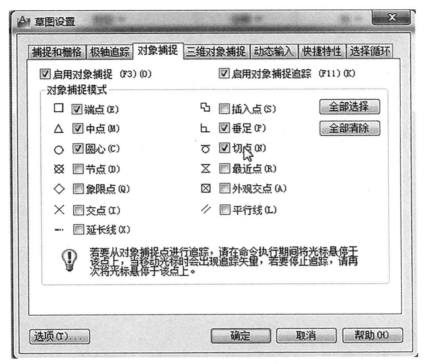

图12.5　"草图设置"对话框

图12.6　"选择样板"对话框

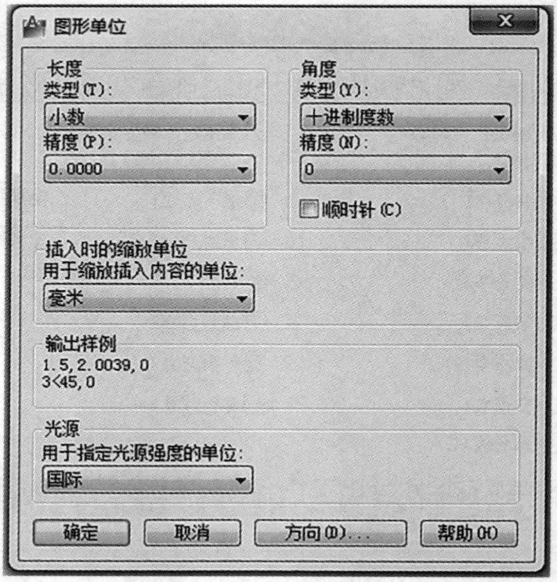

图 12.7 "图形单位"对话框

重新设置图形界限

指定左下角点或[开(ON)/关(OFF)]＜0.0000,0.0000＞:＜回车＞

指定右上角点＜420.0000,297.0000＞:297,210＜回车＞

命令:ZOOM＜回车＞

指定窗口角点或[全部(A)/中心点(C)/动态(D)/范围(E)/上一个(P)/比例(S)/窗口(W)/对象(O)]＜实时＞:A＜回车＞

设置了一张 A4 幅面的新图幅。

用同样方法可设置其他图幅的图纸,只是在"指定右上角点＜420.0000,297.0000＞:"的询问时输入欲设定图纸的幅面大小即可。

练习3　数据输入练习

用"LINE"命令绘制如图 12.8 所示的折线 ABCDEFGH。

图 12.8　折线 ABCDEFGH

【操作提示】

1. 单击功能区内的"绘图"面板中的"直线"按钮;或打开"绘图"下拉菜单,选择"直线"菜单项;或在命令行输入"LINE",启动画直线命令。

2. 依命令行提示,输入()内的字符。

命令:LINE<回车>

指定第一点:(200,100)<回车>　输入一个绝对直角坐标,确定 A 点的位置。

指定下一点或[放弃(U)]:(@0,15)<回车>　输入 B 点相对直角坐标,画出直线 AB。

指定下一点或[放弃(U)]:(@28,0)<回车>　输入 C 点相对极坐标,画出直线 BC。

指定下一点或[闭合(C)/放弃(U)]:(@60<−45)<回车>　输入 D 点相对极坐标。

指定下一点或[闭合(C)/放弃(U)]:(@140,0)<回车>

指定下一点或[闭合(C)/放弃(U)]:(@60<45)<回车>　画出斜线 EF。

指定下一点或[闭合(C)/放弃(U)]: (@28,0)<回车>

指定下一点或[闭合(C)/放弃(U)]:(@0,−15)<回车>

指定下一点或[闭合(C)/放弃(U)]:<回车>

练习 4　基本绘图练习

1. 绘制如图 12.9 所示的粗糙度符号。

图 12.9　粗糙度符号

【操作提示】

(1) 单击功能区内的“绘图”面板中的“直线”按钮;或打开“绘图”下拉菜单,选择“直线”;或在命令行输入“LINE”,启动画直线命令。

(2) 依命令行提示,输入所示的数据。

命令:LINE<回车>

指定第一点:(在屏幕的适当位置拾取一点为 A)

指定下一点或[放弃(U)]:@−10,0<回车>

指定下一点或[放弃(U)]:@10<−60<回车>

指定下一点或[闭合(C)/放弃(U)]:@20<60<回车>

指定下一点或[闭合(C)/放弃(U)]<回车>　画出符号 A。

命令:LINE<回车>

指定第一点:(在屏幕的适当位置拾取一点为 B)

指定下一点或[放弃(U)]:@10<−60<回车>

指定下一点或[放弃(U)]:@20<60<回车>

指定下一点或[闭合(C)/放弃(U)]<回车>

(3) 启动“圆”命令。

命令:CIRCLE<回车>

指定圆的圆心或[三点(3P)/两点(2P)/相切、相切、半径(T)]:T<回车>

指定对象与圆的第一个切点:(鼠标移到直线B上,待显示切点提示符号时单击左键)

指定对象与圆的第二个切点:(鼠标移到另一直线上,待显示切点提示符号时单击左键)

指定圆的半径或[直径(S)]:4<回车>　画出符号B。

2.绘制如图12.10所示的五角星。

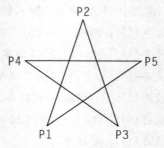

图12.10　五角星

【操作提示】

(1) 单击"绘图"工具栏中的"直线"按钮;或打开"绘图"下拉菜单,选择"直线"。

(2) 依命令行提示,输入所示的数据。

命令:LINE<回车>

指定第一点:(在屏幕的适当位置拾取一点为P1)

指定下一点或[放弃(U)]:@95<72<回车>

指定下一点或[放弃(U)]:@95<-72<回车>

指定下一点或[闭合(C)/放弃(U)]:@95<144<回车>

指定下一点或[闭合(C)/放弃(U)]:@95,0<回车>

指定下一点或[闭合(C)/放弃(U)]:C<回车>

12.1.3　思考与练习

1. AutoCAD 2012如何显示菜单栏?

2. 如何打开AutoCAD 2012绘图界面上未显示的工具栏?

3. 调用AutoCAD 2012命令的方法有哪些?

4. 用"LINE"命令,采用键盘输入点的坐标方式练习绘制如图12.11所示的图形。

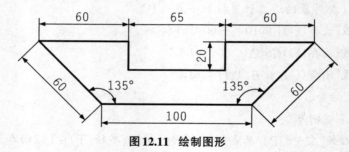

图12.11　绘制图形

12.2　图形的绘制

12.2.1　目的要求

通过对直线、圆及圆弧等简单图形绘制练习,要求读者:

1. 熟练掌握"直线""矩形""正多边形""圆"及"圆弧"等基本绘图命令的使用,灵活应用各种不同的绘制方法。

2. 掌握对象捕捉的设置方法,熟练应用对象捕捉绘制图。

12.2.2　实验内容及操作步骤

练习1　绘制如图12.12(a)所示的图形

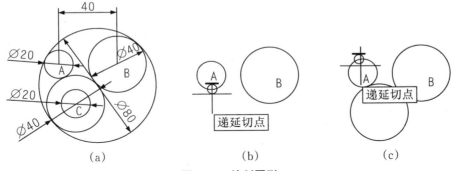

图12.12　绘制圆形

【操作提示】

1. 启动画圆命令,依提示输入:

命令:CIRCLE<回车>

指定圆的圆心或[三点(3P)/两点(2P)/相切、相切、半径(T)]:(在屏幕的适当位置拾取一点为A)

指定圆的半径或[直径(S)]:10<回车>　画出圆A。

2. 按回车键再次启动画圆命令,依提示输入:

命令:CIRCLE<回车>

指定圆的圆心或[三点(3P)/两点(2P)/相切、相切、半径(T)]:(在屏幕的适当位置拾取一点为B)

指定圆的半径或[直径(S)]:20<回车>　画出圆B。

3. 按回车键再次启动画圆命令,依提示输入:

命令:CIRCLE<回车>

指定圆的圆心或[三点(3P)/两点(2P)/相切、相切、半径(T)]:T<回车>

指定对象与圆的第一个切点:(鼠标移到圆A上,待显示切点提示符号时单击左键)

指定对象与圆的第二个切点:(鼠标移到圆B上,待显示切点提示符号时单击左键)

指定圆的半径或[直径(S)]:20<回车>　画出圆C。

4. 打开"绘图"下拉菜单,移动光标到"圆"上,在拉出的子菜单中选择"相切、相切、相切"方式画圆。

指定对象与圆的第一个切点:(鼠标移到圆A上,待显示切点提示符号时单击左键)

指定对象与圆的第二个切点:(鼠标移到圆B上,待显示切点提示符号时单击左键)

指定对象与圆的第三个切点:(鼠标移到圆C上,待显示切点提示符号时单击左键)

5. 按回车键再次启动画圆命令。

命令:CIRCLE<回车>

指定圆的圆心或[三点(3P)/两点(2P)/相切、相切、半径(T)]:(捕捉C圆圆心)

指定圆的半径或[直径(S)]:10<回车>　画出同心圆。

练习2　绘制如图12.13(a)所示椅子的图形

【操作提示】

绘制本图形涉及的命令主要是"直线"和"圆弧",为了做到衔接准确,要仔细分析图形,通过坐标值的输入、对象捕捉或绘制构造线确定线段的端点和圆、圆弧的相关点。如ABCDEA段的绘制操作如下:

1. 用"XLINE"命令画两条互相垂直的基准线AB、BC,如图12.13(b)所示。

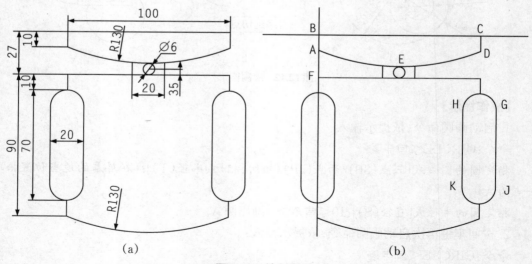

（a）　　　　　　　　　　　（b）

图12.13　绘制图形

2. 画椅背的图形。

命令:LINE<回车>

指定第一点:(捕捉B点)

指定下一点或[放弃(U)]:@100,0<回车>

指定下一点或[放弃(U)]:@0,-10<回车>

指定下一点或[闭合(C)/放弃(U)]:<回车>

命令:LINE<回车>

指定第一点:(捕捉B点)

指定下一点或[放弃(U)]:@0,-10<回车>

指定下一点或[闭合(C)/放弃(U)]:<回车>

命令:ARC<回车>

指定圆弧的起点或[圆心(C)]:(捕捉A点)

指定圆弧的第二个点或[圆心(C)/端点(E)]:C<回车>

指定圆弧的圆心:@50,120<回车>

指定圆弧的端点或[角度(A)/弦长(L)]:(捕捉D点)

3. 画椅面的图形。

命令:XLINE<回车>

指定点或[水平(H)/垂直(V)/角度(A)/二等分(B)/偏移(O)]:O<回车>

指定偏移距离或[通过(T)]:27<回车>

选择直线对象:(拾取BC构造线)

指定向哪侧偏移:(向下移动鼠标后单击左键)

选择直线对象:<回车>

命令:LINE<回车>

指定第一点:(捕捉F点)

指定下一点或[放弃(U)]:@100,0<回车>

指定下一点或[闭合(C)/放弃(U)]: @0,-10 <回车>

指定下一点或[闭合(C)/放弃(U)]: <回车>

命令:ARC<回车>

指定圆弧的起点或[圆心(C)]:C<回车>

指定圆弧的圆心:@0,-10<回车>

指定圆弧的起点:@10,0<回车>

指定圆弧的端点或[角度(A)/弦长(L)]:A<回车>

指定包含角:180<回车>　画出半圆GH。

命令:LINE<回车>

指定第一点:(捕捉半圆的右端点)

指定下一点或[放弃(U)]:@0,-50<回车>

指定下一点或[闭合(C)/放弃(U)]:<回车>　画出直线GJ。

命令:ARC<回车>

指定圆弧的起点或[圆心(C)]:(捕捉J点)

指定圆弧的第二个点或[圆心(C)/端点(E)]:E<回车>

指定圆弧的端点@-20,0<回车>

指定圆弧的圆心或[角度(A)/方向(D)/半径(R)]:A<回车>

指定包含角:-180<回车>　画出半圆JK。

命令:LINE<回车>

指定第一点:(捕捉半圆的端点K)

指定下一点或[放弃(U)]:@0,50<回车>

指定下一点或[闭合(C)/放弃(U)]:<回车>　完成扶手的图形。

用同样方法可画出左侧扶手的图形,请读者自行完成图形。

练习3　绘制如图12.14所示的图案

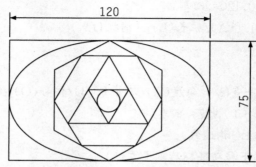

图12.14　绘制图形

【操作提示】

1. 启动"矩形"命令,在屏幕适当位置画一个120×75的矩形。

命令:RECTANG<回车>

指定第一个角点或[倒角(C)/标高(E)/圆角(F)/厚度(T)/宽度(W)]:(在适当位置用鼠标拾取一点)

指定另一个角点或[面积(A)/尺寸(D)/旋转(R)]:D<回车>

指定矩形的长度:120<回车>

指定矩形的宽度:75<回车>

指定另一个角点或[面积(A)/尺寸(D)/旋转(R)]:(在右上方单击鼠标左键)

2. 使用"椭圆"命令。

命令:ELLIPSE<回车>

指定椭圆的轴端点或[圆弧(A)/中心点(C)]:(捕捉矩形短边中点)

指定轴的另一个端点:(捕捉矩形另一短边中点)

指定另一条半轴长度或[旋转(R)]:(捕捉矩形长边中点)　画出椭圆。

3. 使用"正多边形"命令。

命令:POLYGON

输入边的数目：6

指定多边形的中心点或[边(E)]:(捕捉椭圆中心)。

输入选项[内接于圆(I)/外切于圆(C)]:I<回车>

指定圆的半经:(拖动光标捕捉椭圆短半轴的端点)　绘制出第一个正六边形。

4.再执行"正多边形"命令,捕捉第一个正六边形的左边中点画出第二个正六边形。

5.执行"正多边形"命令,边数改为3,中心点不变,捕捉边中点绘制两个三角形。

6.启动"圆"命令,用"相切、相切、相切"选项绘制中心圆。

练习 4　绘制如图 12.15(a)所示的五角星

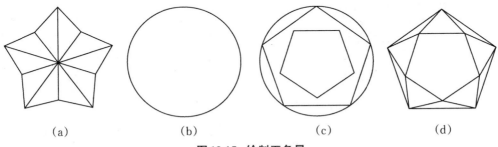

| (a) | (b) | (c) | (d) |

图 12.15　绘制五角星

【操作提示】

1.用圆命令画一直径 100 的辅助圆,如图 12.15(b)所示。

2.执行多边形命令。

命令:POLLYGON<回车>

输入边的数目:5<回车>

指定正多边形的中心点或[边(E)]:(捕捉圆心点)

输入选项[内接于圆(I)/外切于圆(C)]:I<回车>

输入半径:50<回车>

3.再次执行多边形命令,绘制另一小正五边形,如图 12.15(c)所示。

4.擦去辅助圆,打开对象捕捉,用直线命令依次连接大小五边形的顶点,如图 12.15(d)所示。

5.擦去五边形,用直线命令依次连接五角星的顶点。

12.2.3　思考与练习

1.将左边的命令名与右边的命令用线连接。

直线段	ZLINE
多段线	MLINE
多线	RAY
射线	LINE
构造线	PLINE

2. 设置对象捕捉的方法有哪些？试将"对象捕捉"工具栏打开在绘图区。

3. 绘制如图12.16所示的图案。

4. 用多段线命令绘制如图12.17所示的圆头平键视图,线宽0.5。

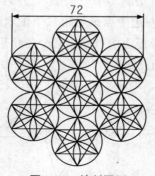

图12.16　绘制图形

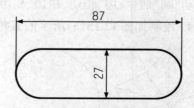

图12.17　圆头平键视图

5. 绘制如图12.18所示的面盆视图。

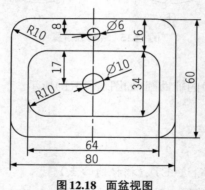

图12.18　面盆视图

12.3　图层操作练习

12.3.1　目的要求

通过本实验,要求读者:

1. 掌握设置图层的方法与步骤,能根据所绘图形设置出符合标准要求的线型、线宽及颜色等。

2. 掌握利用"特性"选项修改对象的属性。

3. 熟练利用绘图命令绘制图样。

12.3.2　实验内容及操作步骤

练习1　设计A3图幅样板图,包括粗实线、点画线、虚线和细实线层
【操作提示】

1. 设置A3幅面。

下拉菜单"格式"→"图形界限"。

命令:LIMITS＜回车＞

重新设置图形界限

指定左下角点或[开(ON)/关(OFF)]＜0.0000,0.0000＞:＜回车＞

指定右上角点＜420.0000,297.0000＞:＜回车＞

命令:ZOOM＜回车＞

指定窗口角点或[全部(A)/中心点(C)/动态(D)/范围(E)/上一个(P)/比例(S)/窗口(W)/对象(O)]＜实时＞:A＜回车＞

2. 设置图层。

(1) 打开"格式"下拉菜单,选择"图层"命令;或点击工具栏"图层",打开"图层特性管理器"对话框,如图12.19所示。

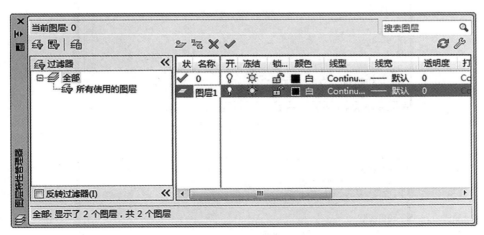

图12.19　"图层特性管理器"对话框

(2) 单击"新建图层"按钮,新建名为"图层1"的新层,把图层名改为"中心线"。

(3) 单击"中心线"层对应的颜色项,打开"选择颜色"对话框,如图12.20所示。从中选中红色,单击"确定"按钮,返回"图层特性管理器"对话框。

(4) 单击"中心线"层对应的线型项,打开"选择线型"对话框,如图12.21所示。单击其中"加载"按钮,弹出"加载或重载线型"对话框,如图12.22所示。在线型的列表中选择"CENTER"后单击"确定"按钮回到"选择线型"对话框,在该对话框中选中"CENTER"后再单击"确定"按钮返回"图层特性管理器"对话框。

图 12.20 "选择颜色"对话框

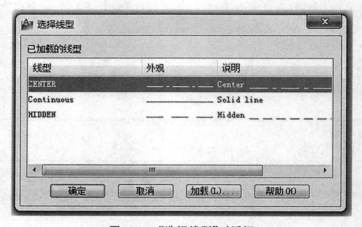

图 12.21 "选择线型"对话框

图 12.22 "加载或重载线型"对话框

（5）单击"中心线"层对应的线宽项，在打开的"线宽"对话框的列表中选中0.16线宽，如图12.23所示，单击"确定"按钮返回"图层特性管理器"对话框。

图12.23　"选择线型"对话框

（6）重复步骤（2）～（5），分别设置"粗实线"层为黑色，线型"CONTINU"，线宽0.5；"虚线"层为蓝色，线型加载"HIDDEN"，线宽0.16。单击"确定"退出"图层特性管理器"对话框。

3. 画边框线。

（1）单击"图层"工具栏中图层下拉列表的下三角按钮，将"粗实线"层置为当前层。

（2）用"直线"或"矩形"命令画图框线，尺寸为390×287。

4. 以"A3.dwt"文件名保存。

练习2　绘制如图12.24所示的连接配件的主、左视图

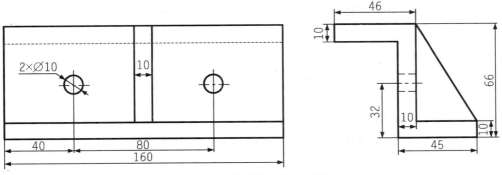

图12.24　连接配件的主、左视图

【操作提示】

绘制三视图可以先用构造线定位，保证视图间的三等对应关系。

1. 下拉菜单"文件"→"打开"或单击菜单浏览器选择"打开"，选择A3样板图。

2. 置"细实线"层为当前图层。用"构造线"命令画主、左视图的定位基准线。

命令：XLINE<回车>

指定点或[水平(H)/垂直(V)/角度(A)/两等分(B)/偏移(O)]：

在屏幕的适当位置用鼠标拾取一点,打开"正交",水平向右移动鼠标单击左键画出一水平线,再向下移动鼠标单击左键画出一竖直线,按回车键结束命令,如图12.25(a)所示。

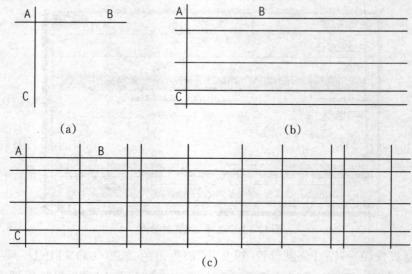

(a)　　　　　　　　　　　(b)

(c)

图12.25 绘制三视图

再次启动"构造线"命令。

命令:XLINE<回车>

指定点或[水平(H)/垂直(V)/角度(A)/两等分(B)/偏移(O)]:O<回车>

指定偏移距离或[通过(T)]:66<回车>

选择直线对象:(拾取AB)

指定向哪侧偏移:(向下移动光标单击左键) 画出底面基准线。

选择直线对象:<回车>

命令:XLINE<回车>

指定点或[水平(H)/垂直(V)/角度(A)/两等分(B)/偏移(O)]:O<回车>

指定偏移距离或[通过(T)]:10<回车>

选择直线对象:(拾取AB)

指定向哪侧偏移:(向下移动光标单击左键)

选择直线对象:(拾取底面基准线)

指定向哪侧偏移:(向上移动光标单击左键)

选择直线对象:<回车>

命令:XLINE<回车>

指定点或[水平(H)/垂直(V)/角度(A)/两等分(B)/偏移(O)]:O<回车>

指定偏移距离或[通过(T)]:32<回车>

选择直线对象:(拾取底面基准线)

指定向哪侧偏移:(向上移动光标单击左键)

选择直线对象:<回车>　画出主、左视图的水平基准线,如图12.25(b)所示。

同样方法再次启动"构造线"命令,利用"偏移(O)"选项,根据视图中的尺寸画出主、左视图的竖直基准线,如图12.25(c)所示。

3.置"粗实线"层为当前图层。用"直线""圆"命令绘制主、左视图的可见轮廓线。

4.置"虚线"层为当前图层。用"直线"命令绘制主、左视图的不可见轮廓线。

5.置"中心线"层为当前图层。用"直线"命令画出两圆的中心线。

6.用"擦除"命令擦去构造作图线。

练习3　修改对象属性练习

1.将如图12.26(a)所示图形中的细实线改为粗实线,尺寸R15改为R20。

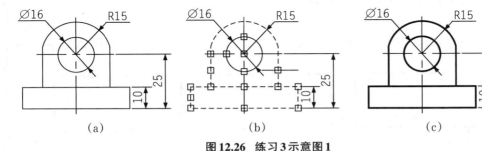

| (a) | (b) | (c) |

图12.26　练习3示意图1

【操作提示】

(1)选中图形中的细实线,如图12.26(b)所示。

(2)打开下拉菜单"修改",选择"特性",弹出图12.27所示的"特性"对话框。

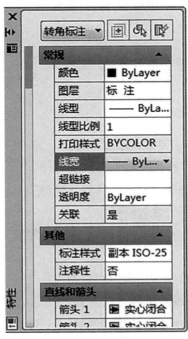

图12.27　"特性"对话框

（3）选中"线宽"项，并打开其后的下拉列表，选中一种粗实线。

（4）按下"Esc"键，选中的细实线变为粗实线，如图12.26（c）所示。

（5）同样方法选中R15，将其变为R20。

2. 改变线型比例的练习。

由于图幅的缩放等原因常常会使图中的中心线、虚线等不连续线型显示成连续线，利用"LTSCALE"命令改变线型比例因子的大小可以调节短画线和空格的长度，能重新显示出点画线等的线型。

【操作提示】

（1）绘制如图12.28（a）所示的图形。

（2）命令：LTSCALE＜回车＞

输入新线型比例因子＜1.0000＞：0.2＜回车＞　显示为如图12.28（b）所示图形。

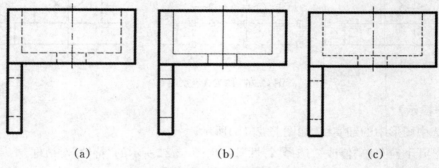

|　　　　（a）　　　　　　　　　（b）　　　　　　　　　（c）|

图12.28　练习3示意图2

命令：LTSCALE＜回车＞

输入新线型比例因子＜0.2＞：0.5＜回车＞　显示为如图12.28（c）所示图形。

12.3.3　思考与练习

1. 设置图层的方法有：

（1）命令行输入"LAYER"→"图层特性管理器"。

（2）下拉菜单："格式"→"图层"→"图层特性管理器"。

（3）工具栏："图层"→"图层特性管理器"。

（4）功能区："常用"选项卡→"图层"面板→"图层特性管理器"。

2. 修改图层线型的方法有：

（1）下拉菜单："格式"→"线型"→"线型管理器"。

（2）工具栏："对象特性"→线型控制下拉列表。

（3）命令行输入"LAYER"→"图层特性管理器"→"线型"。

3. 绘制如图12.29所示的主、俯视图，补画其左视图。

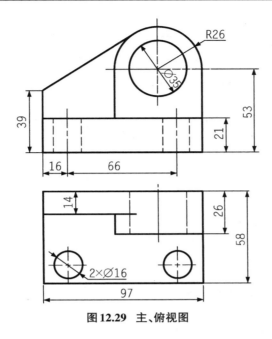

图12.29　主、俯视图

12.4　图形的编辑修改

12.4.1　目的要求

图形的修改命令是绘图时经常使用的。灵活利用修改命令可以使复杂图形绘制起来方便快捷。要求读者：

1. 熟练掌握对象选择的方法，针对不同修改命令快速、正确地选择要编辑的对象。

2. 掌握对图形移动、旋转、复制、修剪等图形修改的方法，巧妙利用这些命令来快速、灵活地绘制图形。

12.4.2　实验内容及操作步骤

练习1　改变图形位置的命令练习

1. 绘制如图12.30(a)所示的图形，并使之改变为如图12.30(b)所示的形状和位置。

【操作提示】

(1) 下拉菜单"文件"→"打开"或单击菜单浏览器中的"打开"选项，选择A3样板图。

(2) 置中心线层为当前层，用"直线"命令绘制水平和竖直方向的基准线。

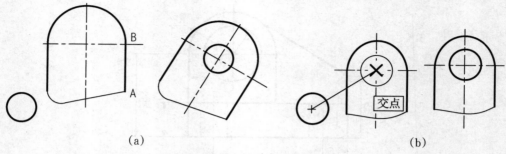

图12.30　绘制图形

(3) 置粗线层为当前层。

命令：PLINE＜回车＞

指定起点：(在竖直线右下方拾取一点为图形的A点)

当前线宽0

指定下一个点或[圆弧(A)/半宽(H)/长度(L)/放弃(U)/宽度(W)]：(向上画直线AB垂直于水平基准线)

指定下一个点或[圆弧(A)/半宽(H)/长度(L)/放弃(U)/宽度(W)]：A＜回车＞

指定圆弧的端点或[角度(A)/圆心(CE)/闭合(CL)/方向(D)/半宽(H)/直线(L)/半径(R)/第二个点(S)/放弃(U)/宽(W)]：CE＜回车＞

指定圆弧的圆心：(捕捉O点)

指定圆弧的端点或[角度(A)/长度(L)]：A＜回车＞

指定包含角：180＜回车＞

指定圆弧的端点或[角度(A)/圆心(CE)/闭合(CL)/方向(D)/半宽(H)/直线(L)/半径(R)/第二个点(S)/放弃(U)/宽(W)]：L＜回车＞

指定下一个点或[圆弧(A)/半宽(H)/长度(L)/放弃(U)/宽度(W)]：(向下拾取一点)

指定下一个点或[圆弧(A)/半宽(H)/长度(L)/放弃(U)/宽度(W)]：＜回车＞

(4) 用"圆"命令在适当位置画一小圆。

(5) 置细线层为当前层，用"样条曲线"命令画徒手波浪线。

(6) 启动"移动"命令。

命令：MOVE＜回车＞

选择对象：(用鼠标拾取小圆)

选择对象：＜回车＞

指定基点或位移：(捕捉小圆圆心)

指定位移的第二点或＜用第一点作位移＞：(捕捉两中心线交点)

(7) 启动"旋转"命令。

命令：ROTATE＜回车＞

UCS当前的正角方向：ANGDIR＝逆时针 ANGBASE＝0

选择对象：(用窗口方式选中整个图形)

选择对象：＜回车＞

指定基点：(捕捉中心线交点)

指定旋转角度或[参照(R)]：－30＜回车＞

练习 2　绘制如图 12.31(a)所示水池的视图

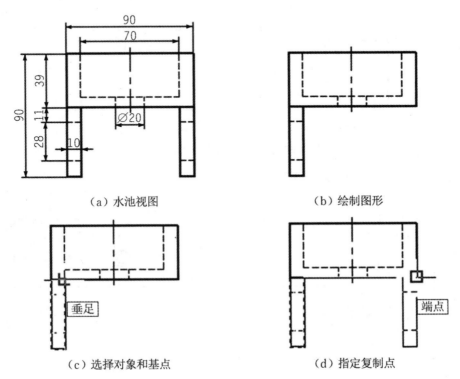

（a）水池视图　　　　　　　　　　　（b）绘制图形

（c）选择对象和基点　　　　　　　　（d）指定复制点

图 12.31　水池视图

【操作提示】

(1) 下拉菜单"文件"→"打开"或单击菜单浏览器中的"打开"选项，选择 A3 样板图。

(2) 用"直线""矩形"命令绘制如图 12.31(b)所示图形。

(3) 启动"复制"命令。

命令：COPY＜回车＞

选择对象：(用交叉窗口选择左下方图形)

选择对象：＜回车＞

指定基点或位移：(捕捉内侧角点)　如图 12.31(c)所示。

指定位移的第二点或＜用第一点作位移＞：(捕捉右侧角点)　如图 12.31(d)所示。

本图形也可以利用"镜像"命令绘制，如图 12.32 所示。

命令：MIRROR＜回车＞

选择对象(用交叉窗口选择左下方图形)　如图 12.32(a)所示。

指定镜像线的第一点：(捕捉中心线端点)　如图 12.32(a)所示。

指定镜像线的第二点:(捕捉中心线端另一点) 如图12.32(b)所示。

是否删除源对象?[是(Y)/否(N)]<N>:<回车>

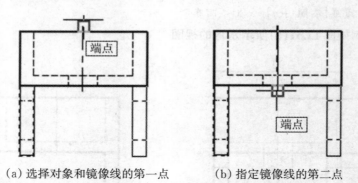

(a) 选择对象和镜像线的第一点　　　(b) 指定镜像线的第二点

图12.32　用"镜像"命令绘制水池视图

练习3　绘制如图12.33(a)所示泵盖的视图

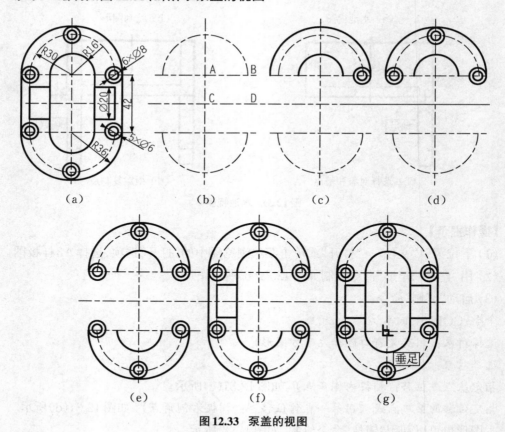

图12.33　泵盖的视图

【操作提示】

1. 下拉菜单"文件"→"打开"或单击菜单浏览器中的"打开"选项,选择A3样板图。

2. 置中心线层为当前层,用"直线"命令绘制水平和竖直方向的基准线,如图12.33(b)

所示。

3. 启动"圆弧"命令,绘制 R30 的基准半圆。

命令:ARC<回车>

指定圆弧的起点或[圆心(C)]:C<回车>

指定圆弧的圆心:(捕捉 A 点)

指定圆弧的起点:@30,0<回车>

指定圆弧的起点或[角度(A)/弦长(L)]:A<回车>

指定包含角:180<回车>

4. 启动"偏移"命令,绘制 AB 下方的基准线。

命令:OFFSET<回车>

指定偏移距离或[通过(T)]:21<回车>

选择要偏移的对象或<退出>:(选择 AB)

指定点以确定偏移所在一侧:(向下拾取一点)

选择要偏移的对象或<退出>:(选择刚刚复制的支线)

指定点以确定偏移所在一侧:(向下拾取一点)

选择要偏移的对象或<退出>:<回车>

5. 启动"镜像"命令,绘制 R30 的基准半圆。

命令:MIRROR<回车>

选择对象:(选择半圆 A)<回车>

指定镜像线的第一点:(捕捉 C 点)

指定镜像线的第二点:(捕捉 D 点)

是否删除源对象?[是(Y)/否(N)]<N>:<回车>

6. 置粗线层为当前层,绘制轮廓线。

(1) 单击绘图面板中的"圆弧"命令,用"圆心(C)"方式绘制 R36、R16 两个半圆。圆心捕捉点 A,单击绘图面板中的"圆"命令,绘制同心圆,圆心为 B、半径分别为 4 和 3。如图 12.33(c)所示。

(2) 启动修改面板中的"环形阵列"命令,绘制如图 12.33(d)所示的 R3 和 R4 同心圆。

命令:ARRAYPOLAR<回车>

选择对象:(选择 R3 和 R4 同心圆)<回车>

指定阵列的中心点或[基点(B)或旋转轴镜(A)]:(捕捉 A 点)

输入项目数或[项目间角度(A)或表达式(E)]<4>:A<回车>

指定项目间的角度或[表达式(EX)]<90>:90<回车>

指定项目数或[填充角度(F)或表达式(E)]<4>:3<回车>

按 ENTER 键接受:<回车>

7. 启动"镜像"命令。

命令:MIRROR<回车>

选择对象：（选择两半圆和三个同心圆）

选择对象：＜回车＞

指定镜像线的第一点：（捕捉C点）

指定镜像线的第二点：（捕捉D点）

是否删除源对象?[是(Y)/否(N)]＜N＞:＜回车＞ 绘制出图如图12.33(e)所示。

8.用"直线"命令绘制出左侧图线如图12.33(f)所示，再次用"镜像"命令复制出右侧图线，如图12.33(g)所示。

练习4 修剪、圆角、倒角命令的练习

绘制如图12.34(a)所示拖钩的轮廓。

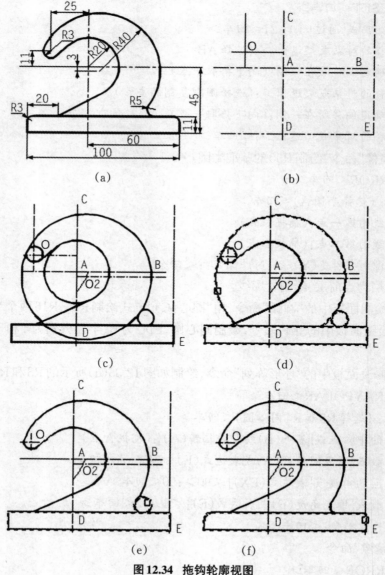

图12.34 拖钩轮廓视图

【操作提示】

1. 利用"图层"命令设置图层,包含有粗实线和中心线。

2. 画基准线。

置"中心线"层为当前图层,利用"直线"命令绘制互相垂直的基准线 AB、CD。

单击绘图面板中的"偏移"命令,偏移复制 R5、R40 和矩形的位置线。

偏移距离 25,偏移对象拾取 CD,向左偏移;偏移距离 11,偏移对象拾取 AB,向上偏移,得圆心 O。

偏移距离 60,偏移对象拾取 CD,向右偏移;偏移距离 45,偏移对象拾取 AB,向下偏移,得角点 E,如图 12.34(b)所示。

3. 画已知图线和中间图线,如图 12.34(c)所示。

置"粗实线"层为当前图层,单击绘图面板中的"矩形"命令,第一角点拾取 E,用尺寸(D)方式绘制 100×11 的矩形。

单击绘图面板中的"圆"命令,绘制 R20、R5 圆,圆心分别拾取 A 和 O。

再次启动"圆"命令绘制 R40 圆,圆心 O2 可以先以 O 为圆心、35 为半径画圆,与距 AB 下方 3 的直线相交确定。右下角 R5 圆。可以用"相切、相切、半径(T)"方式绘制。

利用"直线"命令绘制与 R5、R20 公切的直线及与 R20 相切的直线,切点利用单点捕捉模式确定。

4. 启动"修剪"命令,修剪多余线条。

命令:TRIM<回车>

当前设置:投影＝UCS 边＝无

选择剪切边 …

选择对象:(分别拾取两切线、两 R5 圆、矩形及 R40 圆)　如图 12.34(d)所示。

选择对象:<回车>

选择要修剪的对象,按住 Shift 键选择要延伸的对象,或[投影(P)/边(E)/放弃(U)]:(分别拾取要剪去部分)<回车>　如图 12.34(e)所示。

5. 使用"圆角"命令,将矩形上部左、右进行圆角。

命令:FILLET<回车>

当前模式:模式:修剪,半径:0.0000

选择第一个对象或[多段线(P)半径(R)/修剪(T)/方法(M)/多个(U)]:R<回车>

指定圆角半径:<10>5<回车>

选择第一个对象或[多段线(P)半径(R)/修剪(T)/方法(M)/多个(U)]:(分别拾取拐角的两边)

选择第一个对象或[多段线(P)半径(R)/修剪(T)/方法(M)/多个(U)]:(分别拾取另一拐角的两边)　如图 12.34(f)所示。

选择第一个对象或[多段线(P)半径(R)/修剪(T)/方法(M)/多个(U)]:<回车>

6. 使用"擦除"命令,擦去作图线。

练习5　绘制如图12.35(a)所示螺栓M20×60的视图

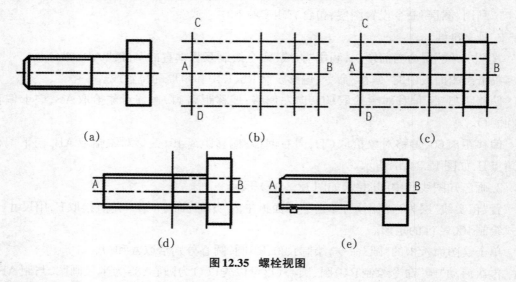

图12.35　螺栓视图

【操作提示】

已知螺纹直径,可用比例画法绘制各部分的结构线。

1. 利用"图层"命令设置图层,包含有粗实线、细实线和中心线图层。

2. 画基准线。

置"中心线"层为当前图层,利用"直线"命令绘制互相垂直的两直线AB、CD。

利用"偏移"命令,偏移距离10、20,偏移对象拾取AB,偏移距离40、60、74,偏移对象拾取CD,分别复制出螺纹的大径线、终止线以及六角头部投影线的位置线,如图12.35(b)所示。

3. 画可见轮廓线及小径线。

置"粗实线"层为当前图层,启动"直线"命令,利用捕捉交点模式绘制出螺栓可见轮廓线,如图12.35(c)所示。

利用"偏移"命令,偏移距离8.5,偏移对象拾取AB,上下偏移出螺纹小径的位置线。

置"细实线"层为当前图层,启动"直线"命令,利用捕捉交点模式绘制出螺栓小径线,如图12.35(d)所示。

4. 利用"倒角"命令画倒角,如图12.35(e)所示。

命令:CHAMFER<回车>

("修剪"模式)当前倒角距离1=0.0000,距离2=0.0000

选择第一条直线或[多段线(P)/距离(D)/角度(A)/修剪(T)/方法(M)/多个(U)]:D<回车>

指定第一条直线的倒角长度:3<回车>

指定第一条直线的倒角角度:3<回车>

选择第一条直线或[多段线(P)/距离(D)/角度(A)/修剪(T)/方法(M)/多个(U)]:(拾

取 A 点上部直线段)

选择第二条直线:(拾取左上部直线段)　切出一个倒角。

选择第一条直线或[多段线(P)/距离(D)/角度(A)/修剪(T)/方法(M)/多个(U)]:(拾取 A 点下部直线段)

选择第二条直线:(拾取左下部直线段)＜回车＞

5. 利用"直线"命令补画倒角右端的直线。

6. 利用"修剪"命令擦去倒角外的细实线。

练习 6　绘制如图 12.36 所示扳手的图形

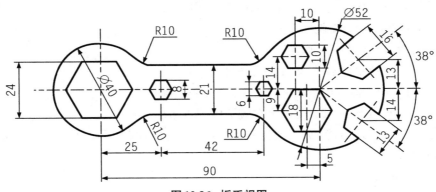

图 12.36　扳手视图

【操作提示】

1. 下拉菜单"文件"→"打开",选择 A3 样板图。

2. 画基准线,置"中心线"层为当前图层。

(1) 利用"直线"命令绘制互相垂直的两直线 AB、CD,以及两条 38°线。

(2) 利用"偏移"命令,偏移距离 25、67、80、85,偏移对象拾取 CD,向右偏移;偏移距离 14、9、13、14,偏移对象拾取 AB,向上、下偏移,复制出六个正六边形的中心 1、2、3、4、5、6,如图 12.37 所示。

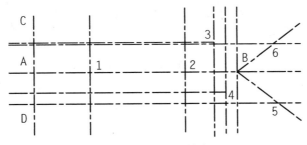

图 12.37　正六边形的中心

3. 画外围轮廓线,置"粗实线"层为当前图层。

(1) 用画圆命令绘制左、右两个圆,圆心 A、B,半径 20 和 26。

(2) 用"偏移"命令将基准线 AB 分别向上、下偏移 10.5,再用"直线"命令画出两圆之间的上下两条直线,如图12.38所示。

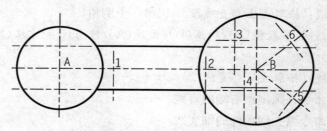

图12.38 两圆之间的上下两条直线

4. 单击绘图面板中的"多边形"命令画正六边形。

命令:POLYGON<回车>

输入边的数目<4>:6<回车>

指定正多边形的中心点或[边(E)]:(捕捉A点)

输入选项[内切于圆(I)/外切于圆(C)]:C<回车>

指定圆的半径:12<回车> 画出左侧圆中的六边形。

连续执行"多边形"命令,分别捕捉1、2、3、4、5、6为中心点,画出其余六个正六边形。

5. 启动"旋转"命令。

命令:ROTATE<回车>

选择对象:(拾取多边形6)<回车>

选择对象:<回车>

指定基点:(捕捉6点)

指定旋转角度或[参照(P)]:38<回车>

再次执行"旋转"命令,同样方法将多边形5旋转-38°,如图12.39所示。

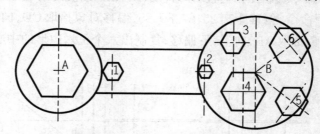

图12.39 启动"旋转"命令后的视图

6. 修剪与圆角。

命令:TRIM<回车>

选择剪切边

选择对象:(分别拾取两圆中间的上、下两直线)

选择要修剪的对象

选择对象:(分别拾取两直线间的圆弧)

命令:TRIM<回车>

选择剪切边

选择对象:(分别拾取两六边形和圆)

选择要修剪的对象

选择对象:(分别圆外的边和六边形内的圆弧)

命令:FILLET<回车>

选择第一个对象或[多段线(P)/半径(R)/修建(T)/多个(U)]:R<回车>

指定圆角半径:10<回车>

选择第一个对象或[多段线(P)/半径(R)/修建(T)/多个(U)]:(拾取左上方靠近圆的直线)

选择第二个对象:(拾取左上方靠近直线的圆)

依次将其余三处圆角,如图12.40所示。

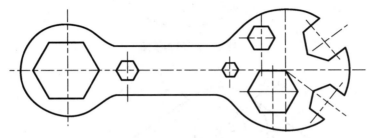

图12.40　修剪后的视图

12.4.3　思考与练习

1. 能够改变一条线条长度的命令有哪些?

A. 拉长(LENGTHEN)　　B. 延伸(EXTEND)　　C. 修剪(TRIM)

D. 缩放(SCALE)　　　　E. 打断(BREAK)

2. 绘制如图12.41所示扳手的视图。

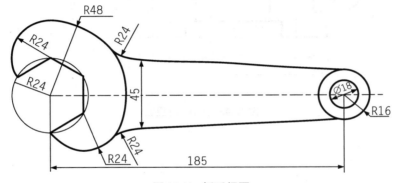

图12.41　扳手视图

3. 绘制如图12.42所示的吊钩视图。

4. 绘制如图12.43所示的主视图和俯视图,补画其左视图。

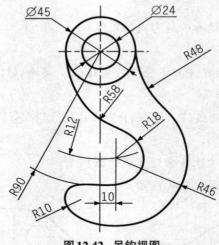

图12.42 吊钩视图

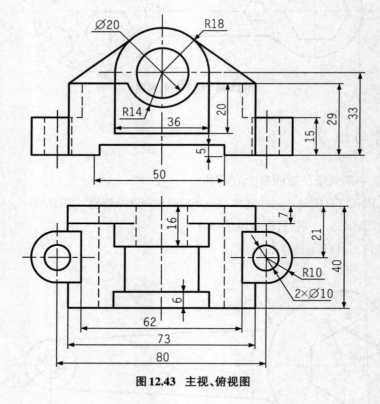

图12.43 主视、俯视图

12.5　复杂图形的绘制

12.5.1　目的要求

在学会基本的绘图和修改命令的基础上,本实验进一步帮助读者熟练掌握绘图和修改命令的使用技巧,利用它们快速、灵活地绘制各种不同图形。

12.5.2　实验内容及操作步骤

练习1　绘制如图12.44所示压盖的两面视图

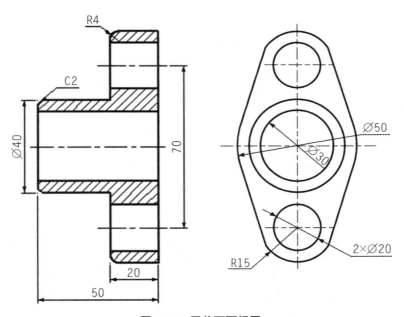

图12.44　压盖两面视图

【操作提示】

分析该两面视图,主要用"直线"和"圆"命令绘制,剖面线用"图案填充"命令绘制。利用"偏移"命令获得各不同位置的轮廓线,"倒角""倒圆"命令可绘制相关的工艺结构。

1. 利用"图层"命令设置图层,包含有粗实线、中心线、虚线和细线图层。

2. 布图画基准线,置"中心线"层为当前图层。

单击"直线"命令,在屏幕适当位置绘制主、左视图的基准线 AB、CD 和 EF。如图 12.45(a)所示。

单击"偏移"命令,偏移距离 35,偏移对象拾取 AB,上下复制出两圆孔的中心线;偏移距离 20、50,偏移对象拾取 CD,向左复制出左侧轮廓位置线,如图 12.45(b)所示。

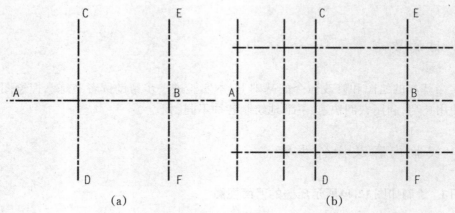

(a)   (b)

图 12.45　基准线

3. 画左视图,置"粗实线"层为当前图层。

利用"圆"命令绘制 ∅50、∅40、∅30 及 ∅20 的圆;用"直线"命令绘制左、右两公切直线。在提示指定点时,键盘输入"TAN"或单击"对象捕捉"工具栏上的"捕捉到切点"按钮,如图 12.46(a)所示。

单击"镜像"命令,"选择对象"拾取 ∅30、∅20 的圆和两公切直线,"指定镜像线上点"分别捕捉 B、A,画出下方图形,如图 12.46(b)所示。

单击"修剪"命令擦去多余的图线,如图 12.46(c)所示。

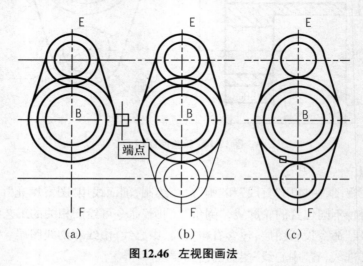

(a)   (b)   (c)

图 12.46　左视图画法

4.画主视图。

启动"直线"命令,利用主、左视图"高平齐",从左视图中各轮廓线投影点处向左画水平线,与相应的端面轮廓线垂直,再利用"直线"命令绘制出相应的各轮廓线,如图12.47(a)所示。

利用"修剪"命令擦去多余的图线。

单击"倒角"命令,设置距离D＝2,绘制出C2倒角;单击"圆角"命令,设置半径R＝4,绘制出R4的圆角,如图12.47(b)所示。

5.改画全剖视图。

单击"修剪"命令,修剪掉前端的可见轮廓线;利用"图层"面板中的"匹配"命令 ，将虚线改为粗实线,如图12.47(c)所示。

单击"图案填充"命令绘制剖面线,选择填充图案为"ANSI31",单击"添加拾取点按钮",在欲画剖面线的区域单击左键,如图12.47(d)所示。

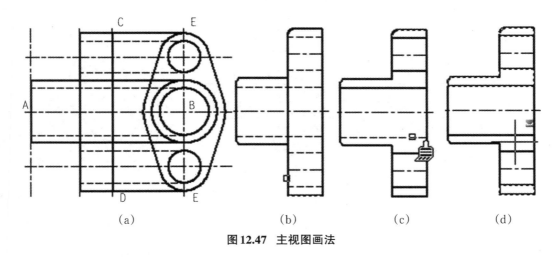

图12.47　主视图画法

练习2　绘制如图12.48(a)所示的两面视图

【操作提示】

该视图的俯视图,主要由圆和圆弧组成,且周向分布有序,可以用"阵列"命令绘制;R10圆弧可以用"圆"命令中的"相切、相切、半径"绘制后再修剪。

1.利用"图层"命令设置图层,包含有粗实线、中心线、虚线和细线图层。

2.布图画基准线,置"中心线"层为当前图层。

利用"直线""圆"命令绘制主视图和俯视图的基准线,如图12.48(b)所示。

3.画俯视图,置"粗实线"层为当前图层。

用"圆"命令绘制∅30、∅20同心圆及左面一个∅10、∅20的同心圆,如图12.48(c)所示。

启动"环形阵列"命令。

指定阵列的中心点或[基点(B)/旋转轴镜(A)]:(捕捉俯视图∅30圆的圆心)

输入项目数或[项目间角度(A)/表达式(E)]＜4＞:A＜回车＞

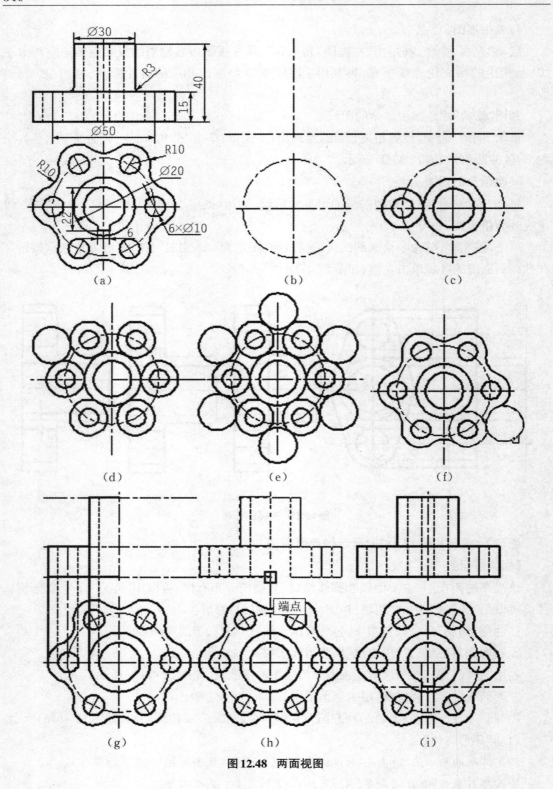

图12.48　两面视图

命令：ARRAYPOLAR＜回车＞

选择对象：(选择∅10、∅20 同心圆)＜回车＞

指定项目间的角度或[表达式(EX)]：60＜回车＞

指定项目数或[填充角度(F)或表达式(E)]＜4＞：6＜回车＞

按 ENTER 键接受：＜回车＞

绘制后的图形如图 12.48(d)所示。

启动"圆"命令。

命令：CIRCLE＜回车＞

指定圆的圆心或[三点(3P)/两点(2P)/相切、相切、半径(T)]：T＜回车＞

指定对象与圆的第一个切点：(捕捉左上方一个∅20 圆)

指定对象与圆的第二个切点：(捕捉左上方另一个∅20 圆)

指定圆的半径：10＜回车＞　　如图 12.48(d)所示。

启动"环形阵列"命令。

"选择对象"为刚刚绘制的 R10 圆，"阵列的中心点"为捕捉俯视图∅30 圆的圆心，"项目间角度"为 60，"项目总数"为 6，单击"确定"按钮，如图 12.48(e)所示。

启动"修剪"命令，在提示"选择剪切边、选择对象"时选中外缘的共 12 个∅20 圆；在提示"选择要修剪的对象、选择对象"时选中要剪切掉的圆弧部分，如图 12.48(f)所示。

4. 画主视图。

利用"偏移"命令，在提示"指定偏移距离"时分别输入 15、40，选择主视图的高度基准线，在"指定要偏移那一侧的点"提示下鼠标向上拾取。

启动"直线"命令，打开"正交"，根据主、俯视图"长对正"关系，画出主视图的左半边的轮廓，如图 12.48(g)所示。

单击"镜像"命令。

"选择对象"提示下选中主视图的左半边的轮廓；"指定镜像线的第一点"提示时拾取主视图的基准线绘制出主视图，如图 12.48(h)所示。

5. 用"偏移""直线"和"修剪"命令画全俯视图，如图 12.48(i)所示。再用"圆角"命令补画出主视图的圆角。

练习 3　绘制如图 12.49 所示的主、左视图

【操作提示】

1. 利用"图层"命令设置图层，包含有粗实线、中心线、虚线和细线图层。

2. 布图画基准线，置"中心线"层为当前图层。

利用"直线"命令绘制主视图和左视图的基准线，如图 12.50(a)所示。

3. 偏移距离 40，偏移对象拾取 AB，上下复制出矩形上下轮廓线；偏移距离 18，偏移对象拾取 CD 向左复制出矩形左侧轮廓位置线；偏移距离 27，偏移对象拾取 GH，左右复制出矩形前后轮廓位置线；如图 12.50(b)所示。

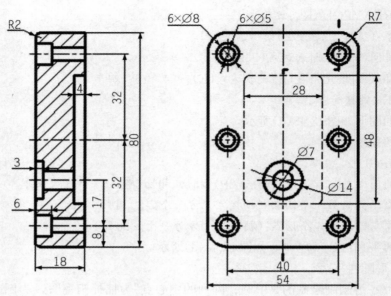

图12.49　主、左视图

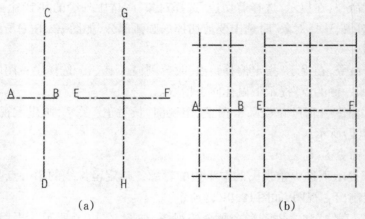

（a）　　　　　　　　　　（b）

图12.50　基准线

4. 画两面视图,置"粗实线"层为当前图层。

单击"矩形"命令,"指定第一个角点"时拾取主视图左下角的交点;"指定另一个角点"时拾取主视图右上角的交点,画出主视图矩形。按回车键再次执行"矩形"命令,同样操作画左视图的矩形。

用"圆"命令绘制左视图中的∅14、∅7同心圆及左下方一个∅8、∅5的同心圆,如图12.51(a)所示。

单击"矩形阵列"命令。

命令:_arrayrect

选择对象:(捕捉∅8、∅5的两同心圆)＜回车＞

为项目数指定对角点或[基点(B)/角度(A)/计数(C)]＜计数＞:C＜回车＞

输入行数或[表达式(E)]<4>:3<回车>

输入列数或[表达式(E)]<4>:2<回车>

指定对角点以间隔项目或[间距(S)]<间距>:S<回车>

指定行之间的距离或[表达式(E)]:32<回车>

指定列之间的距离或[表达式(E)]:40<回车>

按 Enter 键接受或[关联(AS)/基点(B)/行(R)/列(C)/层(L)/退出(X)]:<回车>

用"矩形"命令绘制左视图中方槽的投影;用"圆角"命令绘制出方槽圆角 R2、外部矩形轮廓圆角 R7 完成左视图,如图 12.51(b)所示。

5. 画主视图。

启动"直线"命令,利用主、左视图"高平齐",从左视图中各轮廓线投影点处向左画水平线,与相应的端面轮廓线垂直,再利用"直线"命令绘制出相应的各轮廓线,用"圆角"命令绘制 R2 圆角,如图 12.51(c)所示。利用"修剪"命令擦去多余的图线。

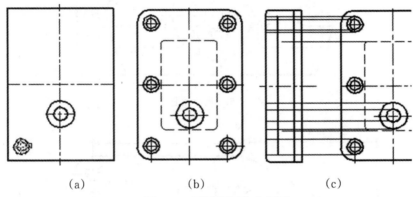

(a)　　　　　　　(b)　　　　　　　(c)

图 12.51　两面视图和主视图

12.5.3　思考与练习

1. 下列命令中哪些命令可以去掉图形中不需要的部分?

A. 删除　　B. 修剪　　C. 圆角　　D. 打断

2. 利用"修剪"命令对图形进行修改,有时无法实现,试分析原因。

3. 绘制如图 12.52 所示的两面视图,将主视图改画为半剖视图。

4. 绘制如图 12.53 所示的垫片图形。

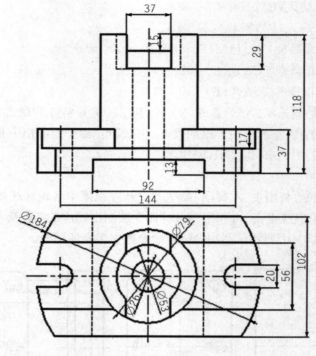

图12.52 两面视图

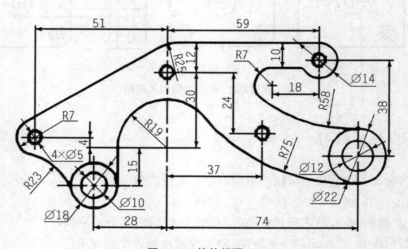

图12.53 垫片视图

12.6 文本、表格和尺寸标注的练习

12.6.1 目的要求

尺寸标注是工程图样中的一项重要内容,书写技术要求要用到文本。通过本实验要求读者:

1. 掌握文字式样设置的方法,能设置书写工程图样汉字的文字式样。

2. 学会文字标注的一般方法,掌握特殊符号及文字的标注。

3. 掌握表格设置绘制的方法。

4. 掌握尺寸式样设置的方法,能设置符合国标规定的"线性尺寸""角度尺寸"和"径向尺寸"的尺寸式样。

5. 正确、完整地标注工程图样的尺寸。

12.6.2 实验内容及操作步骤

练习1 用文字命令输入下列文本

技术要求:

1. $\varnothing 20 \pm 0.020$孔要求配作。

2. 未注圆角R3。

3. 倒角全部$2 \times 45°$。

4. 线性尺寸未注公差为GB/T 1804—m。

【操作提示】

工程图样中的汉字要求为长仿宋体,故应先定义标注文字的样式。

1. 在功能区中选择"注释"选项卡→点击"文字"面板右下角斜箭头 ↘,或者下拉菜单"格式"→"文字式样",打开"文字样式"对话框,如图12.54所示。

2. 在"文字样式"对话框中单击"新建"按钮,在弹出的对话框中输入新样式名"HZ"后单击"确定"。

3. 在"文字样式"对话框中的"字体"区域的"SHX字体"下拉列表中选择字体文件"gbenor. shx"、再选中"使用大字体"前的复选框;在激活的"大字体"下拉列表中,选择字体文件"gbcbig. shx"。单击"应用"按钮,至此完成"HZ"字体样式的设置。

4. 利用"多行文字"或"单行文字"命令进行标注。

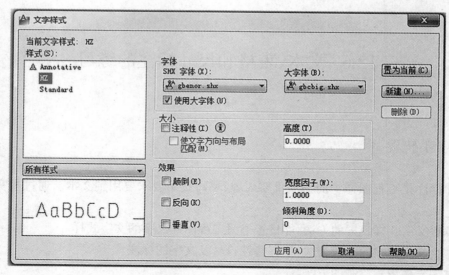

图12.54　"文字样式"对话框

命令：TEXT＜回车＞

当前文字样式 HZ：文字高度

指定文字的起点或[对正(J)/样式(S)]：(在屏幕的适当位置拾取一点)

指定高度：7＜回车＞

指定文字的旋转角度＜0＞：＜回车＞

输入文字：在该提示下逐行输入文字即可。其中"2×45°"输入为"2×45％％D"、"∅20±0.020"输入为"％％C20％％P0.020"。

若用"多行文字"命令标注，则在弹出的如图12.55所示的"多行文字编辑器"中的光标处依次输入即可。

图12.55　"多行文字编辑器"对话框

练习2　用"表格"命令绘制如图12.56所示的明细表

【操作提示】

1.设置表格样式。

（1）在功能区选择"注释"选项卡→点击"表格"面板右下角斜箭头 ，或者下拉菜单"格式"→"表格样式"，打开"表格样式"对话框，如图12.57所示。

序　号	名　称	数　量	材　料	备　注

图 12.56　明细表

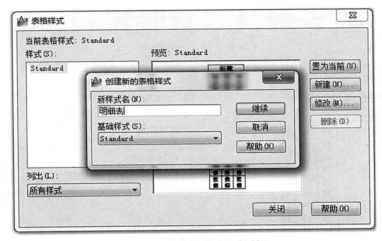

图 12.57　"表格样式"对话框

（2）在"表格样式"对话框中，单击"新建"按钮，在弹出的"创建新表格样式"对话框的"新样式名"栏内输入新表格式样名后单击"继续"。

（3）在接着打开的如图 12.58 所示的"新建表格样式"对话框中定义明细表的样式。

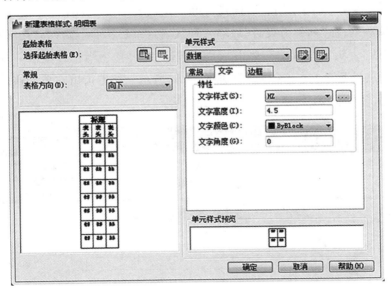

图 12.58　"新建表格样式"对话框

在右侧"单元样式"中选"数据"项,在"文字"选项卡上面选已定义的文字样式"HZ""文字高度"5;"常规"选项卡中"对齐"选"正中"。

2.插入空表格,并调整为明细表所需的格式。

(1)"注释"选项卡内点击"表格"面板中🔲表格,打开"插入表格"对话框,如图12.59所示。

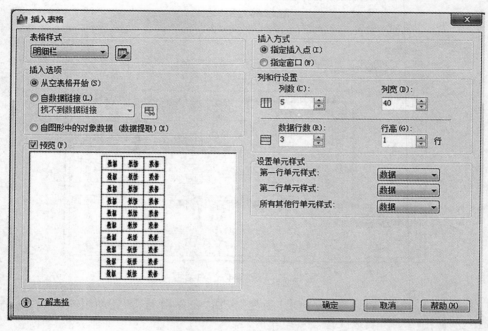

图12.59 "插入表格"对话框

(2)在"插入表格"对话框的表格样式名称下拉列表中选择刚刚定义的样式;选中"指定插入点"前的单选框;在"列和行设置"域输入列数、行数以及列宽与行高;在"设置单元样式"中选取"标题"或"表头"或"数据",单击"确定"按钮,在屏幕适当位置拾取一点后,在指定位置插入一空表格,并显示"文字编辑器",如图12.60所示。接着可以在单元格内输入内容,也可单击"确定"关闭"文字编辑器",以后再填充内容。

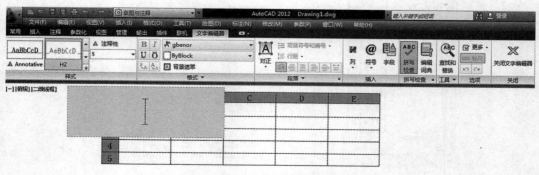

图12.60 "文字编辑器"对话框

（3）单击面板上"关闭"按钮，退出文字编辑。选中要调整的列单击右键，在弹出的快捷菜单中选择"特性"；在弹出的"特性"对话框中修改单元格的列宽和行高，如图12.61所示。

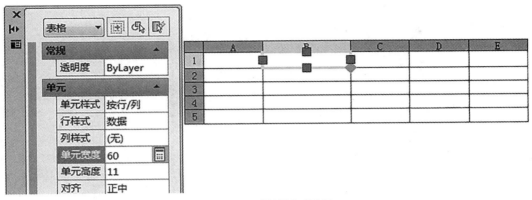

图12.61　"特性"对话框

（4）输入文字和数据。

双击空表格中要输入文字的单元格，再次显示多行文字编辑器，在光标处输入相应内容，如图12.62所示。

图12.62　"文字编辑器"对话框

练习3　尺寸标注的练习

按国家标准"机械制图"规定，线性尺寸和径向尺寸文字方向随尺寸线；而角度尺寸的数值应水平放置；同时建筑图样中的尺寸终端是45°中粗线不是箭头，所以在标注尺寸前应进行标注样式设置，满足不同情况的需要。

1. 试设置尺寸标注样式，分别适用于线性尺寸、径向尺寸和角度尺寸的标注。

【操作提示】

（1）在功能区选择"注释"选项卡→点击"标注"面板右下角斜箭头 ↘ ，或者下拉菜单"格式"→"标注样式"，打开"标注样式管理器"，在"标注样式管理器"对话框中，单击"新建"按钮，在弹出的"创建新标注样式"对话框中，输入新样式名后单击"继续"。如图12.63所示。

（2）在接着打开的"新建标注样式"对话框中，分别单击"线""符号和箭头""文字""调整"和"主单位"等选项卡进行设置，如图12.64所示。

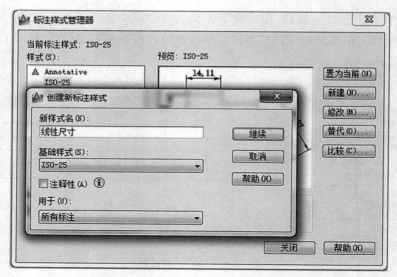

图12.63 "标准样式管理器"对话框

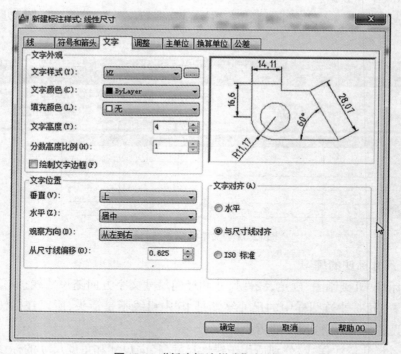

图12.64 "新建标注样式"对话框

① "线"：将尺寸界线中"超出尺寸线"改为2；"起点偏移量"设置为1。

② "符号和箭头"：第一项、第二项均为"实心闭合"；"箭头大小"3。

③ "文字"："文字样式"选"HZ"，"文字高度"4，"文字对齐"选择"与尺寸线对齐"。

④ "调整"：选中"文字和箭头"单选项以及"标注时手动放置文字"前的复选框。

⑤ "主单位"：把"精度"选择为0。

设置完毕,单击"确定"后返回"标注样式管理器",完成"线性尺寸"样式的设置。

(3)同样方法可设置"径向尺寸"和"角度尺寸"的标注样式,如图12.65和图12.66所示。在"径向尺寸"中的"文字对齐"选择"ISO标准";"角度尺寸"的"文字对齐"选择"水平"单选项。

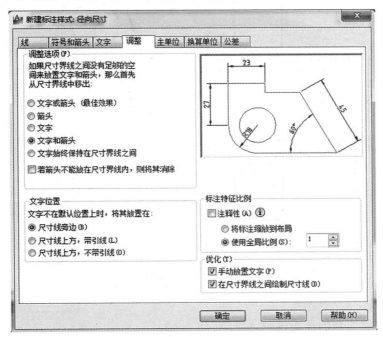

图12.65 "新建标注样式"对话框1

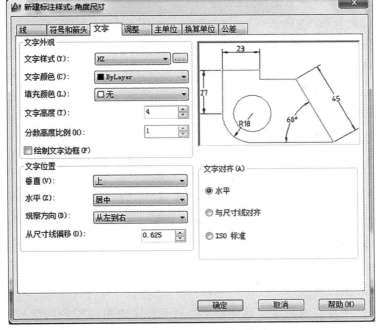

图12.66 "新建标注样式"对话框2

2.标注如图12.67所示压盖视图的尺寸。

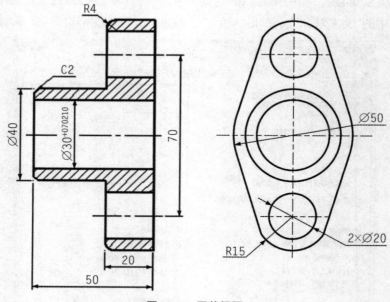

图12.67　压盖视图

【操作提示】

(1)打开之前绘制的压盖视图。

(2)设置尺寸标注样式,分别适用于线性尺寸、径向尺寸和角度尺寸的标注。

(3)置细实线层为当前图层,标注尺寸。

在功能区选择"注释"选项卡→"标注"面板→选中"线性尺寸"为当前层。

单击"线性"命令,标注"70、50、20和∅40、∅30"尺寸。

注意:在直线形上标注∅40尺寸可操作如下:

命令:DIMLINE<回车>

指定第一条尺寸界线原点或<选择对象>:(捕捉主视图∅40轮廓线端点)

指定第二条尺寸界线原点或<选择对象>:(捕捉主视图∅40轮廓线另一端点)

指定尺寸线位置或[多行文字(M)/文字(T)/角度(A)/水平(H)/垂直(V)/旋转(R)]:T<回车>

输入文字:(%%c40)<回车>

指定尺寸线位置或[多行文字(M)/文字(T)/角度(A)/水平(H)/垂直(V)/旋转(R)]:(在适当位置单击左键)

标注带公差的∅30尺寸操作如下:

命令:DIMLINE<回车>

指定第一条尺寸界线原点或<选择对象>:(捕捉主视图∅30轮廓线端点)

指定第二条尺寸界线原点或<选择对象>:(捕捉主视图∅30轮廓线另端点)

指定尺寸线位置或[多行文字(M)/文字(T)/角度(A)/水平(H)/垂直(V)/旋转(R)]：M<回车>

在弹出的"文字格式"编辑器中输入"%%c30+0.021/0"，将公差"+0.021/0"选中后单击"标注"面板中的三角符号 **标注 ▼**，在展开的选项里点击"b/a堆叠"，如图 12.68(a)所示。再选中已堆叠的"+0.021/0"，单击右键，选择快捷菜单中的"堆叠特性"，在弹出的"堆叠特性"对话框的外观样式下拉表中选"公差"，如图 12.68(b)所示。

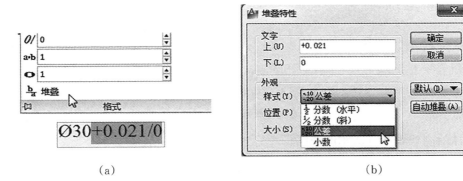

(a)　　　　　　　　　　　　　　(b)

图12.68　"堆叠特性"对话框

置"径向尺寸"样式为当前，标注圆和圆弧尺寸。

单击"直径"命令 ◯，在左视图上标注"∅50、2×∅20"尺寸。

单击"直径"命令 ◯，在左视图上标注"R15"尺寸。

用"快速引线"标注倒角C2。

命令：QLEADER<回车>

指定第一个引线点或[设置(S)]<设置>：<回车>

在弹出的"引线设置"对话框中，打开"附着"选项卡，选中"最后一行加下划线"前的复选框，单击"确定"，如图 12.69 所示。

图12.69　"引线设置"对话框

指定第一个引线点或[设置(S)]<设置>:(在标注位置拾取一点)

指定下一点:(再拾取一点)

指定下一点:<回车>

指定文字宽度<0>:<回车>

输入注释文字第一行<多行文字>:C2<回车>。

12.6.3　思考与练习

1.输入下列文字,字高10。

技术要求

1：无铸缺陷,时效处理

2：未注圆解R2,倒角2×45°

2.设计绘制如表12.1所示的明细表。

表 12.1　明细表

4	键8X40	1		GB1095-79
3	轴	1	45	
2	箱　盖	1	HT200	
1	箱　体	1	HT200	
序号	名　　称	数量	材　料	备　注

3.绘制如图12.70所示的挂轮架视图,并标注尺寸。

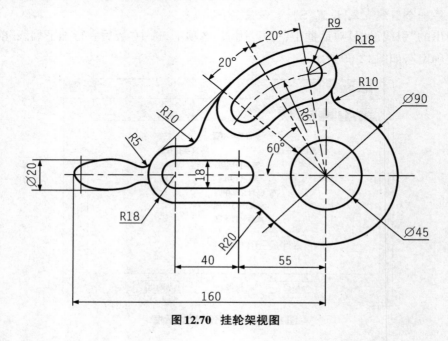

图 12.70　挂轮架视图

12.7 图块、轴测图、实体造型的练习

12.7.1 目的要求

1.掌握图块的相关知识,能够正确定义和使用图块,利用图块技术标注特殊工程符号。
2.了解三维实体造型的一般方法。

12.7.2 实验内容及操作步骤

练习1 绘制如图12.71所示的零件图,标注尺寸及表面粗糙度

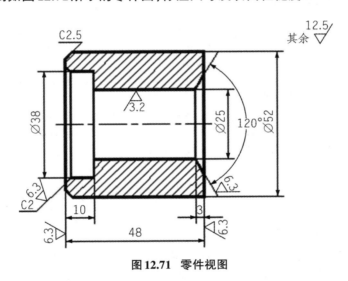

图12.71 零件视图

【操作提示】

该图形用"直线"命令可绘制出轮廓,用"倒角"命令绘制内外倒角、再用"图案填充命令"绘制剖面线。图形中的表面粗糙度符号可用图块插入标注。

1.设置图层,包含有粗实线、点画线和细实线。

2.在粗实线层上绘制图形的轮廓,用"图案填充" 命令绘制剖面线。

3.分别用"线性标注""角度标注"样式,标注尺寸。

4.标注粗糙度符号。

(1)用"直线"命令绘制符号图形 。

(2)再定义属性。"常用"选项卡→"块"面板→"定义属性" ;在打开的"属性定义"对话

框中的"标记""提示""默认"的栏内输入相应的文字和数值后单击"确定",如图12.72所示。

（3）在切换的绘图区拾取符号三角形左端点附近一点,完成属性定义。

（4）在功能区选择"常用"选项卡→"块"面板→"创建"📇;打开"块定义"对话框。在"名称"栏内输入块名;单击"选择对象"按钮,在切换的绘图屏幕上选中所有符号图形（包括属性）;单击"拾取点"按钮,在切换的绘图屏幕上捕捉符号三角形下方尖点,单击"块定义"对话框中的"确定"按钮,如图12.73所示,完成块的定义。

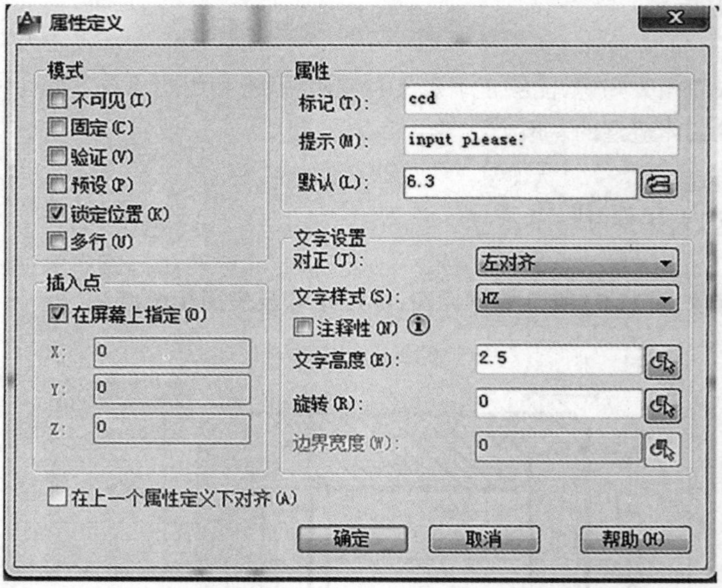

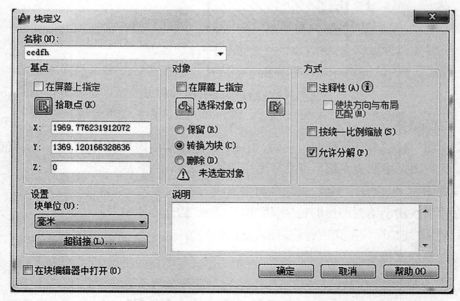

图12.72 "属性定义"对话框

图12.73 "块定义"对话框

（5）在功能区选择"常用"选项卡→"块"面板→"插入" 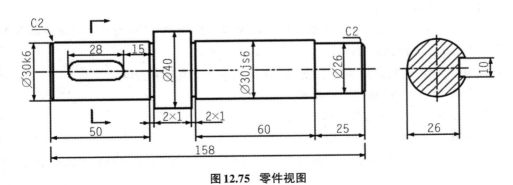，如图 12.74 所示。在"名称"栏的下拉列表中选中已定义的块名；将"路径"域中"在屏幕上指定"的三个复选框都选中，单击"确定"在切换的屏幕上依命令行提示，在图的适当位置逐一标出粗糙度符号。

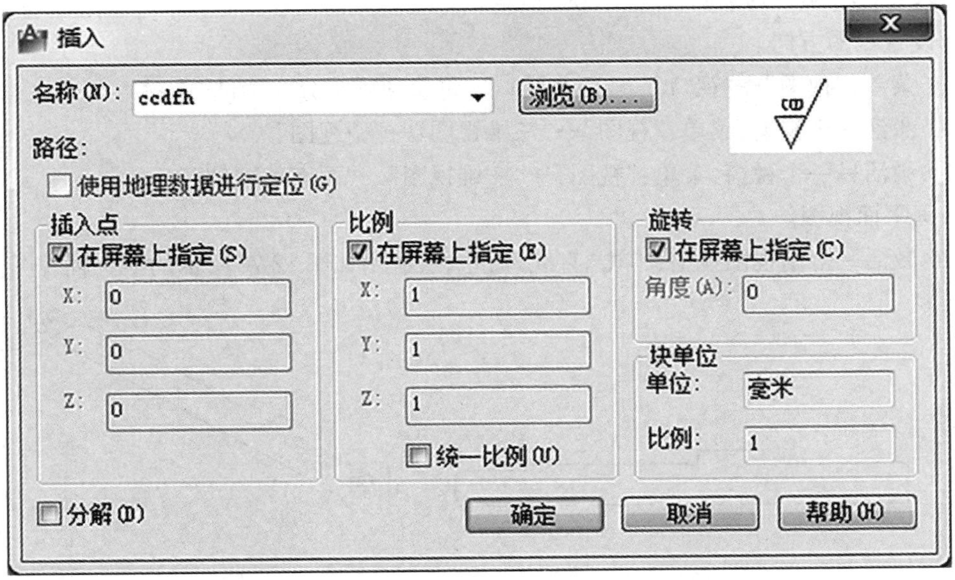

图 12.74 "插入"对话框

指定插入点或[基点(B)/比例(S)/X/Y/Z/旋转(R)]:(在标注位置拾取一点)

输入 X 比例因子,指定对角点,或[角点(C)/XYZ(XYZ)]＜1＞:＜回车＞

输入 Y 比例因子或＜使用 X 比例因子＞:＜回车＞

指定旋转角度＜0＞:90＜回车＞

输入属性值＜6.3＞:＜回车＞ 标出 ⌀52 左端面的粗糙度。

练习 2 根据如图 12.75 所示的零件图,绘制其三维立体图

图 12.75 零件视图

轴是由不同直径的同轴圆柱体组合而成的,圆柱体是由直母线绕着与其平行的直线回转形成的。故可使用 CAD 的旋转功能实现其三维造型。

【操作提示】

1. 设置线框密度。

命令：ISOLINES＜回车＞

输入 ISOLINES 的新值＜4＞：10＜回车＞

2. 设置视图方向。

(1) 菜单："视图"→"视口"→"两个视口"，将绘图屏幕分为两部分。

(2) 激活一个视窗，菜单："视图"→"三维视图"→"俯视图"。

(3) 激活另一个视窗，菜单："视图"→"三维视图"→"西南等轴侧"。

3. 画平面视图。

(1) 激活一个俯视图视窗，单击"直线"命令，绘制出如图12.76所示的半个轴视图。

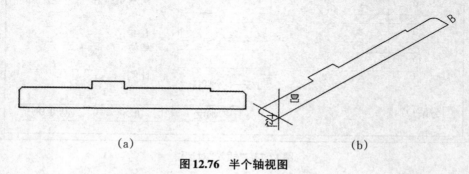

(a)   (b)

图12.76 半个轴视图

(2) 单击"多段线"命令，绘制键槽的俯视图。

(3) 单击"常用"选项卡内"绘图"面板中"面域"命令 ◙，选中全部轮廓，将平面形变为面域。

4. 三维造型。

(1) 激活一个西南等轴侧图视窗，菜单："绘图"→"建模"→"旋转"。

选择要旋转的对象：(选择面域轮廓)

选择对象：＜回车＞

指定轴的起点或根据以下之一选项定义轴[对象(O)/X/Y/Z]＜对象＞：(捕捉端点A)

指定轴端点：(捕捉端点B)

指定旋转角度或[起点角度(ST)]＜360＞＜回车＞ 旋转为实体。

(2) 菜单："绘图"→"建模"→"旋转"。

选择要拉伸的对象：(选择键槽面域)

选择对象：＜回车＞

指定拉伸高度或[方向(D)/路径(P)/倾斜角(T)]：4＜回车＞ 拉伸为实体，如图12.77 (a)所示。

5. 移动组合。

(1) 在功能区选择"常用"选项卡→"修改"面板→"三维移动"🖏。

选择对象:(选择键槽)

选择对象:＜回车＞

指定基点或[位移(D)]:(捕捉键槽圆心)

指定第二点或＜用第一点做位移＞:(捕捉轴左端倒角圆的象限点)　如图 12.77(b)
所示。

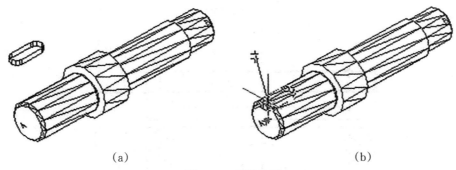

(a)　　　　　　　　　　　　　　　　　　(b)

图 12.77　三维造型

按回车键再执行"三维移动"。

选择对象:(选择键槽)

选择对象:＜回车＞

指定基点或[位移(D)]:(捕捉键槽圆心)

指定第二点或＜用第一点做位移＞:(@10,0)＜回车＞

(2) 在功能区选择"常用"选项卡→"实体编辑"面板→"差集" ⊘。

命令:SUBTRACT＜回车＞

选择要从中减去的实体或面域

选择对象:(拾取轴)

选择对象:＜回车＞

选择要减去的面域,选择对象:(选择键槽)

选择对象:＜回车＞　如图 12.78 所示。

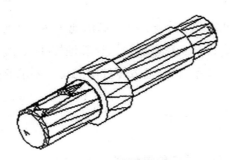

图 12.78　三维轴视图

12.7.3　思考与练习

1.根据如图 12.79 所示的两面视图,用实体造型绘制其三维立体图。

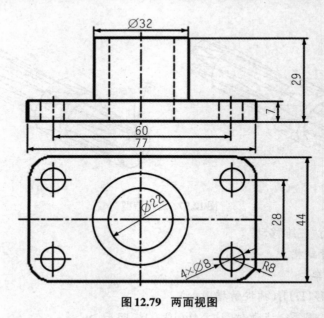

图 12.79　两面视图

12.8　工程图样的绘制

12.8.1　目的要求

1.能熟练运用"绘图"和"修改"命令,正确、简洁地表达工程形体。

2.熟练运用"标注"命令,正确、完整、清楚、合理地标注尺寸。

3.利用"文字"和"表格"命令,正确输入零件图的技术要求有关文字。

12.8.2　实验内容及操作提示

练习 1　绘制如图 12.80 所示的齿轮零件图

【操作提示】

1.打开设置好的 A3 样板图,置中心线层为当前图层,用"直线"和"圆"命令,绘制主、左视图的基准线及分度圆,如图12.81(a)所示。

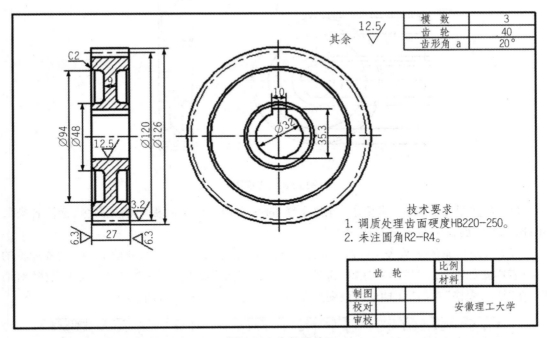

模　数	3
齿　轮	40
齿形角 a	20°

其余 12.5/

技术要求
1. 调质处理齿面硬度HB220-250。
2. 未注圆角R2-R4。

齿　轮		比例	
		材料	
制图			安徽理工大学
校对			
审校			

图12.80　齿轮零件

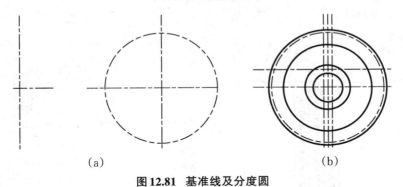

(a)　　　　　　　　　　　　(b)

图12.81　基准线及分度圆

　2. 置粗实线层为当前层。

　(1) 先用"圆"命令绘制齿轮左视图的齿顶、幅板及轴孔的圆,用"偏移"命令定出键槽投影的位置线后画出键槽轮廓,如图12.81(b)所示。

　(2) 画主视图。用"直线"命令,依主、左视图"高平齐",由左视图起画出对应主视图的各直线,如图12.82(a)所示。

　(3) 用"偏移""修剪""圆角"命令画出辐板和齿根线的投影,用"图案填充"命令绘制剖面线,如图12.82(b)所示。

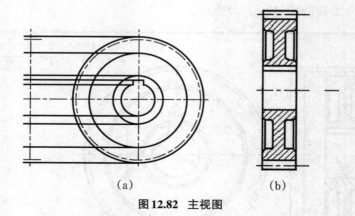

(a)   (b)

图 12.82   主视图

(4) 标注尺寸、书写技术要求。用"注释"选项卡内"标注"面板中相关命令,标注各类尺寸;用"文字"面板中命令书写技术要求。

(5) 绘制齿轮的参数表。"注释"选项卡→点击"表格"面板右下角斜箭头 ,设置齿轮的参数表样式如图 12.83 所示;"注释"选项卡→点击"表格"面板中 表格,打开"插入表格"对话框,在"插入表格"对话框内填写行、列数及行高与列宽,如图 12.84 所示。

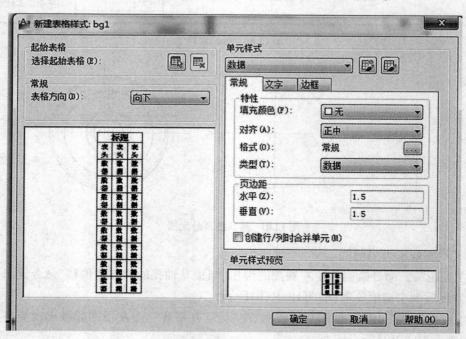

图 12.83   绘制齿轮参数表

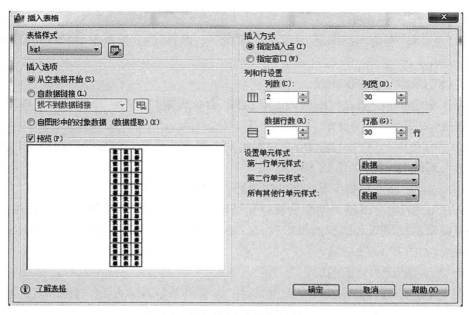

图12.84　"插入表格"对话框

练习2　绘制如图12.85所示机匣盖零件图

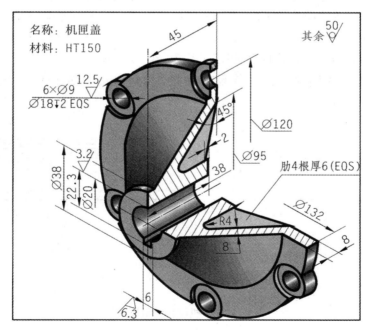

图12.85　机匣盖视图

【操作提示】

机匣盖为轮盘类零件,用全剖的主视图表达内部结构,用左视图表达外形及安装孔的位置。操作提示如下:

1. 打开样板图 A3.dwt。

2. 置"中心线"层为当前图层。用"圆""直线"和"偏移"命令绘制主、左视图的基准线,如图 12.86(a)所示。

3. 置"粗实线"层为当前图层。

(1)用"圆"命令绘制左视图的圆,用"直线"命令根据"高平齐"原理画出主视图上半部的已知图线,如图 12.86(b)所示。

(2)用"环形阵列"命令,复制出左视图的六个圆孔的投影,用"修剪""圆角"和"擦除"命令修改上半部的主视图,如图 12.86(c)所示。

(3)用"镜像"命令复制出下半部的主视图,如图 12.86(d)所示。

(4)用"偏移"命令复制出四个肋板以及键槽的位置线,用"直线"命令分别用粗实线、虚线绘制出键槽的投影线和肋板的投影线,在"细实线"图层上用"图案填充"命令画出主视图中的剖面线,如图 12.86(e)所示。

4. 置"细实线"层为当前图层。

(1)标注尺寸。"注释"选项卡→点击"标注"面板右下角斜箭头 ↘ ,"样式名"区域选择已定义的"线性尺寸"样式,单击"置为当前"和"关闭"按钮。

(2)标注相关定形尺寸和定位尺寸。

(3)同样分别先置已定义的"圆弧尺寸"样式和"角度"样式为当前,再标注相关的径向尺寸和角度尺寸。注意尺寸"6×∅9∅18▽2"中的符号"▽"可予先用"多段线"命令绘制,再定义为块后用"插入块"命令,可供多次使用。

(4)用块插入方法,标注表面粗糙度,如图 12.86(f)所示。

(5)用"注释"选项卡内"文字"面板中命令书写技术要求,填写标题栏,如图 12.86(g)所示。

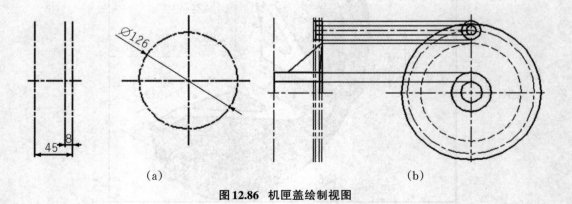

     (a)   (b)

图 12.86　机匣盖绘制视图

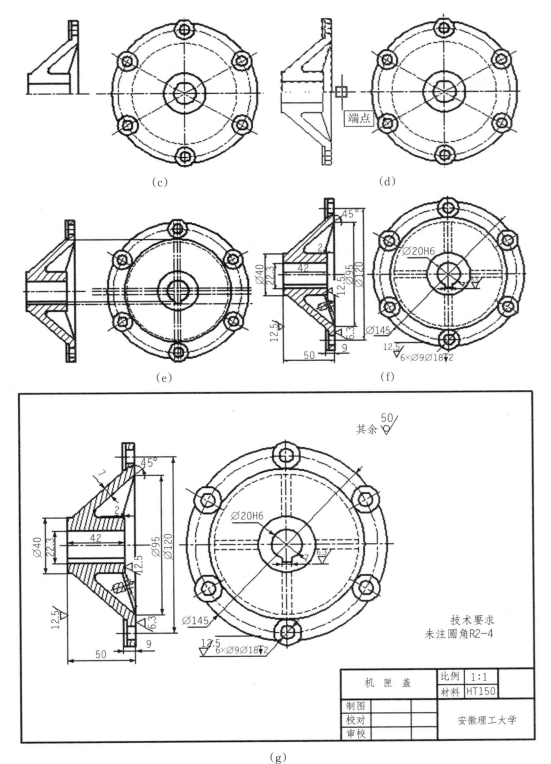

(c)   (d)

(e)   (f)

(g)

(续)图12.86 机匣盖绘制视图

练习3　抄绘如图12.87所示泵体的零件图

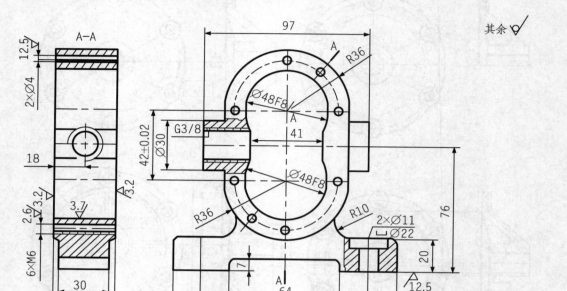

图12.87　泵体零件视图

【操作提示】

1. 打开样板图 A3.dwt，设置图幅、线型、字体和尺寸标注样式。

2. 置"中心线"层为当前图层，用"直线"和"圆"命令画出主、左视图基准线，如图12.88(a)所示。

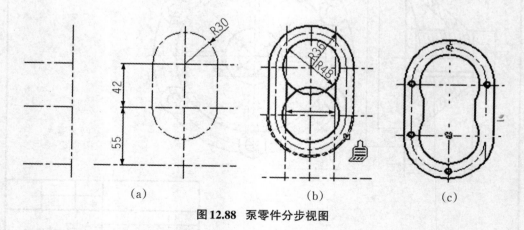

图12.88　泵零件分步视图

3. 画左视图，置"粗线"层为当前图层。

(1) 画泵体的内、外轮廓线。单击"圆"命令，画两个 ⌀48圆；单击"偏移"命令，"偏移距离"输入6，"偏移对象"拾取两个 R30的半圆及两切直线，"向那一侧偏移"向基准线外偏移,复制出泵体外轮廓线。然后将轮廓线变为粗实线,如图12.88(b)所示。

(2)画6×M6螺孔及2×∅4销孔圆。单击"圆"命令画一个M6螺孔圆;单击"复制" 🗗 命令:"选择对象"M6螺孔圆,"基点"拾取M6螺孔圆心,"第二点"分别拾取相应位置点,如图12.88(c)所示。

(3)画前后进出油孔。单击"直线"命令画出两边∅30圆柱的投影;单击"偏移"命令 🗗 先复制出G3/8螺孔的大、小径线的位置,再用"直线"命令画出螺孔的大、小径;单击"绘图"面板中"样条曲线"命令 ～,绘制局部剖的界线,再用"图案填充"命令 🗓绘制剖面线,如图12.89(a)所示。

(4)画底板。单击"偏移"命令 🗗先复制出底板及螺栓孔的位置,用"矩形"命令绘制130×20矩形,用"圆"命令中的"相切、相切、半径(T)"选项绘制R10圆弧;用"直线"命令画出2×∅11及∅22孔的投影;单击"样条曲线"命令 ～,绘制局部剖的界线,再用"图案填充"命令 🗓绘制剖面线。单击"修剪"命令 -/-擦去多余线条,如图12.89(b)所示。

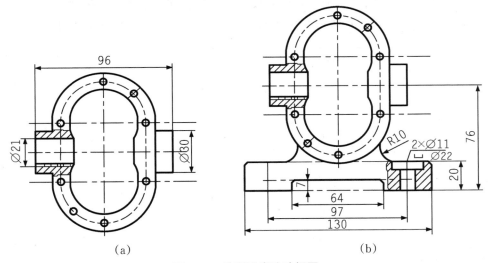

(a)　　　　　　　　　　　　　　(b)

图12.89　前后进出油孔视图

4. 画主视图。

(1)单击"偏移"命令 🗗,先复制出泵体主视图的长度的位置线,再用"直线"命令,按主、左视图"高平齐",由左视图各点画辅助线水平线,如图12.90所示。

(2)用"直线"命令,画主视图的内外轮廓线;用"圆"命令画3/8螺孔的投影,用"修剪"命令擦去无关线条。

5. 标注定形尺寸和定位尺寸。

6. 标注粗糙度符号。

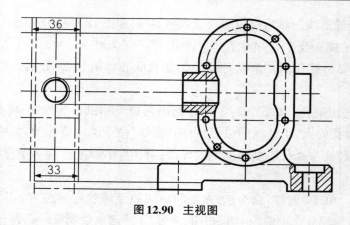

图12.90　主视图

练习4　装配图的绘制

用CAD绘制装配图通常有两种方法:一是先绘制出每个零件的零件图,将其一一创建为块,再用插入块的方法,沿装配线拼画而成。二是按装配示意图直接拼画装配图。下面练习第一种方法。根据图12.91所示千斤顶的装配示意图和零件图绘制其装配图。

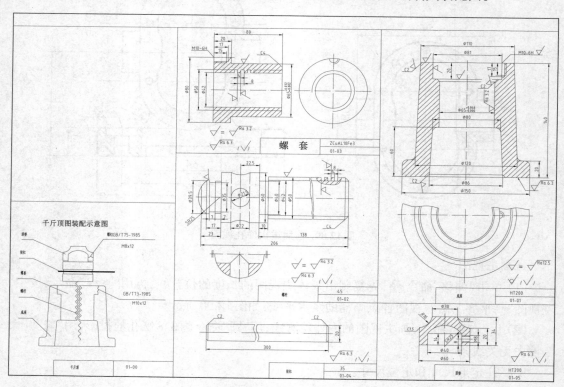

图12.91　千斤顶视图

【操作提示】

1. 分析装配体,拟定表达方案。按工作位置,底座轴线为主要装配线,置为铅垂位置,一个主视图,全剖可以表达清楚千斤顶的工作原理和装配关系。

2. 打开千斤顶的零件图,关闭尺寸和文字图层,用"创建块"命令 ▣ ,把底座、螺套、螺旋杆等零件图一一定义为块。注意基点应选择在中轴线上。

3. 打开样板图A3.dwt,置"中心线"层为当前图层,用"直线"命令绘制装配基准线,如图12.92(a)所示。

4. 单击"插入块"命令 ▣ ,在弹出的"插入块"对话框中,选中"在屏幕上指定"和"分解"前的复选框,"块名"选择底座后单击"确定"。"指定插入点"捕捉装配基准线的A点,"插入比例"1,"旋转角度"0,插入了底座零件图,如图12.92(b)所示。

5. 重复步骤4,插入螺套。"指定插入点"捕捉装配基准线的点B,"插入比例"1,"旋转角度"-90,如图12.92(c)所示。

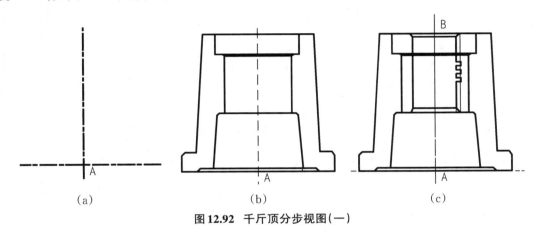

(a)　　　　　　　　　　(b)　　　　　　　　　　(c)

图12.92　千斤顶分步视图(一)

6. 用"修剪"和"删除"命令擦去被螺套视图挡住的底座视图中的线条,如图12.93(a)所示。

7. 重复步骤4~6,插入螺旋杆、顶垫和绞杠的零件图,如图12.93(b)所示。

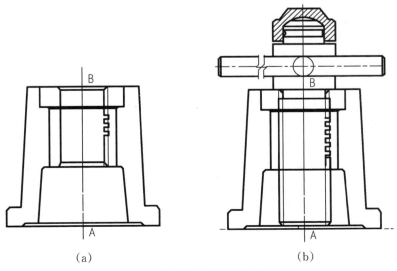

(a)　　　　　　　　　　(b)

图12.93　千斤顶分步视图(二)

8. 单击"图案填充"命令绘制剖面线,"图案类型"选择ANSI31,相邻零件的剖面线方向相反或间距错开通过改变"角度""比例"实现。

9. 标注尺寸。装配图上只需要标注部件的规格性能尺寸、配合尺寸、安装尺寸和总体尺寸,如图12.95所示。

10. 编零件序号。键盘输入"QLEADER",选择"设置(S)",在弹出的"引线设置"对话框中,单击"附着"选项卡,选中"最后一行前加下划线"的复选框后单击"确定";再单击"引线和箭头"选项卡,将其中的箭头形式改为小点,然后单击"确定"。如图12.94所示。

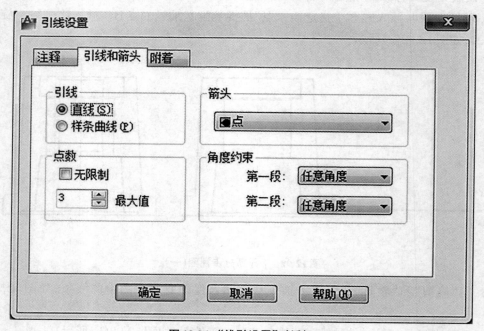

图12.94 "线引设置"对话框

指定第一个引线点或[设置(S)]<设置>(在底座视图的适当位置拾取一点)

指定下一点:(在视图外适当位置拾取一点)

指定下一点:<回车>

指定文字宽度:<回车>

输入注释文字的第一行<多行文字(M)>:1<回车>

输入注释文字的下一行:<回车> 标出底座的序号。

用同样方法标注出其余零件的序号,如图12.95所示。

11. 填写标题栏和明细表。用"插入块"命令,将以前定义的标题栏和明细表的块,插到装配图中;用"文字"命令填写标题栏和明细表的内容,如图12.95所示。

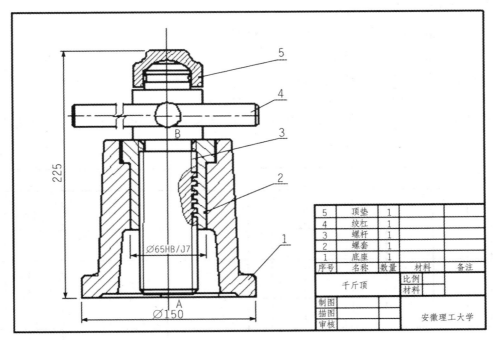

图12.95 千斤顶视图

练习5 绘制如图12.96所示建筑立面图

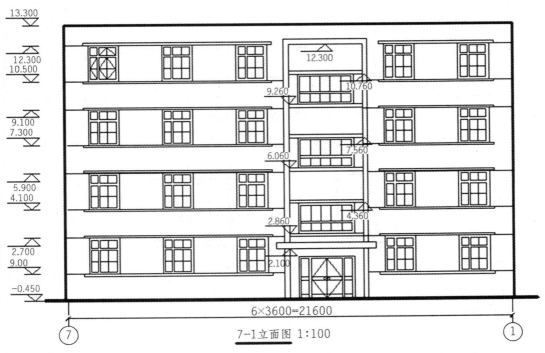

图12.96 建筑立面图

【操作提示】

1. 打开样板图 A3.dwt，设置建筑图样的尺寸样式。

（1）"符号和箭头"中选择 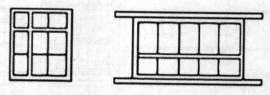 。

（2）"直线"中将"起点偏移量"选择为10。

（3）"主单位"中将"测量单位比例因子"改为100。

2. 置"中心线"层为当前层，用"直线"命令画出外墙7定位轴线和地面线；用"偏移"命令绘制出门窗洞位置线，如图12.97所示。

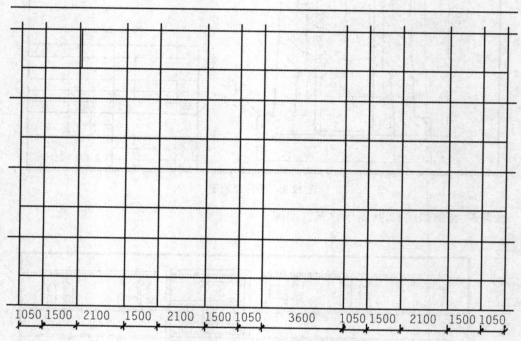

1050 1500   2100   1500   2100   1500 1050   3600   1050 1500   2100   1500 1050

图 12.97　外墙7定位轴线和地面线

3. 绘制门、窗图例，并将它们定义为块，如图12.98所示。

图 12.98　绘制门、窗图例

4. 将定义的门、窗图块插到门、窗洞位置，如图12.99所示。

5. 置"粗实线"层为当前图层，加粗外墙线和地面线；用"修剪"命令剪去作图线。

6. 绘制标高符号，并定义属性，将它们定义为块，如图12.100所示。

7. 用"插入块"命令标注地面、窗洞、雨篷等的标高，将"建筑图标注"样式置为当前，标注尺寸。

8. 用"文字"命令填写图和比例。

图12.99 设定门、窗位置

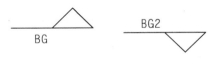

图12.100 绘制标高符号

12.8.3 思考与练习

1. 绘制如图12.101所示的零件图。
2. 绘制如图12.102所示的齿轮轴零件图。
3. 绘制如图12.103所示的泵盖零件图。
4. 抄绘如图12.104所示的建筑平面图。

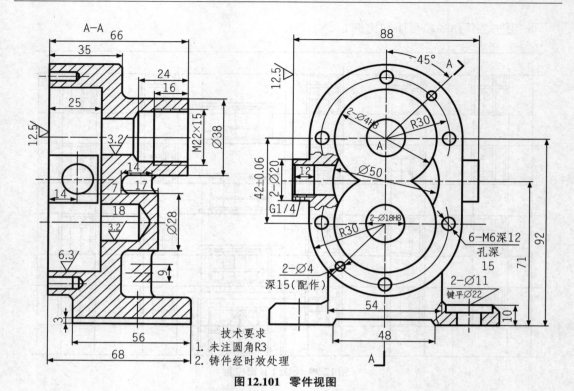

技术要求
1. 未注圆角R3
2. 铸件经时效处理

图12.101　零件视图

技术要求
1. 未注倒角1×45°
2. 调质处理

齿数	Z = 14
模数	3
压力角	20°

12.5／ 其余 ▽

齿　轮　轴		比例		CLB-08
		数量		
制图			重量	材料　45
校对				
审核				

图12.102　齿轮轴零件图

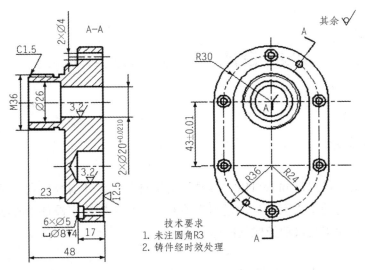

图12.103　泵盖零件图

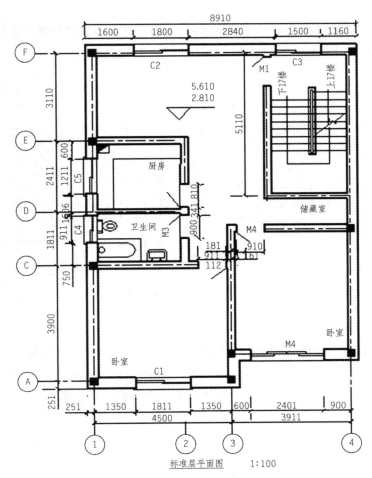

图12.104　建筑平面图

12.9 设计中心与工具选项板

12.9.1 目的要求

使用AutoCAD的设计中心,可以很容易地组织自己的设计内容。利用设计中心和工具选项板可以建立自己的个人图库。通过本实验要求读者掌握使用设计中心绘图的方法以及如何利用设计中心和工具选项板建立图库。

12.9.2 实验内容及操作提示

练习1 已知如图12.105(a)所示的两块板,利用设计中心完成用螺栓连接的装配图,如图12.105(c)所示,螺栓M10×55

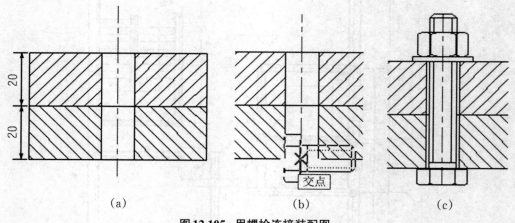

（a）　　　　　　　　　（b）　　　　　　　　　（c）

图12.105 用螺栓连接装配图

【操作提示】

1. 在功能区选择"视图"选项卡→"选项板"面板→点击"设计中心"，打开设计中心。

2. 找到"文件夹列表"中"DesignCenter"下的"Fasteners-Metricdwg"文件,单击文件名前的"＋"号,选中展开列表中的"块",在图形下拉列表内选择六角头螺栓并单击右键,选择"插入块",如图12.106所示。

3. 在弹出的"插入"对话框中,选中"缩放比例"和"旋转"域的"在屏幕上指定"前的复选框,单击"确定"。

4. 在绘图区捕捉插入点如图12.105(b)所示,缩放比例1,旋转角度90,插入螺栓。

5. 利用键盘输入"explode"分解命令将螺栓分解；用"拉伸"命令将螺栓杆长度拉为 55。

6. 同样方法插入螺母和垫圈。其中垫圈是预先绘制好加入到设计中心中的。

7. 修剪被挡住的图线。

图 12.106　"文件夹列表"对话框

练习 2　利用工具选项板绘制如图 12.107(a) 所示的连接组装图

工具选项板上集成有多种形式图形素材，利用这些材料可以快速简便地合成所需的图样。通过该练习使读者掌握如何灵活利用工具选项板绘图。

【操作提示】

1. 打开 A3.dwt 样板图，用"直线"和"圆"命令绘制图形如图 12.107(b) 所示。

2. 在功能区选择"视图"选项卡→"选项板"面板→点击"工具选项板" ，打开工具选项板，打开"机械"组，选择"六角螺母"并双击，如图 12.108 所示。

3. 依屏幕的提示，将六角螺母插到组装位置，如图 12.107(c) 所示。

4. 同样方法将六角螺母插入到其余组装位置。

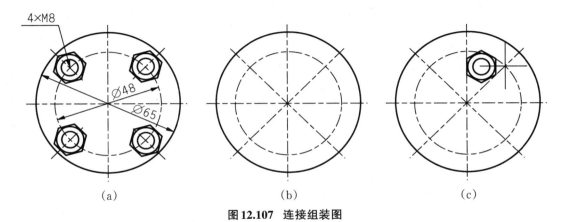

(a)　　　　　　　　　　　(b)　　　　　　　　　　　(c)

图 12.107　连接组装图

练习3　利用设计中心和工具选项板建立一个包含有厨卫工具图例的工具选项板

【操作提示】

1. 在功能区选择"视图"选项卡→"选项板"面板→点击"工具选项板" ▥ ，打开工具选项板，单击右键，选择菜单中的"新建选项板"，如图12.109所示。

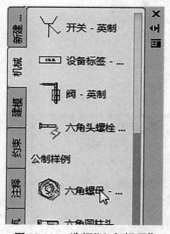

图12.108　选择"六角螺母"

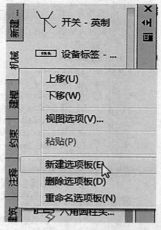

图12.109　"新建选项板"对话框

2. 在功能区选择"视图"选项卡→"选项板"面板→点击"设计中心" ▦ ，打开设计中心。

打开文件夹列表下的"Design Center"，打开文件"House Designer"，单击"块"，将右侧显示的图形拖到新建的有厨卫工具选项板上，即建立了厨卫工具选项板，如图12.110所示。

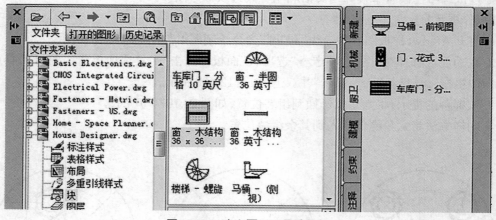

图12.110　建立厨卫工具选项板

12.9.3　思考与练习

1. 什么是工具选项板？如何利用工具选项板进行绘图？

2. 设计中心、工具选项板中的图形与普通图形有何区别？与图块有何区别？